U0191163

站在巨人的肩上
Standing on Shoulders of Giants

TURING
图灵教育

iTuring.cn

站在巨人的肩上
Standing on Shoulders of Giants

iTuring.cn

TURING 图灵程序设计丛书

Node.js in Action

Node.js 实战

Mike Cantelon

[美] Marc Harter 著

T. J. Holowaychuk

Nathan Rajlich

吴海星 译

人民邮电出版社
北京

图书在版编目（CIP）数据

Node.js实战 / （美）坎特伦（Cantelon,M.）等著 ；
吴海星译. -- 北京 ： 人民邮电出版社，2014.5
（图灵程序设计丛书）
ISBN 978-7-115-35246-0

Ⅰ．①N… Ⅱ．①坎… ②吴… Ⅲ．①JAVA语言－程序
设计 Ⅳ．①TP312

中国版本图书馆CIP数据核字(2014)第063303号

内 容 提 要

　　本书是 Node.js 的实战教程，涵盖了为开发产品级 Node 应用程序所需要的一切特性、技巧以及相关理念。从搭建 Node 开发环境，到一些简单的演示程序，到开发复杂应用程序所必不可少的异步编程。书中还介绍了 HTTP API 的应用技巧等。

　　本书适合 Web 开发人员阅读。

◆ 著　　　　[美] Mike Cantelon Marc Harter　T. J. Holowaychuk
　　　　　　 Nathan Rajlich

　　译　　　　吴海星

　　责任编辑　李 瑛

　　责任印制　焦志炜

◆ 人民邮电出版社出版发行　　北京市丰台区成寿寺路11号
　　邮编　100164　电子邮件　315@ptpress.com.cn
　　网址　http://www.ptpress.com.cn
　　三河市海波印务有限公司印刷

◆ 开本：800×1000　1/16
　　印张：22.25
　　字数：525千字　　　　　　　 2014年5月第1版
　　印数：1－3 500册　　　　　　 2014年5月河北第1次印刷
　　著作权合同登记号　图字：01-2013-8986号

定价：69.00元
读者服务热线：(010)51095186转600　印装质量热线：(010)81055316
反盗版热线：(010)81055315
广告经营许可证：京崇工商广字第 0021 号

版 权 声 明

序

　　写一本关于Node.js的书是一项很有挑战性的任务。这是一个相对新的平台，最近才刚刚趋于稳定。Node.js的核心一直在进化，并且社区中由用户创建的模块数量也呈现出了爆炸性的增长，其发展速度没人能跟得上。社区也仍然在找寻自己的声音。写书阐释这样一个还在不断发展的主题，唯一的办法是理解Node的本质，以及它为什么这样成功。这些Node.js老兵们就是这么做的。Mike Cantelon在Node社区中极其活跃，用Node做实验，谈论Node。关于Node适合做什么——可能更重要的是不适合做什么，他有着极深的洞见。T. J. Holowaychuk是最多产的Node.js模块作者之一，其中包括大规模流行的Web框架Express。Nathan Rajlich，也就是著名的TooTallNate，已经做了一段时间的Node.js核心代码的提交者，他也是平台发展到当前这种成熟状态的积极推动力量。

　　本书吸取了他们丰富的经验，带着你从最初的Node.js安装，到创建应用、调试程序和部署产品，一路走下去。你将了解到是什么让Node如此有趣，并从中窥见各位作者的理解，这样Node项目将来的发展方向也变得更好理解了。最重要的是，本书内容由浅入深、循序渐进，每一阶段都以之前所学的内容为基础。

　　Node是一个正在升起的火箭，作者们成功地将你带上了这一旅程。请将本书作为跳板，从这里出发，开拓你自己的视野吧。

Isaac Z. Schlueter

Node包管理器（NPM）作者

Node.js项目负责人

前　言

2011年初，Manning出版社找到我们，说想出一本关于Node.js的书，那时Node社区的状态和现在很不一样，圈子还很小。尽管已经有很多人表现出了对它的兴趣，但Node仍然被主流开发社区看做是一项有风险的技术，还没有人写过关于Node的书。尽管写书的想法令人生畏，但我们还是决定去大胆一试。

鉴于我们各自的开发方向不同，我们想不仅要把这本书的重点全放在Node的Web程序开发上，还要探索其他有趣的潜在用途。我们想给Web开发人员指出一条道路，用现有技术将异步开发带入服务器这一Node愿景。

这本书我们写了两年多，在写作过程中，这门技术已经进化了，所以我们也相应地做了更新。它现在变得更大了，很多成熟的公司也开始拥抱Node。

对于想做些不同尝试的Web程序开发人员，现在是学习Node的好时机，希望这本书可以帮到你，让你能迅速学会这门技术，并在其中找到乐趣。

致　谢

感谢Manning出版社那些优秀的人们在本书出版过程中所发挥的作用。Renae Gregoire在其中扮演了重要角色，在他的督促下，我们才能写出雄辩、清晰、高品质的内容。Bert Bates帮助定义了本书的视觉感受，跟我们一起设计了书中的各种图形来表示不同的概念。Marjan Bace和Michael Stephens给予了我们充分的信任，委托我们来写这本书，并协助推动项目前行。还有Manning出版社的编辑、生产和技术职员们，我们合作得非常愉快。

在成书的各个阶段，很多人参与了书稿的评审工作，我们也要对他们的反馈表示感谢。包括在本书的在线论坛中发表评论及指出书中错误的MEAP读者，还有下面这些评审者，他们多次阅读书稿，其见解和评论让本书变得更好，他们是：Àlex Madurell、Bert Thomas、Bradley Meck、Braj Panda、Brian L. Cooley、Brian Del Vecchio、Brian Dillard、Brian Ehmann、Brian Falk、Daniel Bretoi、Gary Ewan Park、Jeremy Martin、Jeroen Nouws、Jeroen Trap pers、Kassandra Perch、Kevin Baister、Michael Piscatello、Patrick Steger、Paul Stack和Scott Banachowski。

还要感谢Valentin Crettaz和Michael Levin，就在这本书即将出版之前，他们对最终书稿做了认真的技术校对。最后同样重要的，我们还要感谢Node项目的负责人Isaac Schlueter为本书作序。

MIKE CANTELON的致谢

我要感谢我的朋友Joshua Paul，他将我带入开源的世界，给了我在科技领域的第一次突破，并鼓励我写本书。

还要感谢我的伴侣Malcolm，她在我写书期间一直给我鼓励。当我因为写书一直闷在家里时，她很耐心地陪伴我。还要特别感谢我的父母，培育了我乐于创造和勇于探索的热情，并忍受了我那发展不太均衡的童年时期对8位机的痴迷。还要感谢我的祖父母，送给我一台让我一生热衷于编程的机器：Commodore 64。

在编写本书的过程中，T. J.和Nathan的专业知识是无价之宝，他们的幽默感更是值得赞扬。感谢他们如此信任我们，并同意一起合作。Marc Harter也提供了巨大的帮助，他参与了编辑、校对和内容的撰写这些艰巨的任务，这些任务加起来真的很耗费精力。

MARC HARTER的致谢

感谢Ryan Dahl，几乎在四年前就激励我认真对待服务器端JavaScript编程。感谢Ben Noordhuis，给了我Node内部运作的宝贵资源。感谢Bert Bates，信任我、挑战我，写作过程中总是愿意施以援手。感谢Mike、Nate和T. J.在关键时刻欢迎我加入，跟他们合作是我的荣幸。特别要感谢我的妻子，同时也是我的好朋友Hannah，她的鼓励让我得以加入并顺利完成这次新的合作。

NATHAN RAJLICH的致谢

首先要感谢Guillermo Rauch，他带我进入了Node.js社区，并帮我找到了自己的位置。还要感谢David Blickstein鼓励我加入本书的创作项目。感谢Ryan Dahl开启了Node.js之门，还要感谢最近几年一直在出色掌舵的Isaac Schlueter。也要感谢我的家庭、我的朋友，还有我的女朋友，忍受了我在这一过程中的不眠之夜和各种各样的情绪。当然，特别要感谢我的父母这么多年来对我痴迷于计算机的巨大支持。如果不是他们陪在身边，我不会取得今天的成绩。

关 于 本 书

本书的主要目的是教你学会如何创建和部署Node程序，重点是Web程序。本书中有相当一部分内容集中介绍了Web程序框架Express和中间件框架Connect，主要是因为它们的用途和社区的支持。你还会学到如何创建自动化测试，以及如何部署你的程序。

本书面向希望用Node.js创建响应式、可伸缩程序的有经验的Web程序开发人员。

因为Node.js程序是用JavaScript写的，所以需要你掌握这门语言。此外最好还要熟悉Windows、OS X或Linux命令行。

路线图

本书被分为三部分。

第一部分介绍了Node.js，教授了一些用它做开发所需要的基础技术。第1章阐述了Node的特征，并给出了一些示例代码。第2章指导读者创建了一个示例程序。第3章阐述了Node.js开发的困难之处，以及可以用来克服这些困难的技术，并给出了组织程序代码的办法。

第二部分在本书中所占比重最大，主要讨论Web程序开发。第4章讲了基于Node创建Web程序的基础知识，第5章讨论了如何用Node存储程序数据。

然后第二部分继续深入Web相关框架。第6章介绍了Connect框架，阐述了它的好处和它的工作机制。第7章讲述了Connect框架内置的各种组件，以及如何用它们给Web程序添加功能。第8章介绍了Express框架。第9章指导读者体验Express的高级用法。

涵盖了Web开发的基础知识后，第二部分又探索了两个相关的主题。第10章指导读者使用各种Node测试框架，第11章讲了在Node Web程序中如何用模板将数据展示从逻辑中分离出来。

第三部分转而讨论了可以用Node完成的Web开发之外的事情。第12章讨论了如何把Node程序部署到生产服务器上、如何维护在线时间，以及如何将性能提升到最优。第13章阐述了如何创建非HTTP程序，如何用Socket.io框架创建实时程序，以及如何使用一些便利的Node内置API。第14章讨论了Node社区的工作机制，以及如何用Node包管理器发布Node作品。

代码约定及下载

本书代码遵循通用的JavaScript编码规范。用空格，而不是制表符做代码缩进。避免一行代码超过80个字符。代码清单中，很多代码都加上了注释，指出了其中关键的概念。

每行一条语句，并在简单语句末尾添加分号。对于代码块，一条或多条语句放在大括号里，左边大括号放在块开头行的末尾，右边大括号缩进到跟块开头行竖直对齐的位置。

你可以从Manning出版社的网站上下载书中的示例代码，下载地址在www.manning.com/Node.jsinAction。

作者在线

购买本书英文版的读者可以免费访问由Manning出版社维护的专用Web论坛，并在论坛中对该书发表评论、询问技术问题、从作者和其他用户那里得到帮助。要访问并订阅该论坛，请访问www.manning.com/Node.jsinAction。这个页面介绍了注册后如何访问论坛、可以得到什么帮助以及论坛上的行为准则。

Manning致力于为我们的读者提供一个场所，让读者之间，以及读者和作者之间进行有意义的对话。但我们并不会强制作者参与，他们在论坛上的贡献是自愿而且不收费的。我们建议你尽量问作者一些有挑战性的问题，以激发他们的兴趣!

只要本书英文版仍然在售，读者就能从出版社的网站上访问作者在线论坛和之前讨论话题的归档。①

---

① 本书中文版请访问http://www.ituring.com.cn/book/1061

关于封面图片

　　本书封面上的画像标题为"城镇里的男人",摘自19世纪法国出版的沙利文·马雷夏尔(Sylvain Maréchal)四卷本的地域服饰风俗纲要。其中每幅插图都是手工精心绘制并上色的。马雷夏尔这套书展示的丰富服饰,令我们强烈感受到200年前乡村与城镇的巨大文化差异。不同地域的人山水阻隔,言语不通。无论奔走于街巷,还是驻足于乡间,通过他们的服饰,一眼就能看出他们的生活场所、职业,以及生活境况。

　　时过境迁,书中描绘的那些区域性服饰差异到如今已经不复存在。即使是不同国家,都很难再看出人们着装的区别,再不必说城镇和乡村了。或许,我们今天多姿多彩的人生,正是从前那些文化差异的体现。只不过,如今的生活更加多元,而且技术环境下的生活节奏也更快了。

　　今时今日,计算机图书层出不穷,Manning就以马雷夏尔这套书中多样性的图片,来表达对IT行业日新月异的发明与创造的赞美。

目　录

Part 1

Node 基础

学习编程语言或框架时，经常会碰到新概念，让你以一种新的方式思考问题。Node也不例外，因为它对应用程序开发的几个方面采取了一种全新的方式。

本书的第一部分会勾勒出Node与其他平台的差异，并且讲解它的基本用法。你会看到用Node创建的应用程序长什么样子，如何组织，以及如何处理Node特有的开发困难。你在第一部分所学的知识将成为本书后续内容的基础，即第二部分详细介绍的如何用Node创建Web程序，以及第三部分讨论的如何创建非Web程序。

欢迎进入Node.js世界

Node.js是什么？你很可能已经有所耳闻，甚至已经用上了，你也有可能对它很好奇。现在Node还很年轻（它的首次亮相是在2009年），却非常流行。它在Github受关注项目排行榜上位列第二（https://github.com/joyent/node），在Google小组（http://groups.google.com/group/nodejs）和IRC频道（http://webchat.freenode.net/?channels=node.js）中都有很多追随者，并且社区同仁们在NPM包管理网站（http://npmjs.org）上发布的模块多达15 000 多个。所有这些都足以表明这个平台的强大吸引力。

Node创始人Ryan Dahl 2009年柏林JSCONF的网站上有Node创始人Ryan Dahl第一次介绍Node的视频：http://jsconf.eu/2009/video_nodejs_by_ryan_dahl.html[①]。

官网上（http://www.nodejs.org）给Node下的定义是："一个搭建在Chrome JavaScript运行时上的平台，用于构建高速、可伸缩的网络程序。Node.js采用的事件驱动、非阻塞I/O模型，使它既轻量又高效，并成为构建运行在分布式设备上的数据密集型实时程序的完美选择。"

我们在本章中会看到下面这些概念：

❑ 为什么JavaScript对服务端开发很重要；
❑ 浏览器如何用JavaScript处理I/O；
❑ Node在服务端如何处理I/O；
❑ DIRT程序是什么意思，为什么适于用Node开发；
❑ 几个基础的Node程序示例。

————————————

① 已经看不到了，被拿掉了。——译者注

我们先把视线转到JavaScript上……

1.1 构建于 JavaScript 之上

无论好坏，JavaScript都是世界上最流行的编程语言①。只要你做过Web程序，就肯定遇到过JavaScript。JavaScript几乎遍布于Web上的每个角落，所以它已经实现了Java在20世纪90年代"一次编写，处处运行"的梦想。

在2005年Ajax革命前后，JavaScript从一门"写着玩儿"的语言变成了一种被人们用来编写真正的、重要的程序的语言。这些程序中比较引人注目的先行者是Google地图和Gmail，但现在类似的Web应用有一大堆，从Twitter到Facebook，再到GitHub。

自从2008年年末Google Chrome发布以来，得益于浏览器厂商（Mozilla、微软、苹果、Opera和谷歌）的白热化竞争，JavaScript的性能以不可思议的速度得到了大幅提升。现代化JavaScript虚拟机的性能正改变着可以构建在Web上的应用类型。②一个很有说服力的、坦率地说是令人震惊的例子是jslinux，③一个运行在JavaScript中的PC模拟器，它能加载Linux内核，可以利用终端会话与其交互，还能编译C程序，而这一切都是在浏览器中完成的。

在服务器端编程，Node使用的是为Google Chrome提供动力的V8虚拟机。V8让Node在性能上得到了巨大的提升，因为它去掉了中间环节，执行的不是字节码，用的也不是解释器，而是直接编译成了本地机器码。Node在服务器端使用JavaScript还有其他好处。

- 开发人员用一种语言就能编写整个Web应用，这可以减少开发客户端和服务端时所需的语言切换。这样代码可以在客户端和服务端中共享，比如在表单校验或游戏逻辑中使用同样一段代码。
- JSON是目前非常流行的数据交换格式，并且还是JavaScript原生的。
- 有些NoSQL数据库中用的就是JavaScript语言（比如CouchDB和MongoDB），所以跟它们简直是天作之合（比如MongoDB的管理和查询语言都是JavaScript；CouchDB的map/reduce也是JavaScript）。
- JavaScript是一门编译目标语言，现在有很多可以编译成JavaScript的语言④。
- Node用的虚拟机（V8）会紧跟ECMAScript标准。⑤换句话说，在Node中如果想用新的JavaScript语言特性，不用等到所有浏览器都支持。

JavaScript竟然成了一种引人瞩目的编写服务端应用的语言，之前谁能料到呢？基于前面提到的覆盖范围、性能和其他特性，Node已经赚足了眼球。但JavaScript只是整幅拼图中的一块；Node使用JavaScript的方式则更为有趣。为了理解Node环境，我们先看看你最熟悉的JavaScript

---

① 参见YouTube上的"JavaScript：你的新霸主"：www.youtube.com/watch?v=Trurfqh_6fQ

② 参见"Chrome实验"页面上的一些例子：www.chromeexperiments.com/

③ jslinux，JavaScript的一款PC模拟器：http://bellard.org/jslinux/

④ 参见"编译成JS的语言清单"：https://github.com/jashkenas/coffee-script/wiki/List-of-languages-that-compile-to-JS

⑤ 要了解ECMAScript标准的详细信息，请参见维基百科：http://en.wikipedia.org/wiki/ECMAScript

环境：浏览器。

1.2　异步和事件触发：浏览器

Node为服务端JavaScript提供了一个事件驱动的、异步的平台。它把JavaScript带到服务端中的方式跟浏览器把JavaScript带到客户端的方式几乎一模一样。了解浏览器的工作原理对我们了解Node的工作原理会有很大帮助。它们都是事件驱动（用事件轮询）和非阻塞的I/O处理（用异步I/O）。下面举个例子说明这是什么意思。

　　事件轮询和异步I/O　要了解更多有关事件轮询和异步I/O的知识，请参见相关的维基百科文章：http://en.wikipedia.org/wiki/Event_loop和http://en.wikipedia.org/wiki/Asynchronous_I/O。

我们来看一小段jQuery用XMLHttpRequest（XHR）做Ajax请求的代码：

```
$.post('/resource.json', function (data) {          ◁ I/O不会阻塞执行
  console.log(data);
});
// 脚本继续执行
```

这个程序会发送一个到resource.json的HTTP请求。当响应返回时会调用带着参数data的匿名函数（在这个上下文中的"回调函数"），data就是从那个请求中得到的数据。

注意，代码没有写成下面这样：

```
var data = $.post('/resource.json');          ◁── 在I/O完成之前程序会被阻塞
  console.log(data);
```

在这个例子中，假定对resource.json的响应在准备好后会存储在变量data中，并且在此之前函数console.log不会执行。I/O操作（Ajax请求）会"阻塞"脚本继续执行，直到数据准备好。因为浏览器是单线程的，如果这个请求用了400ms才返回，那么页面上的其他任何事件都要等到那之后才能执行。可以想象一下，如果一幅动画被停住了，或者用户试着跟页面交互时动不了，那种用户体验有多糟糕。

谢天谢地，实际情况不是这样的。当浏览器中有I/O操作时，该操作会在事件轮询的外面执行（脚本执行的主顺序之外），然后当这个I/O操作完成时，它会发出一个"事件"，[①]会有一个函数（通常称作"回调"）处理它，如图1-1所示。

这个I/O是异步的，并且不会"阻塞"脚本执行，事件轮询仍然可以响应页面上执行的其他交互或请求。这样，浏览器可以对客户做出响应，并且可以处理页面上的很多交互动作。

请牢记上面这些内容，现在我们切换到服务端。

---

① 注意，在浏览器中有几种特殊情况会"阻塞"程序执行，并且通常我们会建议你不要使用它们：alert、prompt、confirm和同步XHR。

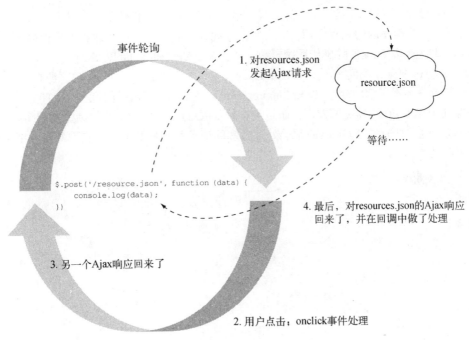

事件轮询

1. 对resources.json
发起Ajax请求

resource.json

等待……

```
$.post('/resource.json', function (data) {
    console.log(data);
}))
```

4. 最后，对resources.json的Ajax响应
回来了，并在回调中做了处理

3. 另一个Ajax响应回来了

2. 用户点击：onclick事件处理

图1-1 浏览器中非阻塞I/O的例子

1.3 异步和事件触发：服务器

可能大多数人都了解传统的服务端编程的I/O模型，就像1.2节那个"阻塞"的jQuery例子一样。下面是一个PHP的例子：

```
$result = mysql_query('SELECT * FROM myTable');
  print_r($result);
```

在数据库查询完成之前程序
不会继续执行

这段代码做了些I/O操作，并且在所有数据回来之前，这个进程会被阻塞。对于很多程序而言，这个模型没什么问题，并且很容易理解。但有一点可能会被忽略：这个进程也有状态，或者说内存空间，并且在I/O完成之前基本上什么也不会做。根据I/O操作的延迟情况，那可能会有10ms到几分钟的时间。延迟也可能是由下列意外情况引发的：

❑ 硬盘正在执行维护操作，读/写都暂停了；

❑ 因为负载增加，数据库查询变得更慢了；

❑ 由于某种原因，今天从sitexyz.com拉取资源非常迟缓。

如果程序在I/O上阻塞了，当有更多请求过来时，服务器会怎么处理呢？在这种情景中通常会用多线程的方式。一种常见的实现是给每个连接分配一个线程，并为那些连接设置一个线程池。你可以把线程想象成一个计算工作区，处理器在这个工作区中完成指定的任务。线程通常都是处于进程之内的，并且会维护它自己的工作内存。每个线程会处理一到多个服务器连接。尽管这听起来是个很自然的委派服务器劳动力的方式（最起码对那些曾经长期采用这种方式的开发人员来说是这样的），但程序内的线程管理会非常复杂。此外，当需要大量的线程处理很多并发的服务器连接时，线程会消耗额外的操作系统资源。线程需要CPU和额外的RAM来做上下文切换。

为了说明这一点，我们来看NGINX和Apache的一个基准比较（见图1-2，源自http://mng.bz/eaZT）。或许你还不了解NGINX（http://nginx.com/），它跟Apache一样，是个HTTP服务器，但它用的不是带有阻塞I/O的多线程方式，而是带有异步I/O的事件轮询（就像浏览器和Node一样）。因为这些设计上的选择，NGINX通常能处理更多的请求和客户端连接，它因此变成了响应能力更强的解决方案①。

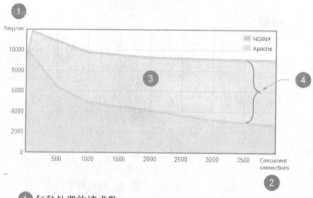

① 每秒处理的请求数

② 打开的客户端/服务器连接数

③ 像NGINX这样采用异步和事件触发方式的程序，可以处理更多的客户端及服务器端通信

④ 这样的程序响应能力也更强；在这个例子中，连接数为3500时，NGINX的请求处理速度几乎要快三倍

图1-2   WebFaction Apache/NGINX基准比较

在Node中，I/O几乎总是在主事件轮询之外进行，使得服务器可以一直处于高效并且随时能够做出响应的状态，就像NGINX一样。这样进程就更加不会受I/O限制，因为I/O延迟不会拖垮服务器，或者像在阻塞方式下那样占用很多资源。因此一些在服务器上曾经是重量级的操作，在Node服务器上仍然可以是轻量级的。②

这个混杂了事件驱动和异步的模型，加上几乎随处可用的JavaScript语言，帮我们打开了一个精彩纷呈的数据密集型实时程序的世界。

1.4　DIRT 程序

实际上，Node所针对的应用程序有一个专门的简称：DIRT。它表示数据密集型实时

---

① 如果你对这个问题感兴趣，想了解更多内容，请参见"C10K问题"：http://www.kegel.com/c10k.html

② Node的"关于"页面中有更详细的讲解：http://nodejs.org/about/

（data-intensive real-time）程序。因为Node自身在I/O上非常轻量，它善于将数据从一个管道混排或代理到另一个管道上，这能在处理大量请求时持有很多开放的连接，并且只占用一小部分内存。它的设计目标是保证响应能力，跟浏览器一样。

对Web来说，实时程序是个新生事物。现在有很多Web程序提供的信息几乎都是即时的，比如通过白板在线协作、对临近公交车的实时精确定位，以及多人在线游戏。不管是用实时组件增强已有程序，还是打造全新的程序，Web都在朝着响应性和协作型环境逐渐进发。而这种新型的Web应用程序需要一个能够实时响应大量并发用户请求的平台来支撑它们。这正是Node所擅长的领域，并且不仅限于Web程序，其他I/O负载比较重的程序也可以用到它。

Browserling（browserling.com，见图1-3）就是一个用Node开发的DIRT程序，它是一个很好的范例。在这个网站上，我们可以在浏览器中使用各种浏览器。这对Web前端开发工程师来说特别有用，因为他们再也不用仅仅为了测试就去装一堆的浏览器和操作系统了。Browserling用了一个叫做StackVM的由Node驱动的项目，而StackVM管理了用QEMU（快速模拟器）模拟器创建的虚拟机，QEMU会模拟运行浏览器所需的CPU和外设。

图1-3　Browserling: 用Node.js做跨浏览器的交互测试

Browserling在VM中运行测试浏览器，将键盘和鼠标的输入数据从用户的浏览器中转到模拟出来的浏览器中，然后将模拟浏览器中要重新渲染的区域转出来，在用户浏览器的画布上重新画出来。图1-4向我们呈现了这一过程。

Browserling还有一个使用Node的互补项目Testling（testling.com），它可以通过命令行在多个浏览器上并行运行测试包。

Browserling和Testling都是很好的DIRT程序范例，并且构建像它们这样可伸缩的网络程序所用的基础设施在你坐下来写第一个Node程序时就在发挥作用了。我们来看看Node的API是如何提供这些开箱即用的工具的。

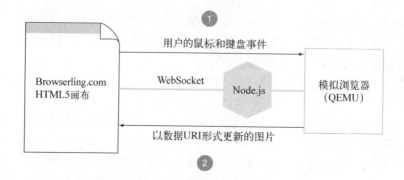

① 用户在浏览器中的鼠标和键盘事件通过WebSocket实时传给Node.js，
然后它又将它们传给模拟器。

② 受用户的交互影响要在模拟浏览器中重新渲染的区域通过Node和
WebSocket以数据流的形式传回来，画在浏览器的画布上。

图1-4   Browserling的工作流

1.5   默认 DIRT

Node从构建开始就有一个事件驱动和异步的模型。JavaScript从来没有过标准的I/O库，那是服务端语言的常见配置。对于JavaScript而言，这总是由"宿主"环境决定的。JavaScript最常见的宿主环境，也是大多数开发人员所用的，就是浏览器，它是事件驱动和异步的。

Node重新实现了宿主中那些常用的对象，尽量让浏览器和服务器保持一致，比如：

❑ 计时器API（比如setTimeout）；

❑ 控制台API（比如console.log）。

Node还有一组用来处理多种网络和文件I/O的核心模块。其中包括用于HTTP、TLS、HTTPS、文件系统（POSIX）、数据报（UDP）和NET（TCP）的模块。这些核心模块刻意做得很小、底层并且简单，只包含要给基于I/O的程序用的组成部分。第三方模块基于这些核心模块，针对常见的问题进行了更高层的抽象。

平台与框架

Node是JavaScript程序的平台，不要把它跟框架相混淆。很多人都误把Node当做JavaScript上的Rails或Django，实际上它更底层。

但如果你对Web程序的框架感兴趣，本书后面会介绍在Node中非常流行的Express框架。

聊了这么多了，你可能很想知道Node程序的代码长什么样子。我们来看几个简单的例子：

❑ 一个简单的异步程序；

❑ 一个Hello World Web服务器；

❑ 一个数据流的例子。

我们先来看一个简单的异步程序。

1.5.1 简单的异步程序

你应该在1.2节见过下面这个使用jQuery的Ajax例子：

```
$.post('/resource.json', function (data) {
  console.log(data);
});
```

我们要在Node里做一个跟这个差不多的例子，不过这次是用文件系统（fs）模块从硬盘中加载resource.json。注意看下面这个程序跟前面那个jQuery的例子有多像：

```
var fs = require('fs');
fs.readFile('./resource.json', function (er, data) {
  console.log(data);
})
```

这段程序要从硬盘里读取resource.json文件。当所有数据都读出来后，会调用那个匿名函数（即"回调函数"），传给它的参数是er（如果出现错误）和data（文件中的数据）。

这个过程是在后台完成的，这样在该过程中，我们可以继续处理其他任何操作，直到数据准备好。我们之前说过的那些事件触发和异步的好处都是自动实现的。差别在于，这个不是在浏览器中用jQuery发起一个Ajax请求，而是在Node中访问文件系统抓取resource.json。后面这个过程如图1-5所示。

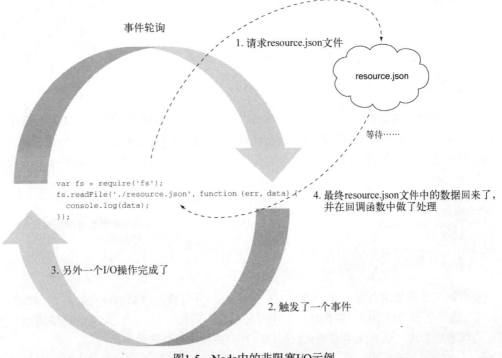

图1-5　Node中的非阻塞I/O示例

1.5.2　Hello World HTTP 服务器

Node 常被用来构建服务器。有了 Node，创建各种服务器变得非常简单。如果你过去习惯于把程序部署到服务器中运行（比如把 PHP 程序放到 Apache HTTP 服务器上），可能会觉得这种方式很怪异。在 Node 中，服务器和程序是一样的。

下面是个简单的 HTTP 服务器实现，它会用 "Hello World" 响应所有请求：

```
var http = require('http');
http.createServer(function (req, res) {
  res.writeHead(200, {'Content-Type': 'text/plain'});
  res.end('Hello World\n');
}).listen(3000);
console.log('Server running at http://localhost:3000/');
```

只要有请求过来，它就会激发回调函数 function (req, res)，把 "Hello World" 写入到响应中返回去。这个事件模型跟浏览器中对 onclick 事件的监听类似。在浏览器中，点击事件随时都可能发生，所以要设置一个函数来执行对事件的处理逻辑，而 Node 在这里提供了一个可以随时响应请求的函数。

下面是同一服务器的另一种写法，这样看起来 request 事件更明显：

```
var http = require('http');
var server = http.createServer();
server.on('request', function (req, res) {        为 request 设置一个
  res.writeHead(200, {'Content-Type': 'text/plain'});   事件监听器
  res.end('Hello World\n');
})
server.listen(3000);
console.log('Server running at http://localhost:3000/');
```

1.5.3　流数据

Node 在数据流和数据流动上也很强大。你可以把数据流看成特殊的数组，只不过数组中的数据分散在空间上，而数据流中的数据是分散在时间上的。通过将数据一块一块地传送，开发人员可以每收到一块数据就开始处理，而不用等所有数据都到全了再做处理。下面我们用数据流的方式来处理 resource.json：

```
var stream = fs.createReadStream('./resource.json')
stream.on('data', function (chunk) {
  console.log(chunk)              当有新的数据块准备好
})                               时会激发 data 事件
stream.on('end', function () {
  console.log('finished')
})
```

只要有新的数据块准备好，就会激发 data 事件，当所有数据块都加载完之后，会激发一个 end 事件。由于数据类型不同，数据块的大小可能会发生变化。有了对读取流的底层访问，程序就可以边读取边处理，这要比等着所有数据都缓存到内存中再处理效率高得多。

Node 中也有可写数据流，可以往里写数据块。当 HTTP 服务器上有请求过来时，对其进行响

1

应的res对象就是可写数据流的一种。

可读和可写数据流可以连接起来形成管道，就像shell脚本中用的|（管道）操作符一样。这是一种高效的数据处理方式，只要有数据准备好就可以处理，不用等着读取完整个资源再把它写出去。

我们借用一下前面那个HTTP服务器，看看如何把一张图片流到客户端：

```
var http = require('http');
var fs = require('fs');
http.createServer(function (req, res) {
  res.writeHead(200, {'Content-Type': 'image/png'});
  fs.createReadStream('./image.png').pipe(res);
}).listen(3000);
console.log('Server running at http://localhost:3000/');
```

设置一个从读取流到写出流的管道

在这行代码中，数据从文件中读进来（fs.createReadStream），然后数据随着进来就被送到（.pipe）客户端（res）。在数据流动时，事件轮询还能处理其他事件。

Node在多个平台上均默认提供了DIRT方式，包括各种Windows和类UNIX系统。底层的I/O库（libuv）特意屏蔽了宿主操作系统的差异性，提供了统一的使用方式，如果需要的话，程序可以在多个设备上轻松移植和运行。

1.6 小结

Node跟所有技术一样，并不是万能灵药。它只能解决特定的问题，并为我们开创新的可能性。Node比较有意思的一点是，它让从事系统各方面工作的人走到了一起。很多进入Node世界的是客户端JavaScript程序员，此外还有服务端程序员以及系统层面的程序员。不管你是做什么的，我们都希望你能了解Node到底适合帮你完成什么样的任务。

回顾一下，Node是：

❑ 构建在JavaScript之上的；

❑ 事件触发和异步的；

❑ 专为数据密集型实时程序设计的。

我们在第2章会构建一个简单的DIRT Web程序，好让你了解Node程序是如何工作的。

构建有多个房间的聊天室程序

2

本章内容
- ☐ 认识各种Node组件
- ☐ 一个用Node做的实时程序
- ☐ 服务器跟客户端交互

第1章介绍了用Node做异步开发跟传统的同步开发有什么不同。本章会创建一个事件驱动的聊天小程序，让你通过实战了解Node。如果这一章里的某些细节让你觉得很晕，先不要担心。我们只是想揭开Node开发的神秘面纱，让你提前看看读完这本书后你能做些什么样的程序。

本章内容假定你有Web程序开发的经验，对HTTP有基本的认识，并且熟悉jQuery。随着本章内容逐步展开，你将：
- ☐ 游览这个程序，了解它是如何工作的；
- ☐ 审查技术需求，并完成程序的初始设置；
- ☐ 提供程序所需的HTML、CSS和客户端JavaScript；
- ☐ 用Socket.IO处理跟聊天相关的消息；
- ☐ 用客户端JavaScript做程序的UI。

我们先从程序的概览开始，看看这个程序长什么样，以及等完成后它的表现如何。

2.1 程序概览

本章会构建一个在线聊天程序，用户可以在一个简单的表单中输入消息，相互聊天，如图2-1所示。消息输入后会发送给同一个聊天室内的其他所有用户。

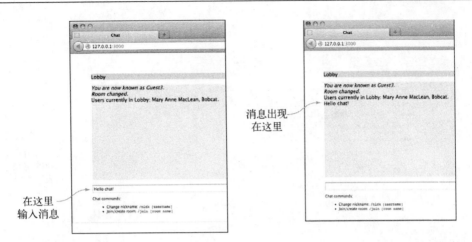

图2-1　在聊天程序中输入一条消息

进入聊天室后，程序会自动给用户分配一个昵称，但他们可以用聊天命令修改自己的昵称，如图2-2所示。聊天命令以斜杠（/）开头。

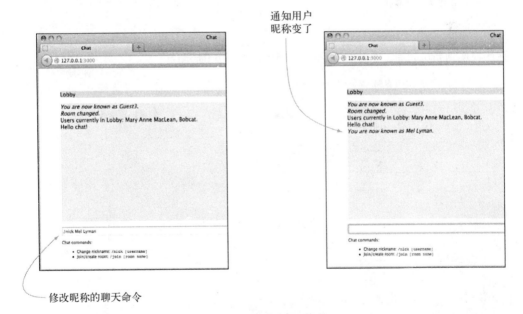

图2-2　修改聊天中的昵称

同样，用户也可以输入命令创建新的聊天室（或加入已有的聊天室），如图2-3所示。在加入或创建聊天室时，新聊天室的名称会出现在聊天程序顶端的水平条上，也会出现在聊天消息区域右侧的可用房间列表中。

当前房间

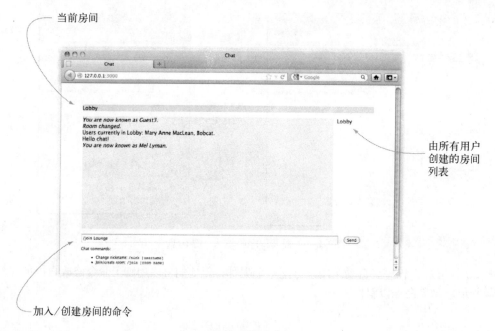

由所有用户
创建的房间
列表

加入/创建房间的命令

图2-3 修改房间

在用户换到新房间后，系统会确认这一变化，如图2-4所示。

房间的加入/创建得到了确认

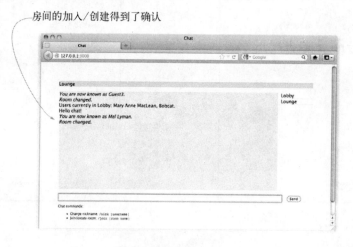

图2-4 换到新房间的结果

　　虽然从功能上看这个程序充其量只能算一个准系统，但它已经可以展示构建实时Web程序所需的重要组件和基本技术了。这个程序表明了Node如何同时处理传统的HTTP数据（比如静态文件）和实时数据（聊天消息）。通过它还能看出Node程序是如何组织的，以及依赖项是如何管理的。

现在我们来看看实现这个程序需要哪些技术。

2.2 程序需求及初始设置

将要创建的聊天程序需要完成如下任务：

❑ 提供静态文件（比如HTML、CSS和客户端JavaScript）；

❑ 在服务器上处理与聊天相关的消息；

❑ 在用户的浏览器中处理与聊天相关的消息。

为了提供静态文件，需要使用Node内置的`http`模块。但通过HTTP提供文件时，通常不能只是发送文件中的内容，还应该有所发送文件的类型。也就是说要用正确的MIME类型设置HTTP头的`Content-Type`。为了查找这些MIME类型，你会用到第三方的模块`mime`。

> **MIME类型**　MIME类型在维基百科上的文章http://en.wikipedia.org/wiki/MIME中有详细论述。

为了处理与聊天相关的消息，需要用Ajax轮询服务器。但为了让这个程序能尽可能快地做出响应，我们不会用传统的Ajax发送消息。Ajax用HTTP作为传输机制，并且HTTP本来就不是做实时通信的。在用HTTP发送消息时，必须用一个新的TCP/IP连接。打开和关闭连接需要时间。此外，因为每次请求都要发送HTTP头，所以传输的数据量也比较大。这个程序没用依赖于HTTP的方案，而是采用了WebSocket（http://en.wikipedia.org/wiki/WebSocket），这是一个为支持实时通讯而设计的轻量的双向通信协议。

因为在大多数情况下，只有兼容HTML5的浏览器才支持WebSocket，所以这个程序会使用流行的Socket.IO库（http://socket.io/），它给不能使用WebSocket的浏览器提供了一些后备措施，包括使用Flash。Socket.IO对后备功能的处理是透明的，不需要额外的代码或配置。第13章对Socket.IO做了更深入的介绍。

在开始做程序的文件结构和依赖项设置这些真正的初期工作之前，我们先聊聊Node如何同时处理HTTP和WebSocket，这是选它做实时程序最好的理由之一。

2.2.1 提供 HTTP 和 WebSocket 服务

尽管这个程序不会用Ajax发送和接收聊天消息，但它仍要用HTTP发送用在用户浏览器中的HTML、CSS和客户端JavaScript。

如图2-5所示，Node用一个端口就可以轻松地提供HTTP和WebSocket两种服务。Node带有一个可以提供HTTP服务功能的模块。还有一些第三方的Node模块，比如构建在Node内置功能上的Express，它让Web服务变得更加容易了。我们将在第8章深入探讨如何用Express构建Web程序。然而在本章的程序中，还是以介绍基础知识为主。

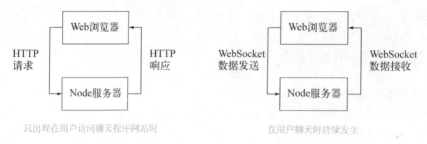

图2-5   在一个程序中处理HTTP和WebSocket

现在你对程序要用的核心技术已经有了大概的认识，让我们把它充实起来。

需要安装Node吗？

如果你还没装Node，请翻到本书附录A，遵照其中的指令安装。

2.2.2   创建程序的文件结构

在开始这个教程前，我们先为它创建一个项目目录。主程序文件会直接放在这个目录下。你需要添加一个lib子目录，用来放一些服务端逻辑。还需要创建一个public子目录，用来放客户端文件。在public子目录下，创建一个javascripts子目录和一个stylesheets目录。

现在你的目录结构看起来应该像图2-6一样。注意，我们决定在本章中用这种特别的方式组织程序中的文件。Node对目录结构没有任何特殊要求，你可以根据自己的喜好随意组织程序文件。

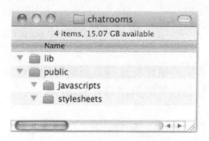

图2-6   聊天程序项目目录结构

现在你已经确立了程序的目录结构，接下来该指明它的依赖项了。

程序的依赖项，在这里是指需要通过安装，来提供程序所需功能的模块。这么说吧，比如你正在创建的程序需要访问存放在MySQL数据库中的数据，可Node中没有可以访问MySQL的内置模块，所以你只能装一个第三方模块，这个模块就是我们所说的依赖项。

2.2.3   指明依赖项

尽管不正式指明依赖项也可以创建Node程序，但花点时间明确一下是个好习惯。这样，如果其他人要使用你的程序，或者你计划在多个地方运行它时，设置起来就要简单直接得多。

　　程序的依赖项是在package.json文件中指明的。这个文件总是被放在程序的根目录下。package.json文件用于描述你的应用程序，它包含一些JSON表达式，并遵循CommonJS包描述标准（http://wiki.commonjs.org/wiki/Packages/1.0）。在package.json文件中可以定义很多事情，但最重要的是程序的名称、版本号、对程序的描述，以及程序的依赖项。

　　代码清单2-1中是一个包描述文件，描述了这个培训程序的功能和依赖项。将这个文件保存到培训程序的根目录中，命名为package.json。

代码清单2-1　包描述文件

```
{
    "name": "chatrooms",                           ◁─── 包名称
    "version": "0.0.1",
    "description": "Minimalist multiroom chat server",
    "dependencies": {                              ◁─── 包的依赖项
        "socket.io": "~0.9.6",
        "mime": "~1.2.7"
    }
}
```

　　如果你看不太懂这个文件，不要担心，下一章还会介绍package.json文件，并且在第14章还会深入探讨它。

2.2.4　安装依赖项

　　定义好package.json文件之后，安装程序的依赖项就是小菜一碟了。Node包管理器（npm，https://github.com/isaacs/npm）是Node自带的工具，它有很多功能，可以轻松安装第三方Node模块，可以把你自己创建的任何Node模块向全球发布。它用一行命令就能从package.json文件中读出依赖项，把它们都装好。

　　在教程的根目录下输入下面这条命令：

```
npm install
```

　　再看这个目录，你应该能看到一个新创建的node_modules目录，如图2-7所示。这个目录中放的就是程序的依赖项。

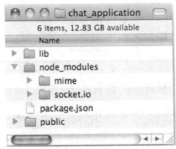

图2-7　当用npm安装依赖项时，会创建一个新的node_modules目录

目录结构已经确立了，依赖项也装好了，可以开始填充程序逻辑了。

2.3   提供 HTML、CSS 和客户端 JavaScript 的服务

就像之前列出来的，聊天程序需要具备三个基本功能：

❑ 给用户的Web浏览器提供静态文件；

❑ 在服务器端处理与聊天相关的消息；

❑ 在用户的Web浏览器中处理与聊天相关的消息。

程序的逻辑是由一些文件实现的，有些运行在服务器上，有些运行在客户端，如图2-8所示。在客户端运行的JavaScript需要作为静态资源发给浏览器，而不是在Node上执行。

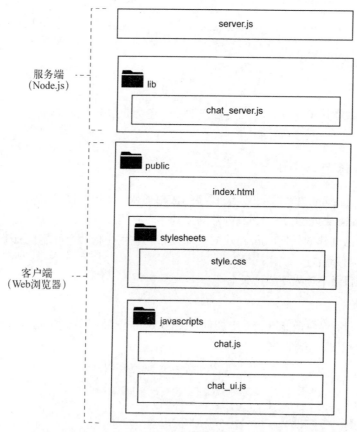

图2-8   这个聊天程序中既有客户端JavaScript逻辑，也有服务端JavaScript逻辑

本节要先解决第一个需求，我们会定义提供静态文件所需的逻辑。然后添加静态的HTML和CSS文件。

2.3.1　创建静态文件服务器

创建静态文件服务器既要用到Node内置的功能，也要用第三方的mime附加模块来确定文件的的MIME类型。

先从程序的主文件开始，请在项目根目录下创建server.js文件，把代码清单2-2中的变量声明放到这个文件中。有了这些声明，你就可以使用Node中跟HTTP相关的功能、跟文件系统交互的功能，以及确定文件MIME类型的功能。变量cache是用来缓存文件中的数据的。

代码清单2-2　变量声明

```
var http  = require('http');
var fs    = require('fs');
var path  = require('path');
var mime  = require('mime');
var cache = {};
```

内置的**path**模块提供了与文件系统路径相关的功能

内置的**http**模块提供了HTTP服务器和客户端功能

内置的**http**模块提供了HTTP服务器和客户端功能

附加的**mime**模块有根据文件扩展名得出MIME类型的能力

cache是用来缓存文件内容的对象

1.发送文件数据及错误响应

接下来要添加三个辅助函数以提供静态HTTP文件服务。第一个是在所请求的文件不存在时发送404错误的。把下面的辅助函数加到server.js中：

```
function send404(response) {
  response.writeHead(404, {'Content-Type': 'text/plain'});
  response.write('Error 404: resource not found.');
  response.end();
}
```

第二个辅助函数提供文件数据服务。这个函数先写出正确的HTTP头，然后发送文件的内容。把下面的代码添加到server.js中：

```
function sendFile(response, filePath, fileContents) {
  response.writeHead(
    200,
    {"content-type": mime.lookup(path.basename(filePath))}
  );
  response.end(fileContents);
}
```

访问内存（RAM）要比访问文件系统快得多，所以Node程序通常会把常用的数据缓存到内存里。我们的聊天程序就要把静态文件缓存到内存中，只有第一次访问的时候才会从文件系统中读取。下一个辅助函数会确定文件是否缓存了，如果是，就返回它。如果文件还没被缓存，它会从硬盘中读取并返回它。如果文件不存在，则返回一个HTTP 404错误作为响应。把这个辅助函数加到server.js中：

代码清单2-3   提供静态文件服务

```
function serveStatic(response, cache, absPath) {          检查文件是否缓存在内存中
  if (cache[absPath]) {
    sendFile(response, absPath, cache[absPath]);          从内存中返回文件
  } else {
    fs.exists(absPath, function(exists) {        检查文件是否存在
      if (exists) {
        fs.readFile(absPath, function(err, data) {         从硬盘中读取文件
          if (err) {
            send404(response);
          } else {
            cache[absPath] = data;
            sendFile(response, absPath, data);
          }
        });                                                从硬盘中读取文件并返回
      } else {
        send404(response);
      }
    });                          发送HTTP 404响应
  }
}
```

2. 创建HTTP服务器

在创建HTTP服务器时，需要给createServer传入一个匿名函数作为回调函数，由它来处理每个HTTP请求。这个回调函数接受两个参数：request和response。在这个回调执行时，HTTP服务器会分别组装这两个参数对象，以便你可以对请求的细节进行处理，并返回一个响应。第4章会深入介绍http模块。

将下面代码清单中的逻辑添加到server.js中以创建HTTP服务器。

代码清单2-4   创建HTTP服务器的逻辑

```
var server = http.createServer(function(request, response) {      创建HTTP服务
  var filePath = false;                                           器，用匿名函数
                                                                  定义对每个请求
  if (request.url == '/') {                                        的处理行为
    filePath = 'public/index.html';       确定返回的默认HTML文件
  } else {
    filePath = 'public' + request.url;
  }                                         将URL路径转为文件
                                            的相对路径
  var absPath = './' + filePath;
  serveStatic(response, cache, absPath);          返回静态文件
});
```

3. 启动HTTP服务器

现在你已经写好了创建HTTP服务器的代码，但还没添加启动它的逻辑。添加下面这些代码，它会启动服务器，要求服务器监听TCP/IP端口3000。3000是随便选的，所有1024以上的未用端口应该都可以（如果在Windows上运行，1024以下的端口也行，或者在Linux及OS X中用"root"这样的特权用户启动程序也可以）。

```
server.listen(3000, function() {
  console.log("Server listening on port 3000.");
});
```

如果你想看看这个程序现在能做什么，可以在命令行中输入下面这条命令启动服务器：

```
node server.js
```

服务器运行起来后，在浏览器中访问http://127.0.0.1:3000会激发404错误辅助函数，页面上会显示"Error 404: resource not found。"消息。尽管你已经添加了静态文件处理逻辑，但还没添加那些静态文件。记住，在命令行中按下Ctrl-C可以停止正在运行的服务器。

接下来，让我们把必须的静态文件加上，把这个聊天程序的功能再向前推进一步。

2.3.2　添加 HTML 和 CSS 文件

你要加的第一个静态文件是默认的HTML文件。在public目录下创建index.html文件，把代码清单2-5中的HTML放进去。这段HTML会引入一个CSS文件，设置一些显示程序内容的div元素，加载一些客户端JavaScript文件。这些JavaScript文件提供了客户端Socket.IO功能、jQuery（用来操作DOM），以及两个该程序特有的文件，用来提供聊天功能。

代码清单2-5　聊天程序的HTML

```
<!doctype html>
<html lang='en'>

<head>
  <title>Chat</title>
  <link rel='stylesheet' href='/stylesheets/style.css'></link>
</head>

<body>
<div id='content'>                                    显示当前聊天室
  <div id='room'></div>                               名称的div
    <div id='room-list'></div>
    <div id='messages'></div>                         显示聊天消息的div

  <form id='send-form'>
    <input id='send-message' />
    <input id='send-button' type='submit' value='Send'/>   用户用来输入聊
                                                            天命令和消息的
    <div id='help'>                                         表单输入元素
      Chat commands:
      <ul>
        <li>Change nickname: <code>/nick [username]</code></li>
        <li>Join/create room: <code>/join [room name]</code></li>
      </ul>
    </div>
  </form>
  </div>
```

显示当前可用聊天室列表的div

```
<script src='/socket.io/socket.io.js' type='text/javascript'></script>
<script src='http://code.jquery.com/jquery-1.8.0.min.js'
    type='text/javascript'></script>
<script src='/javascripts/chat.js' type='text/javascript'></script>
<script src='/javascripts/chat_ui.js' type='text/javascript'></script>
</body>
</html>
```

下一个要添加的是定义程序页面样式的CSS文件。在public/stylesheets目录下创建style.css文件，把下面的CSS代码放进去。

代码清单2-6　程序的CSS

```
body {
  padding: 50px;
  font: 14px "Lucida Grande", Helvetica, Arial, sans-serif;
}

a {
  color: #00B7FF;
}

#content {                       程序界面的宽度是800p，水平居中
  width: 800px;
  margin-left: auto;
  margin-right: auto;
}

#room {                          显示当前聊天室名称那个区域的CSS规则
  background-color: #ddd;
  margin-bottom: 1em;
}

#messages {                      显示消息的区域宽690p，高300p
  width: 690px;
  height: 300px;
  overflow: auto;
  background-color: #eee;        让显示消息的区域在内容填满后可以向下滚动
  margin-bottom: 1em;
  margin-right: 10px;
}
```

现在HTML和CSS基本做好了，运行程序，用浏览器看一下，应该能看到如图2-9所示的界面。

这个程序还不能用，但静态文件已经可以看了，基本的视觉布局也搭建好了。把这些料理好了之后，我们接下来去定义服务端聊天消息的分发。

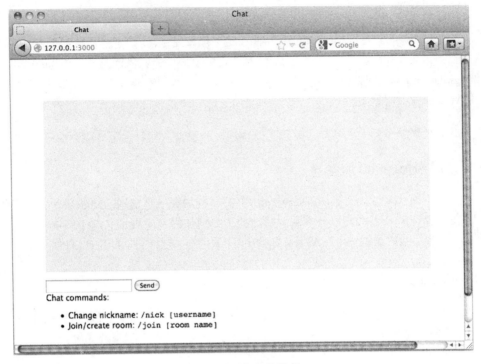

图2-9　开发中的程序

2.4　用 Socket.IO 处理与聊天相关的消息

我们前面说过程序必须要做三件事，其中第一个提供静态文件已经做了，现在来解决第二个，处理浏览器和服务器之间的通信。现代浏览器能用WebSocket处理浏览器跟服务器两者之间的通信（参见Socket.IO浏览器支持页以了解详情：http://socket.io/#browser-support）。

Socket.IO为Node及客户端JavaScript提供了基于WebSocket以及其他传输方式的封装，它提供了一个抽象层。如果浏览器没有实现WebSocket，Socket.IO会自动启用一个备选方案，而对外提供的API还是一样的。本节将会：

□ 简要介绍下Socket.IO，并确定要在服务器端使用的Socket.IO功能；

□ 添加代码设置Socket.IO服务器；

□ 添加代码处理各种聊天程序的事件。

Socket.IO提供了开箱即用的虚拟通道，所以程序不用把每条消息都向已连接的用户广播，而是只向那些预订了某个通道的用户广播。用这个功能实现程序里的聊天室非常简单，很快你就能看到。

Socket.IO还是事件发射器（Event Emitter）的好例子。事件发射器本质上是组织异步逻辑的一种很方便的设计模式。本章中会有一些事件发射器的代码，但下一章才会做更深入的讨论。

事件发射器

　　事件发射器是跟某种资源相关联的，它能向这个资源发送消息，也能从这个资源接收消息。资源可以连接远程服务器，或者更抽象的东西，比如游戏中的角色。Johnny-Five项目（https://github.com/rwldrn/johnny-five）是一个用Node做的机器人程序，实际上就是用事件发射器控制Arduino微控制器。

　　我们先开始做服务器上的功能，并确立处理连接的逻辑。然后会定义服务端所需的功能。

2.4.1 设置 Socket.IO 服务器

　　首先，把下面这两行代码添加到server.js中。第一行加载一个定制的Node模块，它提供的逻辑是用来处理基于Socket.IO的服务端聊天功能的，我们在后文中再定义这个模块。第二行启动Socket.IO服务器，给它提供一个已经定义好的HTTP服务器，这样它就能跟HTTP服务器共享同一个TCP/IP端口：

```
var chatServer = require('./lib/chat_server');
chatServer.listen(server);
```

　　现在你要在lib目录中创建一个新文件，chat_server.js。先把下面的变量声明添加到这个文件中。这些声明让我们可以使用Socket.IO，并初始化了一些定义聊天状态的变量：

```
var socketio = require('socket.io');
var io;
var guestNumber = 1;
var nickNames = {};
var namesUsed = [];
var currentRoom = {};
```

确立连接逻辑

　　接下来添加代码清单2-7中的逻辑，定义聊天服务器函数listen。server.js中会调用这个函数。它启动Socket.IO服务器，限定Socket.IO向控制台输出的日志的详细程度，并确定该如何处理每个接进来的连接。

　　你应该注意到了，连接处理逻辑调用了几个辅助函数，现在你可以把它们添加到chat_server.js中。

代码清单2-7 启动Socket.IO服务器

```
exports.listen = function(server) {
  io = socketio.listen(server);
  io.set('log level', 1);

  io.sockets.on('connection', function (socket) {
    guestNumber = assignGuestName(socket, guestNumber,
      nickNames, namesUsed);
```

启动Socket.IO服务器，允许它搭载在已有的HTTP服务器上

定义每个用户连接的处理逻辑

在用户连接上来时赋予其一个访客名

在用户连接上
来时把他放入
聊天室Lobby
里

```
joinRoom(socket, 'Lobby');

handleMessageBroadcasting(socket, nickNames);

handleNameChangeAttempts(socket, nickNames, namesUsed);

handleRoomJoining(socket);

socket.on('rooms', function() {
    socket.emit('rooms', io.sockets.manager.rooms);
});

handleClientDisconnection(socket, nickNames, namesUsed);
    });
};
```

处理用户的消息,
更名,以及聊天室
的创建和变更

用户发出请求时,向
其提供已经被占用的
聊天室的列表

定义用户断开
连接后的清除
逻辑

我们已经确立了连接处理逻辑,现在该添加用来处理程序需求的所有辅助函数了。

2.4.2　处理程序场景及事件

聊天程序需要处理下面这些场景和事件:

- ❑ 分配昵称;
- ❑ 房间更换请求;
- ❑ 昵称更换请求;
- ❑ 发送聊天消息;
- ❑ 房间创建;
- ❑ 用户断开连接。

要实现这些功能得添加几个辅助函数,如下文所述。

1. 分配昵称

要添加的第一个辅助函数是assignGuestName,用来处理新用户的昵称。当用户第一次连到聊天服务器上时,用户会被放到一个叫做Lobby的聊天室中,并调用assignGuestName给他们分配一个昵称,以便可以相互区分开。

程序分配的所有昵称基本上都是在Guest后面加上一个数字,有新用户连进来时这个数字就会往上增长。用户昵称存在变量nickNames中以便于引用,并且会跟一个内部socket ID关联。昵称还会被添加到namesUsed中,这个变量中保存的是已经被占用的昵称。把下面清单中的代码添加到lib/chat_server.js中实现这个功能。

代码清单2-8　分配用户昵称

```
function assignGuestName(socket, guestNumber, nickNames, namesUsed) {
  var name = 'Guest' + guestNumber;
  nickNames[socket.id] = name;
  socket.emit('nameResult', {
    success: true,
    name: name
  });
  namesUsed.push(name);
  return guestNumber + 1;
}
```

把用户昵称跟客户端连接ID关联上

生成新昵称

让用户知道他们的昵称

存放已经被占用的昵称

增加用来生成昵称的计数器

2. 进入聊天室

要添加到chat_server.js中的第二个辅助函数是joinRoom。这个函数如代码清单2-9所示,处理逻辑跟用户加入聊天室相关。

代码清单2-9　与进入聊天室相关的逻辑

```
function joinRoom(socket, room) {
  socket.join(room);
  currentRoom[socket.id] = room;
  socket.emit('joinResult', {room: room});
  socket.broadcast.to(room).emit('message', {
    text: nickNames[socket.id] + ' has joined ' + room + '.'
  });

  var usersInRoom = io.sockets.clients(room);
  if (usersInRoom.length > 1) {
    var usersInRoomSummary = 'Users currently in ' + room + ': ';
    for (var index in usersInRoom) {
      var userSocketId = usersInRoom[index].id;
      if (userSocketId != socket.id) {
        if (index > 0) {
          usersInRoomSummary += ', ';
        }
        usersInRoomSummary += nickNames[userSocketId];
      }
    }
    usersInRoomSummary += '.';
    socket.emit('message', {text: usersInRoomSummary});
  }
}
```

记录用户的当前房间

让用户进入房间

让房间里的其他用户知道有新用户进入了房间

让用户知道他们进入了新的房间

如果不止一个用户在这个房间里,汇总下都是谁

确定有哪些用户在这个房间里

将房间里其他用户的汇总发送给这个用户

将用户加入Socket.IO房间很简单,只要调用socket对象上的join方法就行。然后程序就会把相关细节向这个用户及同一房间中的其他用户发送。程序会让用户知道有哪些用户在这个房间里,还会让其他用户知道这个用户进来了。

3. 处理昵称变更请求

如果用户都用程序分配的昵称,很难记住谁是谁。因此聊天程序允许用户发起更名请求。如图2-10所示,更名需要用户的浏览器通过Socket.IO发送一个请求,并接收表示成功或失败的响应。

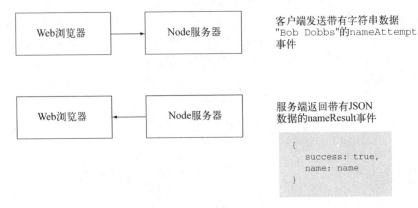

图2-10　更名请求及响应

将下面代码清单中的代码加到lib/chat_server.js中，这段代码定义了一个处理用户更名请求的函数。从程序的角度来讲，用户不能将昵称改成以Guest开头，或改成其他已经被占用的昵称。

代码清单2-10　更名请求的处理逻辑

```
function handleNameChangeAttempts(socket, nickNames, namesUsed) {
  socket.on('nameAttempt', function(name) {        添加 nameAtte-
    if (name.indexOf('Guest') == 0) {              mpt事件的监听器
      socket.emit('nameResult', {
        success: false,
        message: 'Names cannot begin with "Guest".'
      });
    } else {                                       如果昵称还没
      if (namesUsed.indexOf(name) == -1) {         注册就注册上
        var previousName = nickNames[socket.id];
        var previousNameIndex = namesUsed.indexOf(previousName);
        namesUsed.push(name);
        nickNames[socket.id] = name;               删掉之前用的昵称，让
        delete namesUsed[previousNameIndex];       其他用户可以使用
        socket.emit('nameResult', {
          success: true,
          name: name
        });
        socket.broadcast.to(currentRoom[socket.id]).emit('message', {
          text: previousName + ' is now known as ' + name + '.'
        });
      } else {
        socket.emit('nameResult', {               如果昵称已经被占用，
          success: false,                          给客户端发送错误消息
          message: 'That name is already in use.'
        });
      }
    }
  });
}
```

昵称不能以
Guest开头

4. 发送聊天消息

用户昵称没问题了，现在需要加个函数处理用户发过来的聊天消息。图2-11给出了基本流程：用户发射一个事件，表明消息是从哪个房间发出来的，以及消息的内容是什么；然后服务器将这条消息转发给同一房间的所有用户。

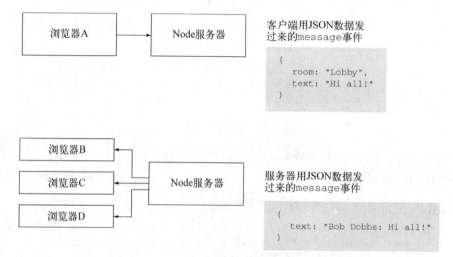

图2-11   发送聊天消息

将下面的代码加到lib/chat_server.js中。Socket.IO的broadcast函数是用来转发消息的：

```
function handleMessageBroadcasting(socket) {
  socket.on('message', function (message) {
    socket.broadcast.to(message.room).emit('message', {
      text: nickNames[socket.id] + ': ' + message.text
    });
  });
}
```

5. 创建房间

接下来要添加让用户加入已有房间的逻辑，如果房间还没有的话，则创建一个房间。图2-12是用户和服务器双方的交互。

将下面的代码添加到lib/chat_server.js文件中，实现更换房间的功能。注意Socket.IO中leave方法的使用：

```
function handleRoomJoining(socket) {
  socket.on('join', function(room) {
    socket.leave(currentRoom[socket.id]);
    joinRoom(socket, room.newRoom);
  });
}
```

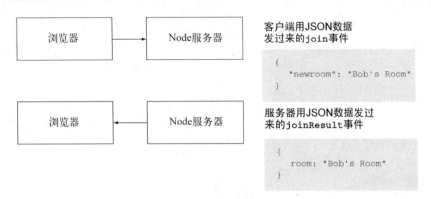

图2-12 换到其他聊天室

6. 用户断开连接

最后还要把下面这段代码添加到lib/chat_server.js文件中，当用户离开聊天程序时，从nickNames和namesUsed中移除用户的昵称：

```
function handleClientDisconnection(socket) {
  socket.on('disconnect', function() {
    var nameIndex = namesUsed.indexOf(nickNames[socket.id]);
    delete namesUsed[nameIndex];
    delete nickNames[socket.id];
  });
}
```

服务端的逻辑都已经做好了，现在可以回过头去继续做客户端的逻辑了。

2.5 在程序的用户界面上使用客户端 JavaScript

在服务端分发浏览器发来的消息的Socket.IO逻辑已经加上了，现在该添加跟服务器通信所需要的客户端JavaScript了。客户端JavaScript需要实现以下功能：

❑ 向服务器发送用户的消息和昵称/房间变更请求；
❑ 显示其他用户的消息，以及可用房间的列表。

我们先从第一个功能开始。

2.5.1 将消息和昵称/房间变更请求传给服务器

要添加的第一段客户端JavaScript代码是一个JavaScript原型对象，用来处理聊天命令、发送消息、请求变更房间或昵称。

在public/javascripts目录下创建一个chat.js文件，把下面的代码放进去。这段代码相当于定义了一个JavaScript"类"，在初始化时可用传入一个Socket.IO的参数socket：

```
var Chat = function(socket) {
  this.socket = socket;
};
```

接着添加这个发送聊天消息的函数：

```
Chat.prototype.sendMessage = function(room, text) {
  var message = {
    room: room,
    text: text
  };
  this.socket.emit('message', message);
};
```

变更房间的函数：

```
Chat.prototype.changeRoom = function(room) {
  this.socket.emit('join', {
    newRoom: room
  });
};
```

最后添加下面代码清单中定义的函数，处理聊天命令。它能识别两个命令：join用来加入或创建一个房间，nick用来修改昵称。

代码清单2-11   处理聊天命令

```
Chat.prototype.processCommand = function(command) {
  var words = command.split(' ');
  var command = words[0]
                  .substring(1, words[0].length)      从第一个单词开始
                  .toLowerCase();                       解析命令
  var message = false;

  switch(command) {
    case 'join':
      words.shift();
      var room = words.join(' ');
      this.changeRoom(room);
      break;                                            处理房间的变换/创建
    case 'nick':
      words.shift();
      var name = words.join(' ');
      this.socket.emit('nameAttempt', name);
      break;                                            处理更名尝试

    default:
      message = 'Unrecognized command.';
      break;                                            如果命令无法识别，
  }                                                     返回错误消息

  return message;
};
```

2.5.2   在用户界面中显示消息及可用房间

现在该添加使用jQuery跟用户界面（基于浏览器）直接交互的逻辑了。要添加的第一个功能是显示文本数据。

从安全角度来看，Web程序中有两种文本数据。一种是受信的文本数据，由程序提供的文本组成，另一种是可疑的文本数据，是由程序的用户创建的文本，或从用户创建的文本中提取出来的。我们之所以认为来自用户的文本数据是可疑的，是因为恶意用户可能会蓄意在提交的文本数据中包含`<script>`标签，放入JavaScript逻辑。如果不经修改就把这些数据展示给其他用户，可能会发生令人厌恶的事情，比如将用户转到其他Web页面上。这种劫持Web程序的方法称作跨域脚本（XSS）攻击。

这个聊天程序会用两个辅助函数显示文本数据。一个函数用来显示可疑的文本数据，另一个函数显示受信的文本数据。

函数`divEscapedContentElement`用来显示可疑的文本。它会净化文本，将特殊字符转换成HTML实体，如图2-13所示，这样浏览器就会按输入的样子显示它们，而不会试图按HTML标签解释它们。

图2-13 转义可疑内容

函数`divSystemContentElement`用来显示系统创建的受信内容，而不是其他用户创建的。在public/javascripts目录下创建chat_ui.js文件，并把下面两个辅助函数放进去：

```javascript
function divEscapedContentElement(message) {
  return $('<div></div>').text(message);
}

function divSystemContentElement(message) {
  return $('<div></div>').html('<i>' + message + '</i>');
}
```

下一个要加到chat_ui.js中的函数是用来处理用户输入的，具体内容见代码清单2-12。如果用户输入的内容以斜杠（/）开头，它会将其作为聊天命令处理。如果不是，就作为聊天消息发送给服务器并广播给其他用户，并添加到用户所在聊天室的聊天文本中。

代码清单2-12 处理原始的用户输入

```javascript
function processUserInput(chatApp, socket) {
  var message = $('#send-message').val();
  var systemMessage;

  if (message.charAt(0) == '/') {
```

如果用户输入的内容以斜杠（/）开头，将其作为聊天命令

```
    systemMessage = chatApp.processCommand(message);
    if (systemMessage) {
      $('#messages').append(divSystemContentElement(systemMessage));
    }
  } else {
    chatApp.sendMessage($('#room').text(), message);          ← 将非命令输入广播给
    $('#messages').append(divEscapedContentElement(message));    其他用户
    $('#messages').scrollTop($('#messages').prop('scrollHeight'));
  }

  $('#send-message').val('');
}
```

辅助函数现在已经定义好了，你还需要添加下面这个代码清单中的逻辑，它要在用户的浏览器加载完页面后执行。这段代码会对客户端的Socket.IO事件处理进行初始化。

代码清单2-13　客户端程序初始化逻辑

```
var socket = io.connect();

$(document).ready(function() {
  var chatApp = new Chat(socket);

  socket.on('nameResult', function(result) {          ← 显示更名尝试的结果
    var message;

    if (result.success) {
      message = 'You are now known as ' + result.name + '.';
    } else {
      message = result.message;
    }
    $('#messages').append(divSystemContentElement(message));
  });

  socket.on('joinResult', function(result) {          ← 显示房间变更结果
    $('#room').text(result.room);
    $('#messages').append(divSystemContentElement('Room changed.'));
  });

  socket.on('message', function (message) {
    var newElement = $('<div></div>').text(message.text);   ← 显示接收到的消息
    $('#messages').append(newElement);
  });

  socket.on('rooms', function(rooms) {                ← 显示可用房间列表
    $('#room-list').empty();

    for(var room in rooms) {
      room = room.substring(1, room.length);
      if (room != '') {
        $('#room-list').append(divEscapedContentElement(room));
      }
    }
                                                      ← 点击房间名可以换到那
    $('#room-list div').click(function() {               个房间中
      chatApp.processCommand('/join ' + $(this).text());
      $('#send-message').focus();
```

```
    });
  });

  setInterval(function() {
    socket.emit('rooms');
  }, 1000);

  $('#send-message').focus();

  $('#send-form').submit(function() {
    processUserInput(chatApp, socket);
    return false;
  });
});
```

定期请求可用房间列表

提交表单可以发送聊天消息

接下来让我们把程序做完，将下面代码清单中的CSS样式代码添加到public/stylesheets/style.css文件中。

代码清单2-14　最后一点要加到style.css中的代码

```css
#room-list {
  float: right;
  width: 100px;
  height: 300px;
  overflow: auto;
}

#room-list div {
  border-bottom: 1px solid #eee;
}

#room-list div:hover {
  background-color: #ddd;
}
#send-message {
  width: 700px;
  margin-bottom: 1em;
  margin-right: 1em;
}

#help {
  font: 10px "Lucida Grande", Helvetica, Arial, sans-serif;
}
```

加好最后的代码，让我们把程序跑起来试试（用node server.js）。结果看起来应该像图2-14一样。

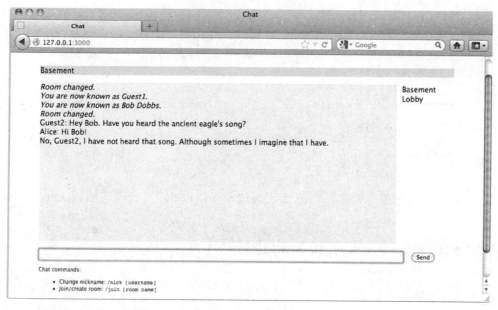

图2-14   做完的聊天程序

2.6   小结

你已经用Node.js完成了一个小型的实时Web程序！

对于如何构建程序，以及代码看起来应该是什么样子，你现在应该有点感觉了。如果对这个示例程序的某些方面仍不清楚，请不要担心，我们在后续章节中会深入探讨这个例子中用到的工艺和技术。

然而在深入到Node的具体开发工作中之前，我们应该先学一学如何应对异步开发带来的独特挑战。下一章将教给你一些基本的技术和技巧，这能帮你节省大量时间，少走很多弯路。

第 3 章

Node编程基础

本章内容

- ❑ 用模块组织代码
- ❑ 编码规范
- ❑ 用回调处理一次性完结的事件
- ❑ 用事件发射器处理重复性事件
- ❑ 实现串行和并行的流程控制
- ❑ 使用流程控制工具

Node不像大多数开源平台那样，它很容易设置，对内存和硬盘空间没有过多要求。也不需要复杂的集成开发环境或构建系统。但掌握一些基础知识对你的起步会有很大帮助。本章要解决Node开发新手要面对的两个难题：

- ❑ 如何组织代码；
- ❑ 怎么做异步编程。

大多数经验丰富的程序员都非常熟悉组织代码的问题。按照概念将逻辑组织成类和函数。将包含类和函数的文件组织到源码树的目录中。最后代码被组织到程序和库中。Node的模块系统提供了强大的代码组织机制，本章就要教你如何利用它组织代码。

要领会和掌握异步编程可能需要花些时间。你对程序逻辑应该如何执行的认识要有模式上的转变。在同步编程中，你在写下一行代码时就知道它前面的所有代码都会先于它执行。然而在异步开发中，程序逻辑乍一看可能就像鲁贝·戈德堡机（Rube Goldberg machine）一样复杂而又滑稽。俗话说，磨刀不误砍柴工，在开始开发大型项目之前，应该学一下怎么才能优雅地控制程序的行为。

本章会介绍几种重要的异步编程技术，让你能牢牢地控制程序将如何执行。你将学到：

- ❑ 如何响应一次性事件；
- ❑ 如何处理重复性事件；
- ❑ 如何让异步逻辑顺序执行。

然而我们要先讲一下如何用模块解决代码组织的问题，模块是Node让代码易于重用的一种组织和包装方式。

3.1 Node 功能的组织及重用

在创建程序时，不管是用Node还是什么，经常会出现不可能把所有代码放到一个文件中的情况。当出现这种情况时，传统的方式是按逻辑相关性对代码分组，将包含大量代码的单个文件分解成多个文件，如图3-1所示。

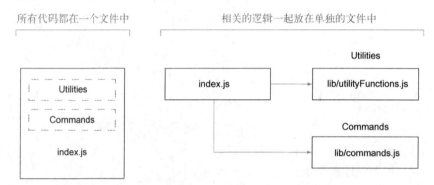

图3-1 用目录和单独的文件组织起来的代码找起来要比整个程序代码都放在一个长文件中找起来更容易

在某些语言的实现中，比如PHP和Ruby，整合另一个文件（我们称之为"included"文件）中的逻辑，可能意味着在被引入文件中执行的逻辑会影响全局作用域。也就是说被引入文件创建的任何变量，以及声明的任何函数都可能会覆盖包含它的应用程序所创建的变量和声明的函数。

假设你用PHP写程序，你的程序中可能会有下面这种逻辑：

```
function uppercase_trim($text) {
  return trim(strtoupper($text));
}

include('string_handlers.php');
```

如果**string_handlers.php**文件也定义了一个uppercase_trim函数，你会收到一条错误消息：

```
Fatal error: Cannot redeclare uppercase_trim()
```

在PHP中可以用命名空间避免这个问题，而Ruby通过模块提供了类似的功能。可Node的做法是不让你有机会在不经意间污染全局命名空间。

> **PHP命名空间和Ruby模块** PHP命名空间在它的手册上有相关论述：http://php.net/manual/en/language.namespaces.php。Ruby模块在Ruby文档中有解释说明：www.ruby-doc.org/core-1.9.3/Module.html

Node模块打包代码是为了重用，但它们不会改变全局作用域。比如说，假设你正用PHP开发一个开源的内容管理系统（CMS），并且想用一个没有使用命名空间的第三方API库。这个库中可能有一个跟你的程序中同名的类，除非你把自己程序中的类名或者库中的类名给改了，否则这个类可能会搞垮你的程序。可是修改你的程序中的类名可能会让那些以你的CMS为基础构建项目的开发人员遇到问题。如果你选择修改那个库中的类名，那么你每次更新程序源码树中的那个库时都得记着再改一次。命名冲突问题最好是从根本上予以避免。

Node模块允许你从被引入文件中选择要暴露给程序的函数和变量。如果模块返回的函数或变量不止一个，那它可以通过设定exports对象的属性来指明它们。但如果模块只返回一个函数或变量，则可以设定module.exports属性。图3-2展示了这一工作机制。

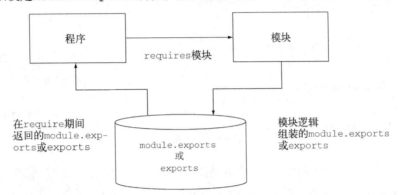

图3-2　组装module.exports属性或exports对象让模块可以选择应该把什么跟程序共享

如果你觉得有点晕，先别急。我们在这一章里会给出好几个例子。

Node的模块系统避免了对全局作用域的污染，从而也就避免了命名冲突，并简化了代码的重用。模块还可以发布到npm（Node包管理器）存储库中，这是一个收集了已经可用并且要跟Node社区分享的Node模块的在线存储库，使用这些模块没必要担心某个模块会覆盖其他模块的变量和函数。我们会在第14章讨论如何把模块发布到npm存储库中。

为了帮你把逻辑组织到模块中，我们会讨论下面这些主题：

❑ 如何创建模块；
❑ 模块放在文件系统中的什么地方；
❑ 在创建和使用模块时要意识到的东西。

我们这就深入到Node模块系统的学习中去，开始创建我们的第一个模块。

3.1.1　创建模块

模块既可能是一个文件，也可能是包含一个或多个文件的目录，如图3-3所示。如果模块是个目录，Node通常会在这个目录下找一个叫index.js的文件作为模块的入口（这个默认设置可以重写，见3.1.4节）。

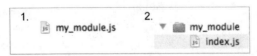

图3-3　Node模块可以用文件（例1）或目录（例2）创建

典型的模块是一个包含 exports 对象属性定义的文件，这些属性可以是任意类型的数据，比如字符串、对象和函数。

为了演示如何创建基本的模块，我们在一个名为 currency.js 的文件中添加一些做货币转换的函数。这个文件如下面的代码清单所示，其中有两个函数，分别对加元和美元进行互换。

代码清单3-1　定义一个Node模块

```
var canadianDollar = 0.91;

function roundTwoDecimals(amount) {
  return Math.round(amount * 100) / 100;
}
exports.canadianToUS = function(canadian) {           ◁── canadianToUS 函数设定在
  return roundTwoDecimals(canadian * canadianDollar);      exports模块中，所以引入这
}                                                           个模块的代码可以使用它
exports.USToCanadian = function(us) {                 ◁── USToCanadian也设定在
  return roundTwoDecimals(us / canadianDollar);           exports模块中
}
```

exports 对象上只设定了两个属性。也就是说引入这个模块的代码只能访问到 canadianToUS 和 USToCanadian 这两个函数。而变量 canadianDollar 作为私有变量仅作用在 canadianToUS 和 USToCanadian 的逻辑内部，程序不能直接访问它。

使用这个新模块要用到 Node 的 require 函数，该函数以你要用的模块的路径为参数。Node 以同步的方式寻找它，定位到这个模块并加载文件中的内容。

关于require和同步I/O

require 是 Node 中少数几个同步 I/O 操作之一，因为经常用到模块，并且一般都是在文件顶端引入，所以把 require 做成同步的有助于保持代码的整洁、有序，还能增强可读性。但在程序中 I/O 密集的地方尽量不要用 require。所有同步调用都会阻塞 Node，直到调用完成才能做其他事情。比如你正在运行一个 HTTP 服务器，如果在每个进入的请求上都用了 require，就会遇到性能问题。所以通常都只在程序最初加载时才使用 require 和其他同步操作。

下面这个是 test-currency.js 中的代码，它 require 了 currency.js 模块：

代码清单3-2　引入一个模块

```
var currency = require('./currency');         ◁── 用路径./表明模块跟程序脚本
                                                   放在同一目录下

console.log('50 Canadian dollars equals this amount of US dollars:');
console.log(currency.canadianToUS(50));       ◁── 使用currency模块的
                                                   canadianToUS函数

console.log('30 US dollars equals this amount of Canadian dollars:');
console.log(currency.USToCanadian(30));       ◁── 使用currency模块的
                                                   USToCanadian函数
```

　　引入一个以 `./` 开头的模块意味着，如果你准备创建的程序脚本test-currency.js在currency_app目录下，那你的currency.js模块文件，如图3-4所示，应该也放在currency_app目录下。在引入时，`.js`扩展名可以忽略。

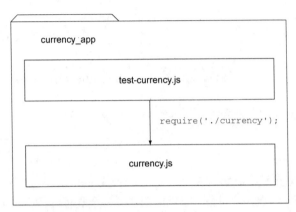

图3-4　如果在require模块时把 `./` 放在前面，Node会在被执行程序文件所在的目录下
　　　　寻找这个模块

　　在Node定位到并计算好你的模块之后，`require`函数会返回这个模块中定义的exports对象中的内容，然后你就可以用这个模块中的两个函数做货币转换了。

　　如果你想把这个模块放到子目录中，比如 `lib`，只要把require语句改成下面这样就可以了：

```
var currency = require('./lib/currency');
```

组装模块中的exports对象是在单独的文件中组织可重用代码的一种简便方法。

3.1.2　用 module.exports 微调模块的创建

　　尽管用函数和变量组装exports对象能满足大多数的模块创建需要，但有时你可能需要用不同的模型创建该模块。

　　比如说，前面创建的那个货币转换器模块可以改成只返回一个Currency构造函数，而不是包含两个函数的对象。一个面向对象的实现看起来可能像下面这样：

```
var Currency = require('./currency');
var canadianDollar = 0.91;

var currency = new Currency(canadianDollar);
console.log(currency.canadianToUS(50));
```

　　如果只需要从模块中得到一个函数，那从require中返回一个函数的代码要比返回一个对象的代码更优雅。

　　要创建只返回一个变量或函数的模块，你可能会以为只要把exports设定成你想返回的东西就行。但这样是不行的，因为Node觉得不能用任何其他对象、函数或变量给exports赋值。下面这个代码清单中的模块代码试图将一个函数赋值给exports。

代码清单3-3   这个模块不能用

```
var Currency = function(canadianDollar) {
  this.canadianDollar = canadianDollar;
}

Currency.prototype.roundTwoDecimals = function(amount) {
  return Math.round(amount * 100) / 100;
}

Currency.prototype.canadianToUS = function(canadian) {
  return this.roundTwoDecimals(canadian * this.canadianDollar);
}

Currency.prototype.USToCanadian = function(us) {
  return this.roundTwoDecimals(us / this.canadianDollar);
}

exports = Currency;
```

错误，Node不允许
重写`exports`

为了让前面那个模块的代码能用，需要把exports换成module.exports。用module.exports可以对外提供单个变量、函数或者对象。如果你创建了一个既有exports又有module.exports的模块，那它会返回module.exports，而exports会被忽略。

> **导出的究竟是什么**
>
> 最终在程序里导出的是module.exports。exports只是对module.exports的一个全局引用，最初被定义为一个可以添加属性的空对象。所以exports.myFunc只是module.exports.myFunc的简写。

所以，如果把exports设定为别的，就打破了module.exports和exports之间的引用关系。可是因为真正导出的是module.exports，那样exports就不能用了，因为它不再指向module.exports了。如果你想维持那个链接，可以像下面这样让module.exports再次引用exports：

```
module.exports = exports = Currency;
```

根据需要使用exports或module.exports可以将功能组织成模块，规避掉程序脚本一直增长产生的弊端。

3.1.3   用 node_modules 重用模块

要求模块在文件系统中使用相对路径存放，对于组织程序特定的代码很有帮助，但对于想要在程序间共享或跟其他人共享代码却用处不大。Node中有一个独特的模块引入机制，可以不必知道模块在文件系统中的具体位置。这个机制就是使用node_modules目录。

前面那个模块的例子中引入的是./currency。如果省略./，只写currency，Node会遵照几个规则搜寻这个模块，如图3-5所示。

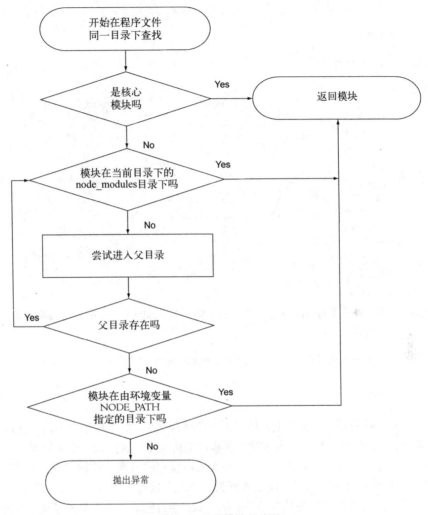

图3-5 查找模块的步骤

用环境变量NODE_PATH可以改变Node模块的默认路径。如果用了它，NODE_PATH在Windows中应该设置为用分号分隔的目录列表，在其他操作系统中用冒号分隔。

3.1.4 注意事项

尽管Node模块系统的本质简单直接，但还是有两点需要注意一下。

第一，如果模块是目录，在模块目录中定义模块的文件必须被命名为index.js，除非你在这个目录下一个叫package.json的文件里特别指明。要指定一个取代index.js的文件，package.json文件里必须有一个用JavaScript对象表示法（JSON）数据定义的对象，其中有一个名为main的键，指明模块目录内主文件的路径。图3-6中的流程图对这些规则做了汇总。

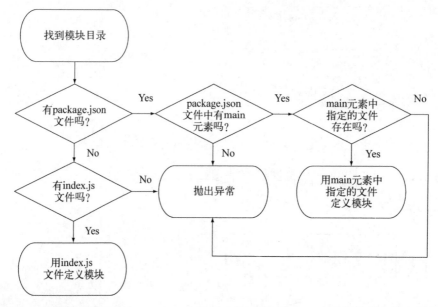

图3-6　当模块目录下有package.json文件时，你可以用index.js之外的其他文件定义自己的模块

这里有个 package.json 文件的例子，它指定currency.js为主文件：

```
{
  "main": "./currency.js"
}
```

还有一点需要注意的是，Node能把模块作为对象缓存起来。如果程序中的两个文件引入了相同的模块，第一个文件会把模块返回的数据存到程序的内存中，这样第二个文件就不用再去访问和计算模块的源文件了。实际上第二个引入有机会修改缓存的数据。这种"猴子补丁"（monkey patching）让一个模块可以改变另一个模块的行为，开发人员可以不用创建它的新版本。

熟悉Node模块系统最好的办法是自己动手试一试，亲自验证一下本节所描述的Node的行为。你对模块的工作机制有了基本的认识，接下来我们开始学习异步编程技术吧。

3.2　异步编程技术

如果你做过Web前端编程，并且遇到过界面事件（比如鼠标点击）触发的逻辑，那你就做过异步编程。服务端异步编程也一样：事件发生会触发响应逻辑。在Node的世界里流行两种响应逻辑管理方式：回调和事件监听。

回调通常用来定义一次性响应的逻辑。比如对于数据库查询，可以指定一个回调函数来确定如何处理查询结果。这个回调函数可能会显示数据库查询结果，根据这些结果做些计算，或者以查询结果为参数执行另一个回调函数。

事件监听器，本质上也是一个回调，不同的是，它跟一个概念实体（事件）相关联。例如，当有人在浏览器中点击鼠标时，鼠标点击是一个需要处理的事件。在Node中，当有HTTP请求过来时，HTTP服务器会发出一个请求事件。你可以监听那个请求事件，并添加一些响应逻辑。在下面这个例子中，每当有请求事件发出时，服务器就会调用handleRequest函数：

```
server.on('request', handleRequest)
```

一个Node HTTP服务器实例就是一个事件发射器，一个可以继承、能够添加事件发射及处理能力的类（EventEmitter）。Node的很多核心功能都继承自EventEmitter，你也能创建自己的事件发射器。

Node有两种常用的响应逻辑组织方式，我们已经用其中一种构建了响应逻辑，现在该了解一下它是如何实现的了，所以接下来要学习如下内容：

❑ 如何用回调处理一次性事件；
❑ 如何用事件监听器响应重复性事件；
❑ 异步编程的几个难点。

先来看这个最常用的异步代码编写方式：使用回调。

3.2.1 用回调处理一次性事件

回调是一个函数，它被当做参数传给异步函数，它描述了异步操作完成之后要做什么。回调在Node开发中用得很频繁，比事件发射器用得多，并且用起来也很简单。

为了在程序中演示回调的用法，我们来做一个简单的HTTP服务器，让它实现如下功能：

❑ 异步获取存放在JSON文件中的文章的标题；
❑ 异步获取简单的HTML模板；
❑ 把那些标题组装到HTML页面里；
❑ 把HTML页面发送给用户。

最终结果如图3-7所示。

图3-7 来自Web服务器的HTML响应，从JSON文件中获取标题并返回一个Web页面

JSON文件（titles.json）会被格式化成一个包含文章标题的字符串数组，内容如下所示。

代码清单3-4　一个包含文章标题的列表

```
[
  "Kazakhstan is a huge country... what goes on there?",
  "This weather is making me craaazy",
  "My neighbor sort of howls at night"
]
```

HTML模板文件（template.html），如下所示，结构很简单，可以插入博客文章的标题。

代码清单3-5　用来渲染博客标题的HTML模板

```
<!doctype html>
<html>
  <head></head>
  <body>
    <h1>Latest Posts</h1>                    %会被替换为标题
    <ul><li>%</li></ul>
  </body>
</html>
```

获取JSON文件中的标题并渲染Web页面的代码如下所示（blog_recent.js），其中的回调函数以黑体显示。

代码清单3-6　在简单的程序中使用回调的例子

```
var http = require('http');
var fs = require('fs');                          创建HTTP服务器并用回调
                                                 定义响应逻辑
http.createServer(function(req, res) {
  if (req.url == '/') {
    fs.readFile('./titles.json', function(err, data) {
      if (err) {                                         读取JSON文件并用
        console.error(err);          如果出错，输出错误日    回调定义如何处理
        res.end('Server Error');     志，并给客户端返回        其中的内容
      }                              "Server Error"
      else {
        var titles = JSON.parse(data.toString());
从JSON文本
中解析数据       fs.readFile('./template.html', function(err, data) {
          if (err) {
            console.error(err);
            res.end('Server Error');      读取HTML模板，并在加载
          }                               完成后使用回调
          else {
            var tmpl = data.toString();

            var html = tmpl.replace('%', titles.join('</li><li>'));
            res.writeHead(200, {'Content-Type': 'text/html'});
            res.end(html);
          }                                              组装HTML页面以
        });                     将HTML页面发送            显示博客标题
      }                         给用户
    }
  });
}).listen(8000, "127.0.0.1");
```

这个例子嵌入了三层回调：

```
http.createServer(function(req, res) { ...
  fs.readFile('./titles.json', function (err, data) { ...
    fs.readFile('./template.html', function (err, data) { ...
```

三层还算可以，但回调层数越多，代码看起来越乱，重构和测试起来也越困难，所以最好限制一下回调的嵌套层级。如果把每一层回调嵌套的处理做成命名函数，虽然表示相同逻辑所用的代码变多了，但维护、测试和重构起来会更容易。下面代码清单中的代码功能跟代码清单3-6中的一样。

代码清单3-7　创建中间函数以减少嵌套的例子

```
var http = require('http');
var fs = require('fs');
var server = http.createServer(function (req, res) {        ← 客户端请求一开始会进到这里
  getTitles(res);
}).listen(8000, "127.0.0.1");                               ← 控制权转交给了getTitles

function getTitles(res) {
  fs.readFile('./titles.json', function (err, data) {       获取标题，并将控制权转交
    if (err) {                                              给getTemplate
      hadError(err, res);
    }
    else {
      getTemplate(JSON.parse(data.toString()), res);
    }
  })
}                                                           getTemplate读取模板文件，并
function getTemplate(titles, res) {                         将控制权转交给formatHtml
  fs.readFile('./template.html', function (err, data) {
    if (err) {
      hadError(err, res);
    }
    else {
      formatHtml(titles, data.toString(), res);
    }
  })
}                                                           formatHtml得到标题和模板，渲
function formatHtml(titles, tmpl, res) {                    染一个响应给客户端
  var html = tmpl.replace('%', titles.join('</li><li>'));
  res.writeHead(200, {'Content-Type': 'text/html'});
  res.end(html);
}                                                           如果这个过程中出现了错误，hadError
                                                            会将错误输出到控制台，并给客户端返
function hadError(err, res) {                               回"Server Error"
  console.error(err);
  res.end('Server Error');
}
```

你还可以用Node开发中的另一种惯用法减少由if/else引起的嵌套：尽早从函数中返回。下面的代码清单功能跟前面一样，但通过尽早返回的做法避免了进一步的嵌套。它还明确表示出了函

数不应该继续执行的意思。

代码清单3-8   通过尽早返回减少嵌套的例子

```
var http = require('http');
var fs = require('fs');

var server = http.createServer(function (req, res)
  getTitles(res);
}).listen(8000, "127.0.0.1");

function getTitles(res) {
  fs.readFile('./titles.json', function (err, data) {
    if (err) return hadError(err, res)
    getTemplate(JSON.parse(data.toString()), res)
  })
}

function getTemplate(titles, res) {
  fs.readFile('./template.html', function (err, data) {
    if (err) return hadError(err, res)
    formatHtml(titles, data.toString(), res)
  })
}

function formatHtml(titles, tmpl, res) {
  var html = tmpl.replace('%', titles.join('</li><li>'));
  res.writeHead(200, {'Content-Type': 'text/html'});
  res.end(html);
}

function hadError(err, res) {
  console.error(err)
  res.end('Server Error')
}
```

在这里不再创建一个else分支，而是直接return，因为如果出错的话，也没必要继续执行这个函数了

你已经学过如何用回调为读取文件和Web服务器请求这样的一次性任务定义响应了，接下来我们去学学如何用事件发射器组织事件。

Node的异步回调惯例

Node中的大多数内置模块在使用回调时都会带两个参数：第一个是用来放可能会发生的错误的，第二个是放结果的。错误参数经常被缩写为er或err。

下面是这个常用的函数签名的典型示例：

```
var fs = require('fs');
fs.readFile('./titles.json', function(er, data) {
  if (er) throw er;
  // do something with data if no error has occurred
});
```

3.2.2   用事件发射器处理重复性事件

事件发射器会触发事件，并且在那些事件被触发时能处理它们。一些重要的Node API组件，

比如HTTP服务器、TCP服务器和流，都被做成了事件发射器。你也可以创建自己的事件发射器。

我们之前说过，事件是通过监听器进行处理的。监听器是跟事件相关联的，带有一个事件出现时就会被触发的回调函数。比如Node中的TCP socket，它有一个data事件，每当socket中有新数据时就会触发：

```
socket.on('data', handleData);
```

我们看一下用data事件创建的echo服务器。

1. 事件发射器示例

echo服务器就是个处理重复性事件的简单例子，当你给它发送数据时，它会把那个数据发回来，如图3-8所示。

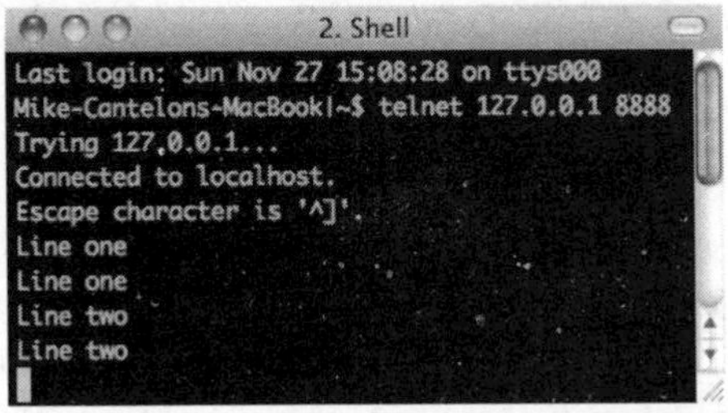

图3-8 回送发送给它的数据的echo服务器

下面的代码清单实现了一个echo服务器。当有客户端连接上来时，它就会创建一个socket。socket是个事件发射器，可以用on方法添加监听器响应data事件。只要socket上有新数据过来，就会发出这些data事件。

代码清单3-9 用on方法响应事件

```
var net = require('net');

var server = net.createServer(function(socket) {          当读取到新数据时处理的
  socket.on('data', function(data) {                       data事件
    socket.write(data);
  });                                                      数据被写回到客户端
});

server.listen(8888);
```

用下面这条命令可以运行echo服务器：

```
node echo_server.js
```

echo服务器运行起来之后，你可以用下面这条命令连上去：

```
telnet 127.0.0.1 8888
```

你每次通过连上去的telnet会话把数据发送给服务器，数据就会传回到telnet会话中。

Windows上的Telnet 如果你用的是微软的Windows操作系统，那上面可能还没装telnet，你得自己装。TechNet上有各版本Windows下的安装指南：http://mng.bz/egzr。

2. 响应只应该发生一次的事件

监听器可以被定义成持续不断地响应事件，如上例所示，也能被定义成只响应一次。下面的代码用了 once 方法，对前面那个 echo 服务器做了修改，让它只回应第一次发送过来的数据。

代码清单3-10　用 once 方法响应单次事件

```
var net = require('net');

var server = net.createServer(function(socket) {
  socket.once ('data', function(data) {        ← data事件只被处理一次
    socket.write(data);
  });
});

server.listen(8888);
```

3. 创建事件发射器：一个 PUB/SUB 的例子

前面的例子用了一个带事件发射器的 Node 内置 API。然而你可以用 Node 内置的事件模块创建自己的事件发射器。

下面的代码定义了一个 channel 事件发射器，带有一个监听器，可以向加入频道的人做出响应。注意这里用 on（或者用比较长的 addListener）方法给事件发射器添加了监听器：

```
var EventEmitter = require('events').EventEmitter;
var channel = new EventEmitter();
channel.on('join', function() {
  console.log("Welcome!");
});
```

然而这个 join 回调永远不会被调用，因为你还没发射任何事件。所以还要在上面的代码中加上一行，用 emit 函数发射这个事件：

```
channel.emit('join');
```

事件名称

事件只是个键，可以是任何字符串：data、join 或某些长的让人发疯的事件名都行。只有一个事件是特殊的，那就是 error，我们马上就会看到它。

你在第 2 章用具有发布/预订功能的 Socket.IO 模块构建了一个聊天程序。接下来我们看看应该如何实现自己的发布/预订逻辑。

代码清单3-11 是一个简单的聊天服务器。聊天服务器的频道被做成了事件发射器，能对客户端发出的 join 事件做出响应。当有客户端加入聊天频道时，join 监听器逻辑会将一个针对该客户端的监听器附加到频道上，用来处理会将所有广播消息写入该客户端 socket 的 broadcast 事件。事件类型的名称，比如 join 和 broadcast，完全是随意取的。你也可以按自己的喜好给它们换个名字。

代码清单3-11　用事件发射器实现的简单的发布/预订系统

```
var events = require('events');
var net = require('net');
```

```
var channel = new events.EventEmitter();
channel.clients = {};
channel.subscriptions = {};
channel.on('join', function(id, client) {
  this.clients[id] = client;
  this.subscriptions[id] = function(senderId, message) {
    if (id != senderId) {
      this.clients[id].write(message);
    }
  }
  this.on('broadcast', this.subscriptions[id]);
});
var server = net.createServer(function (client) {
  var id = client.remoteAddress + ':' + client.remotePort;
  client.on('connect', function() {
    channel.emit('join', id, client);
  });
  client.on('data', function(data) {
    data = data.toString();
    channel.emit('broadcast', id, data);
  });
});
server.listen(8888);
```

添加join事件的监听器，保存用户的client对象，以便程序可以将数据发送给用户

忽略发出这一广播数据的用户

添加一个专门针对当前用户的broadcast事件监听器

当有用户连到服务器上来时发出一个join事件，指明用户ID和client对象

当有用户发送数据时，发出一个频道broadcast事件，指明用户ID和消息

把聊天服务器跑起来后，在命令行中输入下面的命令进入聊天程序：

```
telnet 127.0.0.1 8888
```

如果你打开几个命令行窗口，在其中任何一个窗口中输入的内容都将会被发送到其他所有窗口中。

这个聊天服务器还有个问题，在用户关闭连接离开聊天室后，原来那个监听器还在，仍会尝试向已经断开的连接写数据。这样自然就会出错。为了解决这个问题，你还要按照下面的代码清单把监听器添加到频道事件发射器上，并且向服务器的close事件监听器中添加发射频道的leave事件的处理逻辑。leave事件本质上就是要移除原来给客户端添加的broadcast监听器。

代码清单3-12 创建一个在用户断开连接时能打扫战场的监听器

```
...
channel.on('leave', function(id) {
  channel.removeListener(
    'broadcast', this.subscriptions[id]);
  channel.emit('broadcast', id, id + " has left the chat.\n");
});
var server = net.createServer(function (client) {
  ...
  client.on('close', function() {
    channel.emit('leave', id);
  });
});
server.listen(8888);
```

创建leave事件的监听器

移除指定客户端的broadcast监听器

在用户断开连接时发出leave事件

如果出于某种原因你想停止提供聊天服务，但又不想关掉服务器，可以用 removeAllL-
isteners 事件发射器方法去掉给定类型的全部监听器。下面是在我们的聊天服务器上使用这一
方法的示例：

```
channel.on('shutdown', function() {
  channel.emit('broadcast', '', "Chat has shut down.\n");
  channel.removeAllListeners('broadcast');
});
```

然后你可以添加一个停止服务的聊天命令。为此需要将 data 事件的监听器改成下面这样：

```
client.on('data', function(data) {
  data = data.toString();
  if (data == "shutdown\r\n") {
    channel.emit('shutdown');
  }
  channel.emit('broadcast', id, data);
});
```

现在只要有人输入 shutdown 命令，所有参与聊天的人都会被踢出去。

错误处理

在错误处理上有个常规做法，你可以创建发出 error 类型事件的事件发射器，而不是直接
抛出错误。这样就可以为这一事件类型设置一个或多个监听器，从而定义定制的事件响应逻辑。

下面的代码显示的是一个错误监听器如何将被发出的错误输出到控制台中：

```
var events = require('events');
var myEmitter = new events.EventEmitter();
myEmitter.on('error', function(err) {
  console.log('ERROR: ' + err.message);
});
myEmitter.emit('error', new Error('Something is wrong.'));
```

如果这个 error 事件类型被发出时没有该事件类型的监听器，事件发射器会输出一个堆栈
跟踪（到错误发生时所执行过的程序指令列表）并停止执行。堆栈跟踪会用 emit 调用的第二
个参数指明错误类型。这是只有错误类型事件才能享受的特殊待遇，在发出没有监听器的其他
事件类型时，什么也不会发生。

如果发出的 error 类型事件没有作为第二个参数的 error 对象，堆栈跟踪会指出一个"未
捕获、未指明的'错误'事件"错误，并且程序会停止执行。你可以用一个已经被废除的方法处
理这个错误，用下面的代码定义一个全局处理器实现响应逻辑：

```
process.on('uncaughtException', function(err){
  console.error(err.stack);
  process.exit(1);
});
```

除了这个，还有像 domain（http://nodejs.org/api/domain.html）这样正在开发的方案，但它
们是实验性质的。

如果你想让连接上来的用户看到当前有几个已连接的聊天用户，可以用下面这个监听器方法，它能根据给定的事件类型返回一个监听器数组：

```
channel.on('join', function(id, client) {
  var welcome = "Welcome!\n"
              + 'Guests online: ' + this.listeners('broadcast').length;
  client.write(welcome + "\n");
  ...
```

为了增加能够附加到事件发射器上的监听器数量，不让Node在监听器数量超过10个时向你发出警告，可以用setMaxListeners方法。以频道事件发射器为例，可以用下面的代码增加监听器的数量：

```
channel.setMaxListeners(50);
```

4. 扩展事件监听器：文件监视器

如果你想在事件发射器的基础上构建程序，可以创建一个新的JavaScript类继承事件发射器。比如创建一个Watcher类来处理放在某个目录下的文件。然后可以用这个类创建一个工具，该工具可以监视目录（将放到里面的文件名都改成小写），并将文件复制到一个单独目录中。

扩展事件发射器需要三步：

(1) 创建类的构造器；

(2) 继承事件发射器的行为；

(3) 扩展这些行为。

下面的代码是Watcher类的构造器。它的两个参数分别是要监控的目录和放置修改过的文件的目录：

```
function Watcher(watchDir, processedDir) {
  this.watchDir     = watchDir;
  this.processedDir = processedDir;
}
```

接下来要添加继承事件发射器行为的代码：

```
var events = require('events')
  , util = require('util');

util.inherits(Watcher, events.EventEmitter);
```

注意inherits函数的用法，它是Node内置的util模块里的。用inherits函数继承另一个对象里的行为看起来很简洁。

上面那段代码中的inherits语句等同于下面的JavaScript：

```
Watcher.prototype = new events.EventEmitter();
```

设置好Watcher对象后，还需要加两个新方法扩展继承自EventEmitter的方法，代码如下所示。

代码清单3-13　扩展事件发射器的功能

```
var fs = require('fs')
```

```
          , watchDir = './watch'
          , processedDir = './done';

      Watcher.prototype.watch = function() {
        var watcher = this;
        fs.readdir(this.watchDir, function(err, files) {
          if (err) throw err;
          for(var index in files) {
            watcher.emit('process', files[index]);
          }
        })
      }

      Watcher.prototype.start = function() {
        var watcher = this;
        fs.watchFile(watchDir, function() {
          watcher.watch();
        });
      }
```

扩展EventEmitter，
添加处理文件的方法

保存对Watcher
对象的引用，以
便 在 回 调 函 数
readdir中使用

处 理 watch
目录中的所
有文件

扩展EventEmitter，添加开
始监控的方法

　　watch方法循环遍历目录，处理其中的所有文件。start方法启动对目录的监控。监控用到
了Node的fs.watchFile函数，所以当被监控的目录中有事情发生时，watch方法会被触发，循
环遍历受监控的目录，并针对其中的每一个文件发出process事件。

　　定义好了Watcher类，可以用下面的代码创建一个Watcher对象：

```
var watcher = new Watcher(watchDir, processedDir);
```

　　有了新创建的Watcher对象，你可以用继承自事件发射器类的on方法设定文件的处理逻辑，
如下所示：

```
watcher.on('process', function process(file) {
  var watchFile      = this.watchDir + '/' + file;
  var processedFile  = this.processedDir + '/' + file.toLowerCase();

  fs.rename(watchFile, processedFile, function(err) {
    if (err) throw err;
  });
});
```

　　现在所有必要逻辑都已经就位了，可以用下面这行代码启动对目录的监控：

```
watcher.start();
```

　　把Watcher代码放到脚本中，创建watch和done目录，你应该能用Node运行这个脚本，把
文件丢到watch目录中，然后看着文件出现在done目录中，文件名被改成小写。这就是用事件发
射器创建新类的例子。

　　通过学习如何使用回调定义一次性异步逻辑，以及如何用事件发射器重复派发异步逻辑，你
离掌控Node程序的行为又近了一步。然而你可能还想在单个回调或事件发射器的监听器中添加新
的异步任务。如果这些任务的执行顺序很重要，你就会面对新的难题：如何准确控制一系列异步
任务里的每个任务。

　　在我们学习如何控制任务的执行之前（3.3节），先看一看在你写异步代码时可能会碰到哪些
难题。

3.2.3　异步开发的难题

在创建异步程序时，你必须密切关注程序的执行流程，并瞪大眼睛盯着程序的状态：事件轮询的条件、程序变量，以及其他随着程序逻辑执行而发生变化的资源。

比如说，Node的事件轮询会跟踪还没有完成的异步逻辑。只要有未完成的异步逻辑，Node进程就不会退出。一个持续运行的Node进程对Web服务器之类的应用来说很有必要，但对于命令行工具这种经过一段时间后就应该结束的应用却意义不大。事件轮询会跟踪所有数据库连接，直到它们关闭，以防止Node退出。

如果你不小心，程序的变量也可能会出现意想不到的变化。代码清单3-14是一段可能因为执行顺序而导致混乱的异步代码。如果例子中的代码能够同步执行，你可以肯定输出应该是"The color is blue"。可这个例子是异步的，在console.log执行之前color的值还在变化，所以输出是"The color is green"。

代码清单3-14　作用域是如何导致bug出现的

```
function asyncFunction(callback) {
  setTimeout(callback, 200);
}

var color = 'blue';

asyncFunction(function() {
  console.log('The color is ' + color);
});

color = 'green';
```

这个最后执行（200ms之后）

用JavaScript闭包可以"冻结"color的值。在代码清单3-15中，对asyncFunction的调用被封装到了一个以color为参数的匿名函数里。这样你就可以马上执行这个匿名函数，把当前的color的值传给它。而color变成了匿名函数的参数，也就是这个匿名函数内部的本地变量，当匿名函数外面的color值发生变化时，本地版的color不会受影响。

代码清单3-15　用匿名函数保留全局变量的值

```
function asyncFunction(callback) {
  setTimeout(callback, 200);
}
var color = 'blue';

(function(color) {
  asyncFunction(function() {
    console.log('The color is ' + color);
  })
})(color);

color = 'green';
```

在Node开发中你要用到很多JavaScript编程技巧，这只是其中之一。

闭包   要了解闭包的详细信息，请参见Mozilla JavaScript文档：https://developer.
mozilla.org/en-US/docs/JavaScript/Guide/Closures。

现在你知道怎么用闭包控制程序的状态了，接下来我们看看怎么让异步逻辑顺序执行，好让
你可以掌控程序的流程。

3.3   异步逻辑的顺序化

在异步程序的执行过程中，有些任务可能会随时发生，跟程序中的其他部分在做什么没关系，
什么时候做这些任务都不会出问题。但也有些任务只能在某些特定的任务之后做。

让一组异步任务顺序执行的概念被Node社区称为流程控制。这种控制分为两类：串行和并行，
如图3-9所示。

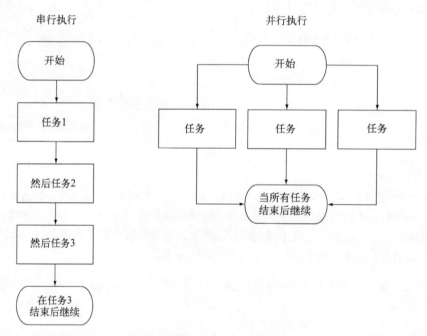

图3-9   串行的异步任务在概念上跟同步逻辑类似，然而并行任务不必一个接一个地执行

需要一个接着一个做的任务叫串行任务。创建一个目录并往里放一个文件的任务就是串行
的。你不能在创建目录前往里放文件。

不需要一个接着一个做的任务叫做并行任务。这些任务彼此之间开始和结束的时间并不重
要，但在后续逻辑执行之前它们应该全部做完。下载几个文件然后把它们压缩到一个zip归档文
件中就是并行任务。这些文件的下载可以同时进行，但在创建归档文件之前应该全部下载完。

跟踪串行和并行的流程控制要做编程记账的工作。在实现串行化流程控制时，需要跟踪当前
执行的任务，或维护一个尚未执行任务的队列。实现并行化流程控制时需要跟踪有多少个任务要

执行完成了。

有一些可以帮你记账的流程控制工具，它们能让组织异步的串行或并行化任务变得很容易。尽管社区创建了很多序列化异步逻辑的辅助工具，但亲自动手实现流程控制可以让你看透其中的玄机，让你对如何应对异步编程中的挑战有更深的认识。

本节将向你介绍下面这些内容：

❑ 何时使用串行化流程控制；

❑ 如何实现串行化流程；

❑ 如何实现并行化流程控制；

❑ 如何使用第三方模块做流程控制。

接下来我们先从何时以及如何在异步的世界中实现串行化流程控制开始。

3.3.1　什么时候使用串行流程控制

可以使用回调让几个异步任务按顺序执行，但如果任务很多，必须组织一下，否则过多的回调嵌套会把代码搞得很乱。

下面这段代码就是用回调让任务顺序执行的。这个例子用setTimeout模拟需要花时间执行的任务：第一个任务用一秒，第二个用半秒，最后一个用十分之一秒。setTimeout只是一个人工模拟，在真正的代码中可能是读取文件，发起HTTP请求等。这段代码虽然不长，但它也可以算是比较乱的了，并且也没有比较简单的添加任务的办法。

```
setTimeout(function() {
  console.log('I execute first.');
  setTimeout(function() {
    console.log('I execute next.');
    setTimeout(function() {
      console.log('I execute last.');
    }, 100);
  }, 500);
}, 1000);
```

此外，你也可以用Nimble这样的流程控制工具执行这些任务。Nimble用起来简单直接，并且它的代码量很小（经过缩小化和压缩后只有837个字节）。下面这个命令是用来安装Nimble的：

```
npm install nimble
```

下面的代码用串行化流程控制工具重新编写了前面那段代码：

代码清单3-16　用社区贡献的工具实现串行化控制

```
var flow = require('nimble');

flow.series([
  function (callback) {                    给Nimble一个函数数组，让它一个
    setTimeout(function() {                接一个地执行
      console.log('I execute first.');
      callback();
    }, 1000);
  },
```

```
function (callback) {
  setTimeout(function() {
    console.log('I execute next.');
    callback();
  }, 500);
},
function (callback) {
  setTimeout(function() {
    console.log('I execute last.');
    callback();
  }, 100);
  }
]);
```

尽管这种用流程控制实现的版本代码更多，但通常可读性和可维护性更强。你一般也不会一直用流程控制，但当碰到想要躲开回调嵌套的情况时，它就会是改善代码可读性的好工具。

看过这个用特制工具实现串行化流程控制的例子之后，我们来看看如何从头开始实现它。

3.3.2　实现串行化流程控制

为了用串行化流程控制让几个异步任务按顺序执行，需要先把这些任务按预期的执行顺序放到一个数组中。如图3-10所示，这个数组将起到队列的作用：完成一个任务后按顺序从数组中取出下一个。

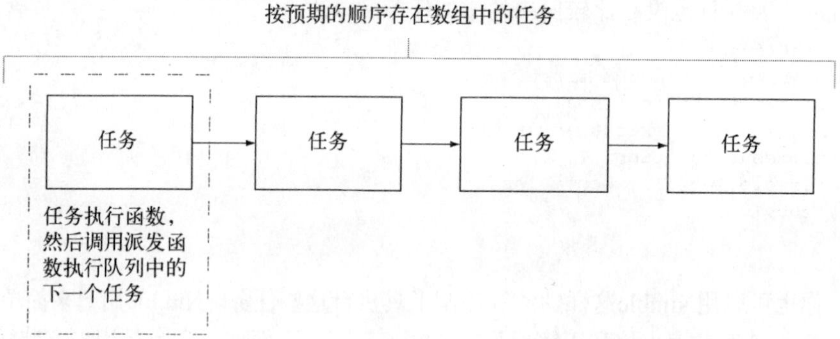

图3-10　串行化流程控制的工作机制

数组中的每个任务都是一个函数。任务完成后应该调用一个处理器函数，告诉它错误状态和结果。如果有错误，处理器函数会终止执行；如果没有错误，处理器就从队列中取出下一个任务执行它。

为了演示如何实现串行化流程控制，我们准备做个小程序，让它从一个随机选择的RSS预订源中获取一篇文章的标题和URL，并显示出来。RSS预订源列表放在一个文本文件中。这个程序的输出是像下面这样的文本：

```
Of Course ML Has Monads!
http://lambda-the-ultimate.org/node/4306
```

我们这个例子需要从npm存储库中下载两个辅助模块。先打开命令行，输入下面的命令给例子创建个目录，然后安装辅助模块：

```
mkdir random_story
cd random_story
npm install request
npm install htmlparser
```

request模块是个经过简化的HTTP客户端，你可以用它获取RSS数据。htmlparser模块能把原始的RSS数据转换成JavaScript数据结构。

接下来在新目录中创建一个random_story.js文件，包含下面的代码。

代码清单3-17 在一个简单的程序中实现串行化流程控制

```
var fs = require('fs');
var request = require('request');
var htmlparser = require('htmlparser');
var configFilename = './rss_feeds.txt';

function checkForRSSFile () {                                    ◁── 任务1：确保包含RSS预订
  fs.exists(configFilename, function(exists) {                        源URL列表的文件存在
    if (!exists)
      return next(new Error('Missing RSS file: ' + configFilename));  ◁── 只要有错误就尽早返回

    next(null, configFilename);
  });
}

function readRSSFile (configFilename) {                         ◁── 任务2：读取并解析包
  fs.readFile(configFilename, function(err, feedList) {               含预订源URL的文件
    if (err) return next(err);

    feedList = feedList                                        ◁── 将预订源URL列表转换成
              .toString()                                          字符串，然后分隔成一个
              .replace(/^\s+|\s+$/g, '')                            数组
              .split("\n");
  ╰▷ var random = Math.floor(Math.random()*feedList.length);
    next(null, feedList[random]);
  });
}

function downloadRSSFeed (feedUrl) {                            ◁── 任务3：向选定的预订源发
  request({uri: feedUrl}, function(err, res, body) {                 送HTTP请求以获取数据；
    if (err) return next(err);
    if (res.statusCode != 200)
      return next(new Error('Abnormal response status code'))

    next(null, body);
  });
}

function parseRSSFeed (rss) {                                   ◁── 任务4：将预订源数据解析
  var handler = new htmlparser.RssHandler();                         到一个条目数组中
  var parser = new htmlparser.Parser(handler);
  parser.parseComplete(rss);
```

从预订源URL数组中随机选择一个预订源URL

```
        if (!handler.dom.items.length)
          return next(new Error('No RSS items found'));

        var item = handler.dom.items.shift();
        console.log(item.title);
        console.log(item.link);
      }
      var tasks = [ checkForRSSFile,
                    readRSSFile,
                    downloadRSSFeed,
                    parseRSSFeed ];

      function next(err, result) {
        if (err) throw err;

        var currentTask = tasks.shift();

        if (currentTask) {
          currentTask(result);
        }
      }

      next();
```

如果有数据，显示第一个
预订源条目的标题和URL

把所有要做的任务按执行顺序添加
到一个数组中

如果任务出错，则抛出异常

从任务数组中取出下个任务

执行当前任务

负责执行任务的**next**函数

开始任务的串行化执行

在试用这个程序之前，先在程序脚本所在的目录下创建一个rss_feeds.txt文件。把预订源URL放到这个文本文件中，每行一条。文件创建好后，打开命令行窗口输入下面的命令进入程序所在的目录并执行脚本：

```
cd random_story
node random_story.js
```

如本例中的实现所示，串行化流程控制本质上是在需要时让回调进场，而不是简单地把它们嵌套起来。

你已经知道如何实现串行化流程控制了，我们接下来去看看如何让异步任务并行执行。

3.3.3   实现并行化流程控制

为了让异步任务并行执行，仍然是要把任务放到数组中，但任务的存放顺序无关紧要。每个任务都应该调用处理器函数增加已完成任务的计数值。当所有任务都完成后，处理器函数应该执行后续的逻辑。

我们会做一个简单的程序作为并行化流程控制的例子，它会读取几个文本文件的内容，并输出单词在整个文件中出现的次数。我们会用异步的readFile函数读取文本文件的内容，所以几个文件的读取可以并行执行。这个程序的工作方式如图3-11所示。

这个程序的输出看起来应该像下面这样（尽管实际上可能要长很多）：

```
would: 2
wrench: 3
writeable: 1
you: 24
```

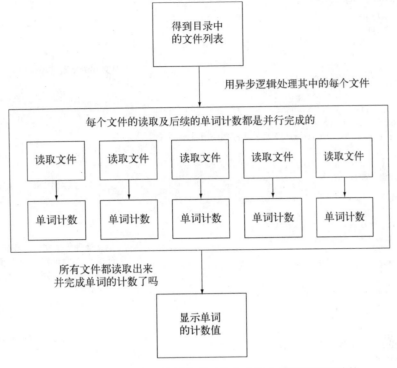

图3-11 用并行化流程控制实现对几个文件中单词频度的计数

打开命令行窗口，输入下面的命令创建两个目录：一个是给我们这个例子用的，另一个是用来存放要分析的文本文件的。

```
mkdir word_count
cd word_count
mkdir text
```

接下来在word_count目录下创建word_count.js文件，放入下面代码清单中的代码。

代码清单3-18 在一个简单的程序中实现并行化流程控制

```
var fs = require('fs');
var completedTasks = 0;
var tasks = [];
var wordCounts = {};
var filesDir = './text';

function checkIfComplete() {
  completedTasks++;
  if (completedTasks == tasks.length) {
    for (var index in wordCounts) {
      console.log(index +': ' + wordCounts[index]);
    }
  }
}
```

当所有任务全部完成后，列出文件中用到的每个单词以及用了多少次

```
function countWordsInText(text) {
  var words = text
    .toString()
    .toLowerCase()
    .split(/\W+/)
    .sort();
  for (var index in words) {
    var word = words[index];
    if (word) {
      wordCounts[word] =
        (wordCounts[word]) ? wordCounts[word] + 1 : 1;
    }
  }
}
fs.readdir(filesDir, function(err, files) {
  if (err) throw err;
  for(var index in files) {
    var task = (function(file) {
      return function() {
        fs.readFile(file, function(err, text) {
          if (err) throw err;
          countWordsInText(text);
          checkIfComplete();
        });
      }
    })(filesDir + '/' + files[index]);
    tasks.push(task);
  }
  for(var task in tasks) {
    tasks[task]();
  }
});
```

对文本中出现的单词计数

得出text目录中的文件列表

定义处理每个文件的任务。每个任务中都会调用一个异步读取文件的函数并对文件中使用的单词计数

把所有任务都添加到函数调用数组中

开始并行执行所有任务

在试用这个程序之前，先在前面创建的text目录中创建一些文本文件。在创建了这些文件之后，打开一个命令行窗口，输入下面的命令进入程序所在目录并执行程序脚本：

```
cd word_count
node word_count.js
```

现在你已经知道串行和并行化流程控制的底层机制了，接下来我们要看看如何用社区贡献的工具在程序中轻松实现流程控制，而不必自己亲自实现。

3.3.4 利用社区里的工具

社区中的很多附加模块都提供了方便好用的流程控制工具。其中比较流行的有Nimble、Step和Seq三个。尽管这些都很值得一看，但下面这个例子用的还是Nimble。

> **社区中有流程控制能力的附加模块**　要了解更多与社区中有流程控制能力的附加模块相关的内容，请阅读Werner Schuster和Dio Synodinos在InfoQ上发表的文章"虚拟座谈：如何从JavaScript异步编程中活下来"：http://mng.bz/wKnV 。

下面这个例子是用Nimble实现任务序列化的一段脚本,它同时用并行化流程控制下载两个文件,然后把它们归档。

下面这个例子在微软的Windows中无法使用 因为Windows中没有tar和curl这两个命令,所以下面这个例子在Windows中无法使用。

在这个例子中我们用串行化控制保证在下载完成之前不会对文件做归档处理。

代码清单3-19 在简单的程序中使用社区附加模块中的流程控制工具

```
var flow = require('nimble')
var exec = require('child_process').exec;

function downloadNodeVersion(version, destination, callback) {
  var url = 'http://nodejs.org/dist/node-v' + version + '.tar.gz';
  var filepath = destination + '/' + version + '.tgz';
  exec('curl ' + url + ' >' + filepath, callback);            ← 下载指定版本的Node源码
}

flow.series([                                                  ← 按顺序执行串行化任务
  function (callback) {
    flow.parallel([
      function (callback) {
        console.log('Downloading Node v0.4.6...');
        downloadNodeVersion('0.4.6', '/tmp', callback);
      },
      function (callback) {
        console.log('Downloading Node v0.4.7...');
        downloadNodeVersion('0.4.7', '/tmp', callback);
      }
    ], callback);
  },
  function(callback) {                                         ← 创建归档文件
    console.log('Creating archive of downloaded files...');
    exec(
      'tar cvf node_distros.tar /tmp/0.4.6.tgz /tmp/0.4.7.tgz',
      function(error, stdout, stderr) {
        console.log('All done!');
        callback();
      }
    );
  }
]);
```

并行下载

这段脚本中定义了一个可以下载指定版本Node源码的辅助函数。然后串行执行了两个任务:并行下载两个版本的Node,然后将下载好的版本归档到一个新文件中。

3.4 小结

本章介绍了如何将程序的逻辑组织成可重用的模块,以及如何让异步逻辑按你想要的方式执行。

Node的模块系统基于CommonJS模块规范（www.commonjs.org/specs/modules/1.0/），你可以通过组装exports和module.exports轻松重用模块。当你在程序代码中require模块时，模块的查找系统会在几个位置上查找它们，很灵活。除了可以把模块放到程序的源码树中，还可以用node_modules文件夹在几个程序间分享模块代码。在模块被引用时，在模块内部的package.json文件可以用来指明先计算模块源码树中的哪个文件。

你可以用回调、事件发射器和流程控制管理异步逻辑。回调适用于一次性异步逻辑，但使用它们需要注意别把代码搞乱。事件发射器对组织异步逻辑很有帮助，因为它们可以把异步逻辑跟一个概念实体关联起来，可以通过监听器轻松管理。

流程控制可以管理异步任务的执行顺序，可以让它们一个接一个执行，也可以同时执行。你可以自己实现流程控制，但社区附加模块可以帮你解决这个麻烦。选择哪个流程控制附加模块很大程度上取决于个人喜好以及项目或设计的需要。

现在这一章已经结束了，开发前最后的准备工作也做好了，接下来你可以去尝试一下Node最重要的特性之一：它的HTTP API。在下一章中，你将学到使用Node开发Web程序的基础知识。

Part 2

用 Node 开发 Web 程序

　　Node内置的HTTP功能使得它非常适合用来开发Web程序。Node用得最多的就是做这种开发，这也是本书第二部分的重点。

　　我们一开始先学习如何使用Node内置的HTTP功能。然后学习如何用中间件添加更多功能，比如处理表单提交的数据。最后学习如何使用流行的Express Web框架加快你的开发速度，以及如何部署创建好的程序。

构建Node Web程序

4

本章将向你介绍Node为创建HTTP服务器所提供的工具，还有fs（文件系统）模块，它是提供静态文件服务的必备模块。你还将学会如何处理其他常见的Web程序需求，比如创建底层的RESTful Web服务，接受用户通过HTML表单输入的数据，监测文件上传进度，以及用Node的安全套接字层（SSL）增强Web程序的安全性等。

Node的核心是一个强大的流式HTTP解析器，大概由1500行经过优化的C代码组成，是Node的作者Ryan Dahl写的。这个解析器跟Node开放给JavaScript的底层TCP API相结合，为你提供了一个非常底层，但也非常灵活的HTTP服务器。

跟Node的大多数核心模块一样，http模块也很简单。高层的"含糖"API被留给了Connect或Express这样的第三方框架，这样极大地简化了Web程序的构建过程。图4-1给出了Node Web程序的内部结构，其核心为底层API，而抽象层和实现层则构建在那些核心构件之上。

本章介绍的是Node的一些底层API。如果你只对更高层的概念和Connect或Express这样Web框架感兴趣，可以直接跳过本章，去后续章节中学习相关内容。但在用Node构建功能丰富的Web程序之前，你应该熟知它的HTTP API，这是构建更高层工具和框架的基础。

4.1 HTTP 服务器的基础知识

就像我们在本书中一再提及的那样，Node的API相对来说比较底层。跟PHP之类的语言或其他框架相比，Node的HTTP接口一样比较底层，不过这是为了保证它的速度和灵活性。

图4-1　Node Web程序分层概览

为了让你能创建出既健壮又高效的Web程序，本节将重点讨论下面这些内容：

☐ Node如何向开发者呈现HTTP请求；

☐ 如何编写一个简单的HTTP服务器，用"Hello World"做响应；

☐ 如何读取请求头，以及如何设置响应头；

☐ 如何设置HTTP响应的状态码。

在你能够接受请求之前,需要先创建一个HTTP服务器。接下来我们看一看Node的HTTP接口。

4.1.1　Node 如何向开发者呈现 HTTP 请求

Node中的http模块提供了HTTP服务器和客户端接口：

```
var http = require('http');
```

创建HTTP服务器要调用http.createServer()函数。它只有一个参数，是个回调函数，服务器每次收到HTTP请求后都会调用这个回调函数。这个请求回调会收到两个参数，请求和响应对象，通常简写为req和res：

```
var http = require('http');
var server = http.createServer(function(req, res){
// 处理请求
});
```

服务器每收到一条HTTP请求，都会用新的req和res对象触发请求回调函数。在触发回调函数之前，Node会解析请求的HTTP头，并将它们作为req对象的一部分提供给请求回调。但Node不会在回调函数被触发之前开始对请求体的解析。这种做法跟某些服务端框架不同，比如PHP就是在程序逻辑运行前就把请求头和请求体都解析出来了。Node提供了这个底层接口，所以如果你想的话，可以在请求体正被解析时处理其中的数据。

Node不会自动往客户端写任何响应。在调用完请求回调函数之后，就要由你负责用res.end()方法结束响应了（见图4-2）。这样在结束响应之前，你可以在请求的生命期内运行任何你想运行的异步逻辑。如果你没能结束响应，请求会挂起，直到客户端超时，或者它会一直处于打开状态。

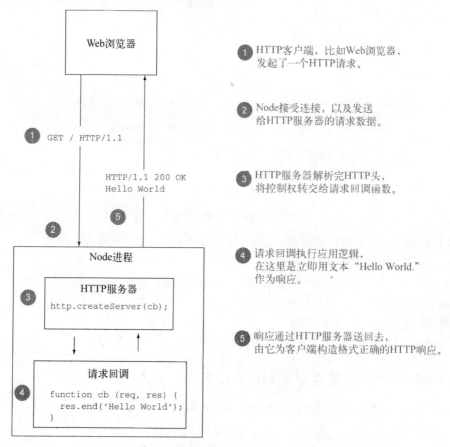

图4-2　Node HTTP服务器上的整个HTTP请求生命周期

Node服务器是长期运行的进程，在它的整个生命期里，它会处理很多请求。

4.1.2　一个用"Hello World"做响应的 HTTP 服务器

为了实现这个简单的Hello World HTTP服务器，我们把上一节那个请求回调函数填上。

首先调用`res.write()`方法，将响应数据写到socket中，然后用`res.end()`方法结束这个响应：

```
var http = require('http');
var server = http.createServer(function(req, res){
  res.write('Hello World');
  res.end();
});
```

`res.write()`和`res.end()`可以合起来缩写成一条语句，这样对于小型的响应来说很方便：

```
res.end('Hello World');
```

你要做的最后一件事是绑定一个端口，让服务器可以监听接入的请求。这要用到`server.listen()`方法，它能接受一个参数组合，但眼下我们需要的是指定一个能监听连接的端口。在开发过程中一般是绑定到一个非特权端口上，比如3000：

```
var http = require('http');
var server = http.createServer(function(req, res){
  res.end('Hello World');
});
server.listen(3000);
```

让Node监听了端口3000之后，你可以在浏览器中访问http://localhost:3000。然后你应该能看到一个包含"Hello World."的普通文本页面。

搭建HTTP服务器仅仅是个开始。你还需要知道如何设定响应状态码和响应头中的字段，如何正确处理异常，以及如何使用Node提供的API。我们先来深入了解下如何响应接入的请求。

4.1.3　读取请求头及设定响应头

上一节的Hello World服务器向我们展示了给出正确的HTTP响应所需的最低要求。它用了默认的状态码200（表明成功）和默认的响应头。尽管通常你会想要在响应中放入任意数量的响应头。比如在发送HTML内容时，必须发送一个值为`text/html`的`Content-Type`头，让浏览器知道要把响应结果作为HTML渲染。

Node提供了几个修改HTTP响应头的方法：`res.setHeader(field, value)` `res.getHeader(field)`和`res.removeHeader(field)`。这里有个使用`res.setHeader()`的例子：

```
var body = 'Hello World';
res.setHeader('Content-Length', body.length);
res.setHeader('Content-Type', 'text/plain');
res.end(body);
```

添加和移除响应头的顺序可以随意，但一定要在调用`res.write()`或`res.end()`之前。在响应主体的第一部分写入之后，Node会刷新已经设定好的HTTP头。

4.1.4　设定 HTTP 响应的状态码

我们经常需要返回默认状态码200之外的HTTP状态码。比较常见的情况是当所请求的资源不存在时返回一个404 Not Found状态码。

这要设定res.statusCode属性。在程序响应期间可以随时给这个属性赋值，只要是在第一次调用res.write()或res.end()之前就行。如下例所示，这意味着res.statusCode = 302可以放在res.setHeader()调用上面，也可以在它们下面：

```
var url = 'http://google.com';
var body = '<p>Redirecting to <a href="' + url + '">'
        + url + '</a></p>';

res.setHeader('Location', url);
res.setHeader('Content-Length', body.length);
res.setHeader('Content-Type', 'text/html');
res.statusCode = 302;
res.end(body);
```

Node的策略是提供小而强的网络API，不去跟Rails或Django之类的框架竞争，而是作为类似框架构建基础的巨大平台。因为有这种设计理念，像会话这种高级概念以及HTTP cookies这样的基础组件都没有包括在Node的内核之中。那些都要由第三方模块提供。

你已经见过基本的HTTP API了，现在可以把它们投入使用了。在下一节中，你将使用这些API做一个简单的、HTTP兼容的程序。

4.2 构建 RESTful Web 服务

假设你想用Node创建一个待办事项清单的Web服务，涉及到典型的创建、读取、更新和删除（CRUD）操作。这些操作的实现方式有很多种，但本节要创建一个RESTful Web服务，一个使用HTTP方法谓词提供精简API的服务。

HTTP 1.0和1.1规范的突出贡献者之一，Roy Fielding博士在2000年提出了表征状态转移（REST）[1]。依照惯例，HTTP谓词，比如GET、POST、PUT和DELETE，分别跟由URL指定的资源的获取、创建、更新和移除相对应。RESTfl Web服务之所以得以流行，是因为它们的使用和实现比简单对象访问协议（SOAP）之类的协议更简单。

本节会用cURL（http://curl.haxx.se/download.html）代替Web浏览器跟Web服务交互。cURL是一个强大的命令行HTTP客户端，可以用来向目标服务器发送请求。

创建标准的REST服务器需要实现四个HTTP谓词。每个谓词会覆盖一个待办事项清单的操作任务：

❑ POST　向待办事项清单中添加事项；

❑ GET　显示当前事项列表，或者显示某一事项的详情；

❑ DELETE　从待办事项清单中移除事项；

❑ PUT　修改已有事项，但为了简洁起见，本章会跳过PUT。

---

[1] Roy Thomas Fielding, "架构风格与基于网络的软件架构设计"（博士论文，加州大学Irvine分校，2000年），原文：www.ics.uci.edu/~fielding/pubs/dissertation/top.htm，中文PDF下载：mysql-udf-http.googlecode.com/files/REST_cn.pdf

我们先来看一下最终结果是什么样子，这里有个一用curl命令在待办事项清单中创建新事项的例子：

```
                              wavded@dev: ~                                   ×
wavded@dev ~» curl -d 'buy node in action' http://localhost:3000
OK
```

这里还有一个查看待办事项清单中事项的例子：

```
                              wavded@dev: ~                                   ×
wavded@dev ~» curl http://localhost:3000
0) buy node in action
```

4.2.1　用 POST 请求创建资源

按RESTful的说法，资源的创建通常是跟谓词POST对应的。因此POST将在待办事项清单中创建一个事项。

在Node中，可以通过检查req.method属性查看用的是哪个HTTP方法（谓词）（如代码清单4-1所示）。知道请求用的是哪个方法，服务器就能知道要执行哪个任务。

当Node的HTTP解析器读入并解析请求数据时，它会将数据做成data事件的形式，把解析好的数据块放入其中，等待程序处理：

```
var http = require('http')
var server = http.createServer(function(req, res){
  req.on('data', function(chunk){          只要读入了新的数据块，就
    console.log('parsed', chunk);          触发data事件
  });
                                           数据块默认是个Buffer对
                                           象（字节数组）
  req.on('end', function(){
    console.log('done parsing');           数据全部读完之后触发
    res.end()                              end事件
  });
});
```

默认情况下，data事件会提供Buffer对象，这是Node版的字节数组。而对于文本格式的待办事项而言，你并不需要二进制数据，所以最好将流编码设定为ascii或utf8；这样data事件会给出字符串。这可以通过调用req.setEncoding(encoding)方法设定：

```
req.setEncoding('utf8')                    现在的数据块不再是Buffer
req.on('data', function(chunk){            对象，而是一个utf8字符串
  console.log(chunk);
});
```

在将待办事项添加到数组中之前，你需要得到完整的字符串。要得到整个字符串，可以将所有数据块拼接到一起，直到表明请求已经完成的end事件被发射出来。在end事件出来后，可以用请求体的整块内容组装出item字符串，然后压入items数组中。在添加好事项后，你可以用字符串OK和Node的默认状态码200结束响应。正如下面这段来自todo.js文件的代码清单所示：

代码清单4-1   POST请求体字符串缓存

为进来的事项设置字符串缓存

将数据块拼接到缓存上

```
var http = require('http');
var url = require('url');
var items = [];

var server = http.createServer(function(req, res){
  switch (req.method) {
    case 'POST':
      var item = '';
      req.setEncoding('utf8');
      req.on('data', function(chunk){
        item += chunk;
      });
      req.on('end', function(){
        items.push(item);
        res.end('OK\n');
      });
      break;
  }
});
```

用一个常规的JavaScript数组存放数据

req.method 是请求所用的HTTP方法

将进来的 **data** 事件编码为UTF-8字符串

将完整的新事项压入事项数组中

图4-3是HTTP服务器处理接入请求并在请求结束之前缓存输入的过程。

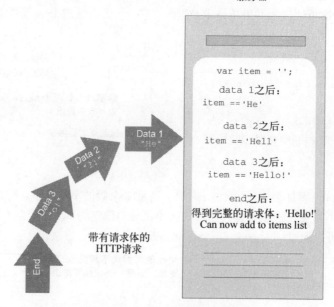

图4-3   拼接data事件以缓存请求体

现在这个程序可以添加事项，但在用cURL试验它之前，你应该先做完下一个任务，以便能得到事项清单。

4.2.2　用 GET 请求获取资源

　　为了处理GET，要像前面那样把它添加到`switch`语句中，再加上列出待办事项的逻辑。在下面这个例子中，第一次调用`res.write()`时会写入带有默认域的响应头和传给它的数据：

```
...
case 'GET':
items.forEach(function(item, i){
  res.write(i + ') ' + item + '\n');
});
res.end();
break;
...
```

　　现在这个程序能显示待办事项，可以试一下了！打开终端，启动服务器，用curl POST一些事项。选项`-d`会自动将请求方法设定为POST，并将参数值作为POST数据传入：

```
$ curl -d 'buy groceries' http://localhost:3000
OK
$ curl -d 'buy node in action' http://localhost:3000
OK
```

　　接下来，要GET待办事项清单，可以执行不带任何选项的curl，因为GET是默认的谓词：

```
$ curl http://localhost:3000
0) buy groceries
1) buy node in action
```

设定Content-Length头

　　为了提高响应速度，如果可能的话，应该在响应中带着Content-Length域一起发送。对于事项清单而言，响应主体很容易在内存中提前构建好，所以你能得到字符串的长度并一次性地将整个清单发出去。设定Content-Length域会隐含禁用Node的块编码，因为要传输的数据更少，所以能提升性能。

　　经过优化的GET处理器可能是下面这样的：

```
var body = items.map(function(item, i){
  return i + ') ' + item;
}).join('\n');
res.setHeader('Content-Length', Buffer.byteLength(body));
res.setHeader('Content-Type', 'text/plain; charset="utf-8"');
res.end(body);
```

　　你可能想用`body.length`的值设定Content-Length，但Content-Length的值应该是字节长度，不是字符长度，并且如果字符串中有多字节字符，两者的长度是不一样的。为了规避这个问题，Node提供了一个`Buffer.byteLength()`方法。

　　下面这个Node REPL会话阐明了直接使用字符串长度的差异，5个字符的字符串有7个字节：

```
$ node
> 'etc …'.length
5
> Buffer.byteLength('etc …')
7
```

> **Node 的 REPL**
>
> Node跟很多其他语言一样，提供了一个REPL（读取–计算–输出–循环）环境，在命令行中不带任何参数运行node就可以进入这个环境。用REPL可以编写代码片段，每条语句写好并执行后马上就能得到结果。对于学习编程语言、运行简单的测试，甚至是调试都很有帮助。

4.2.3 用 DELETE 请求移除资源

最后是用DELETE移除事项。为了完成这个任务，程序需要检查请求的URL，HTTP客户端会在其中指明要移除哪个事项。在这个例子中用的是事项数组中的索引，比如DELETE /1或DELETE /5。

req.url属性中就有客户端请求的URL，根据请求的不同，其中可能包含几个组成部分。比如说，如果请求是DELETE /1?api-key=foobar，这个属性会包含路径名及请求字符串/1?api-key=foobar两部分。

为了解析这些部分，Node提供了url模块，特别是.parse()函数。下面的REPL会话阐明了这个函数的用法，将URL解析到一个对象中，包括要用在DELETE处理器中的pathname属性。

```
$ node
> require('url').parse('http://localhost:3000/1?api-key=foobar')
{ protocol: 'http:',
  slashes: true,
  host: 'localhost:3000',
  port: '3000',
  hostname: 'localhost',
  href: 'http://localhost:3000/1?api-key=foobar',
  search: '?api-key=foobar',
  query: 'api-key=foobar',
  pathname: '/1',
  path: '/1?api-key=foobar' }
```

url.parse()只能帮你解析出pathname，但事项ID仍然是字符串。要在程序中使用这个ID，应该把它转换成数字。简单的做法是用String.slice()，这个方法能返回一个字符串在两个字符索引之间的部分。在这里可以用它跳过第一个字符，只返回数字部分，不过它的返回结果还是字符串。要把这个字符串转换为数字，可以把字符串传给JavaScript的全局函数parseInt()，它会返回一个Number。

代码清单4-2先对输入值做了两项检查，因为你永远不能相信用户输入数据的有效性，然后它对请求做出了响应。如果这个数字是"非数字"（JavaScript值NaN），状态码会被设定成400，表明这是一个坏请求。接着是检查事项是否存在的代码，如果不存在就用404 Not Found做响应。在输入经过验证确认为有效后，事项会从事项数组中移除，然后程序用200, OK响应客户端。

代码清单4-2 DELETE 请求处理器

```
...
case 'DELETE':
  var path = url.parse(req.url).pathname;          ← 在switch语句中添
  var i = parseInt(path.slice(1), 10);               加DELETE case

  if (isNaN(i)) {                                  ← 检查数字是否有效
    res.statusCode = 400;
    res.end('Invalid item id');
  } else if (!items[i]) {                          ← 确保请求的索引存在
    res.statusCode = 404;
    res.end('Item not found');
  } else {
    items.splice(i, 1);                            ← 删除请求的事项
    res.end('OK\n');
  }
  break;
...
```

你可能觉得从数组中移除一个条目就要用15行代码有点太多了，但我们可以向你保证，这个用高层框架中含糖量更高的API做起来要容易得多。学习Node的这些基础知识对于你的理解和调试至关重要，并且它还能让你创建出更强大的程序和框架。

一个完整的RESTful服务还应该实现PUT谓词，用来修改待办事项清单中的已有事项。在你进入下一节之前，我们希望你能试着用之前在这个REST服务器中使用的技术自己实现最后这个处理器，然后再去学习如何让Web程序提供静态文件服务。

4.3 提供静态文件服务

很多Web程序的需求即使不完全相同，也是相似的，而静态文件（CSS、JavaScript、图片）服务肯定是其中之一。尽管写一个健壮而又高效的静态文件服务器没什么了不起的，因为在Node社区中也已经有一些健壮的实现了，但跟着本节的介绍做一个自己的静态文件服务器对你了解Node的底层文件系统API很有帮助。

你将从本节中学到如何

- 创建一个简单的静态文件服务器；
- 用pipe()优化数据传输；
- 通过设定状态码处理用户和文件系统错误。

我们先从创建一个提供静态资源服务的简单HTTP服务器开始。

4.3.1 创建一个静态文件服务器

像Apache和IIS之类传统的HTTP服务器首先是个文件服务器。现在你手上可能就有个老网站跑在这样的文件服务器上，把它移植过来，在Node上复制这个基本功能对你理解过去所用的HTTP服务器很有帮助。

每个静态文件服务器都有个根目录，也就是提供文件服务的基础目录。在你即将要创建的服

务器上将会定义一个root变量，它将作为我们这个静态文件服务器的根目录：

```
var http = require('http');
var parse = require('url').parse;
var join = require('path').join;
var fs = require('fs');

var root = __dirname;

...
```

__dirname 在Node中是一个神奇的变量，它的值是该文件所在目录的路径。__dirname的神奇之处就在于，它在同一个程序中可以有不同的值，如果你有分散在不同目录中的文件的话。在这个例子中，服务器会将这个脚本所在的目录作为静态文件的根目录，但实际上你可以将根目录配置为任意的目录路径。

下一步是得到URL的pathname，以确定被请求文件的路径。如果URL的pathname是/index.html，并且你的根目录是/var/www/example.com/public，用path模块的.join()方法把这些联接起来就能得到绝对路径/var/www/example.com/public/index.html。下面就是完成这些操作的代码：

```
var http = require('http');
var parse = require('url').parse;
var join = require('path').join;
var fs = require('fs');

var root = __dirname;

var server = http.createServer(function(req, res){
  var url = parse(req.url);
  var path = join(root, url.pathname);
});
server.listen(3000);
```

目录遍历攻击

本节构建的文件服务器是个简化版。如果你想把它放到生产环境中，应该更全面地检查输入的有效性，以防用户通过目录遍历攻击访问到你本来不想开放给他们的那部分内容。维基百科上对这种攻击的原理做了解释（http://en.wikipedia.org/wiki/Directory_traversal_attack）。

有了文件的路径，还需要传输文件的内容。这可以用高层流式硬盘访问fs.ReadStream完成，它是Node中Stream类之一。这个类在从硬盘中读取文件的过程中会发射出data事件。下面这个代码清单中的代码实现了一个简单但功能完备的文件服务器。

代码清单4-3　最基本的ReadStream静态文件服务器

```
var http = require('http');
var parse = require('url').parse;
var join = require('path').join;
var fs = require('fs');

var root = __dirname;
```

```
var server = http.createServer(function(req, res){
  var url = parse(req.url);
  var path = join(root, url.pathname);
  var stream = fs.createReadStream(path);
  stream.on('data', function(chunk){
    res.write(chunk);
  });
  stream.on('end', function(){
    res.end();
  });
});

server.listen(3000);
```

构造绝对路径

创建fs.ReadStream

将文件数据写到响应中

文件写完后结束响应

这个文件服务器大体能用，但还有很多细节需要考虑。接下来我们要优化数据的传输，同时也精简一下服务器的代码。

用STREAM.PIPE()优化数据传输

尽管了解fs.ReadStream的工作机制以及它那种事件方式的灵活性很重要，但Node还提供了更高级的实现机制：Stream.pipe()。用这个方法可以极大简化服务器的代码。

管道和水管

把Node中的管道想象成水管对你理解这个概念很有帮助。比如你想让某个源头（比如热水器）流出来的水流到一个目的地（比如厨房的水龙头），可以在中间加一个管道把它们连起来，这样水就会顺着管道从源头流到目的地。

Node中的管道也是这样，但其中流动的不是水，而是来自源头（即ReadableStream）的数据，管道可以让它们"流动"到某个目的地（即WritableStream）。你可以用pipe方法把管道连起来：

```
ReadableStream.pipe(WritableStream);
```

读取一个文件（ReadableStream）并把其中的内容写到另一个文件中（WritableStream）用的就是管道：

```
var readStream = fs.createReadStream('./original.txt')

var writeStream = fs.createWriteStream('./copy.txt')

readStream.pipe(writeStream);
```

所有ReadableStream都能接入任何一个WritableStream。比如HTTP请求（req）对象就是ReadableStream，你可以让其中的内容流动到文件中：

```
req.pipe(fs.createWriteStream('./req-body.txt'))
```

要深入了解Node中的数据流，包括它内置的各种数据流实现，请参阅Github上的数据流手册：https://github.com/substack/stream-handbook。

```
var server = http.createServer(function(req, res){
  var url = parse(req.url);
  var path = join(root, url.pathname);
  var stream = fs.createReadStream(path);      res.end() 会在 stream.pipe()
  stream.pipe(res);                            内部调用
});
```

图4-4是一个工作中的HTTP服务器，它从文件系统中读取一个静态文件，并用pipe()将结果传到HTTP客户端。

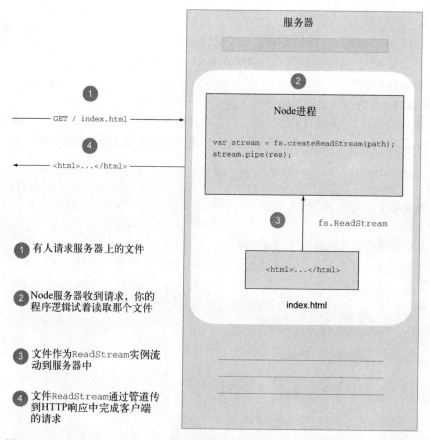

图4-4   一个用fs.ReadStream从文件系统中提供静态文件的 Node HTTP 服务器

至此，你可以用下面的curl命令来测试静态服务器是否能正常工作。选项-i或--include让cURL把响应头输出出来：

```
$ curl http://localhost:3000/static.js -i
HTTP/1.1 200 OK
Connection: keep-alive
Transfer-Encoding: chunked

var http = require('http');
var parse = require('url').parse;
```

```
var join = require('path').join;
...
```

我们在前面说过,这里的根目录就是静态文件服务器脚本所在的目录,所以前面那个curl命令请求的就是服务器的脚本,它被当作响应主体送回来了。

这个静态文件服务器还不完整,因为它还很容易出错。一个未处理的异常,比如用户请求了一个不存在的文件,就会把整个服务器拖垮。我们将在下一节给这个文件服务器加上错误处理机制。

4.3.2 处理服务器错误

我们的静态文件服务器还没有处理因使用fs.ReadStream可能出现的错误。如果你访问不存在的文件,或者不允许访问的文件,或者碰到任何与文件I/O有关的问题,当前的服务器会抛出错误。我们将在本节中介绍如何让文件服务器,或其他任何Node服务器变得更加健壮。

在Node中,所有继承了EventEmitter的类都可能会发出error事件。像fs.ReadStream这样的流只是专用的EventEmitter,有预先定义的data和end等事件,我们已经看过了。默认情况下,如果没有设置监听器,error事件会被抛出。也就是说如果你不监听这些错误,那它们就会搞垮你的服务器。

为了说明这个问题,请试着请求一个不存在的文件,比如/notfound.js。在终端会话中运行服务器,你会看到在stderr中输出的异常的堆栈跟踪消息,像下面这样:

```
stream.js:99
    throw arguments[1]; // Unhandled 'error' event.
          ^
Error: ENOENT, No such file or directory
  ➡ '/Users/tj/projects/node-in-action/source/notfound.js'
```

为了防止服务器被错误搞垮,我们要监听错误,在fs.ReadStream上注册一个error事件处理器(比如下面这段代码),返回响应状态码500表明有服务器内部错误:

```
...
stream.pipe(res);
stream.on('error', function(err){
  res.statusCode = 500;
  res.end('Internal Server Error');
});
...
```

注册一个error事件处理器,可以捕获任何可以预见或无法预见的错误,给客户端更优雅的响应。

4.3.3 用 fs.stat() 实现先发制人的错误处理

因为传输的文件是静态的,所以我们可以用stat()系统调用获取文件的相关信息,比如修改时间、字节数等。在提供条件式GET支持时,这些信息特别重要,浏览器可以发起请求检查它的缓存是否过期了。

重构后的文件服务器如代码清单4-4所示,其中调用了fs.stat()用于得到文件的相关信息,比如它的大小，或者得到错误码。如果文件不存在，`fs.stat()`会在`err.code`中放入`ENOENT`作为响应，然后你可以返回错误码404，向客户端表明文件未找到。如果`fs.stat()`返回了其他错误码，你可以返回通用的错误码500。

代码清单4-4　检查文件是否存在，并在响应中提供Content-Length

```
            var server = http.createServer(function(req, res){
              var url = parse(req.url);
              var path = join(root, url.pathname);          解析URL以获取
              fs.stat(path, function(err, stat){            路径名
                if (err) {                                   检查文件是否存在
                  if ('ENOENT' == err.code) {
                    res.statusCode = 404;
                    res.end('Not Found');
                  } else {
                    res.statusCode = 500;                    其他错误
                    res.end('Internal Server Error');
                  }
                } else {
                  res.setHeader('Content-Length', stat.size);
                  var stream = fs.createReadStream(path);    用 stat 对象的属性
                  stream.pipe(res);                          设置Content-Length
                  stream.on('error', function(err){
                  res.statusCode = 500;
                  res.end('Internal Server Error');
                });
              }
            });
          });
```

构造绝对路径

文件不存在

看完Node的底层文件服务，接下来我们去看一个同样常用，并且很可能更重要的Web程序功能：从HTML表单中取得用户的输入。

4.4　从表单中接受用户输入

Web程序通常会通过表单收集用户的输入。Node不会帮你承担处理工作（比如验证或文件上传），它只能把请求主体数据交给你。尽管这看起来不太方便，但Node一贯的宗旨是提供简单高效的底层API，把其他机会留给了第三方框架。

本节要看一看如何完成下面这些任务：

❑ 处理提交的表单域；

❑ 用formidable处理上传的文件；

❑ 实时计算上传进度。

接下来我们来研究一下如何用Node处理传进来的表单数据。

4.4.1　处理提交的表单域

表单提交请求带的`Content-Type`值通常有两种：

❑ `application/x-www-form-urlencoded`：这是HTML表单的默认值；

❑ `multipart/form-data`：在表单中含有文件或非ASCII或二进制数据时使用。

本节会重写前面那个待办事项程序，这次要用表单和浏览器。做完后，你会得到一个像图4-5那样的Web待办事项列表。

图4-5　使用表单和浏览器的待办事项程序。在两张截屏中，左侧的是程序第一次加载
　　　　时的状态，右侧的是添加了一些事项之后的样子

在这个待办事项列表程序中，对请求方法`req.method`用了一个`switch`，以实现简单的请求路由。具体做法如代码清单4-5所示。所有不是"/"的URL都会得到404 Not Found响应。所有非GET或POST的HTTP谓词请求都会得到400 Bad Request响应。本节后续内容会通篇介绍处理器函数`show()`、`add()`、`badRequest()`的实现。

代码清单4-5　支持GET和POST的HTTP服务器

```
var http = require('http');
var items = [];

var server = http.createServer(function(req, res){
  if ('/' == req.url) {
    switch (req.method) {
      case 'GET':
        show(res);
        break;
      case 'POST':
        add(req, res);
        break;
      default:
        badRequest(res);
    }
  } else {
    notFound(res);
  }
});

server.listen(3000);
```

尽管一般都用模板引擎生成HTML标记，但为了简单起见，下面这个清单用的还是拼接字符串的办法。因为默认的响应状态就是200 OK，所以这里没必要给`res.statusCode`赋值。最终在浏览器中的HTML页面如图4-5所示。

代码清单4-6　待办事项列表页面的表单和事项列表

```
function show(res) {
  var html = '<html><head><title>Todo List</title></head><body>'
    + '<h1>Todo List</h1>'
    + '<ul>'
    + items.map(function(item){
        return '<li>' + item + '</li>'
      }).join('')
    + '</ul>'
    + '<form method="post" action="/">'
    + '<p><input type="text" name="item" /></p>'
    + '<p><input type="submit" value="Add Item" /></p>'
    + '</form></body></html>';
  res.setHeader('Content-Type', 'text/html');
  res.setHeader('Content-Length', Buffer.byteLength(html));
  res.end(html);
}
```

对简单的程序而言，用嵌入的
HTML取代模板引擎一样好用

notFound()函数接收响应对象，将状态码设为404，响应主体设为Not Found：

```
function notFound(res) {
  res.statusCode = 404;
  res.setHeader('Content-Type', 'text/plain');
  res.end('Not Found');
}
```

返回400 Bad Request响应的函数实现起来跟notFound()几乎一样，向客户端指明该请求无效：

```
function badRequest(res) {
  res.statusCode = 400;
  res.setHeader('Content-Type', 'text/plain');
  res.end('Bad Request');
}
```

程序最后还要实现add()函数，它会接收req和res两个对象。代码如下所示：

```
var qs = require('querystring');

function add(req, res) {
  var body = '';
  req.setEncoding('utf8');
  req.on('data', function(chunk){ body += chunk });
  req.on('end', function(){
    var obj = qs.parse(body);
    items.push(obj.item);
    show(res);
  });
}
```

为了简单起见，这个例子假定Content-Type是application/x-www-form-urlencoded，这也是HTML表单的默认值。要解析数据，只需把data事件的数据块拼接到一起形成完整的请求主体字符串。因为不用处理二进制数据，所以可以用res.setEncoding()将请求编码类型设为utf8。在请求发出end事件后，所有data事件就完成了，整个请求体也会变成字符串出现在body变量中。

> **缓冲太多数据**
>
> 对于包含一点JSON、XML或类似小块数据的请求主体，缓冲很好用，但缓冲这个数据可能会有问题。如果缓冲区的大小设置不正确，很可能会让程序出现可用性漏洞，这个我们在第7章再展开讨论。因此，比较好的作法是实现一个流式解析器，降低对内存的要求，防止过度消耗资源。尽管更难使用和实现，但这个处理会随着数据块的不断发出做增量式解析。

QUERYSTRING模块

在add()函数中解析请求主体时，用到了Node的querystring模块。来看看在REPL中的快速演示，了解下Node服务器中用到的这个querystring.parse()函数是如何解析请求主体的。

假设用户通过HTML表单向待办事项列表中提交了文本"take ferrets to the vet"：

```
$ node
> var qs = require('querystring');
> var body = 'item=take+ferrets+to+the+vet';
> qs.parse(body);
{ item: 'take ferrets to the vet' }
```

在添加完事项之后，服务器调用前面实现的那个show()函数把用户又带回了原来那个表单页。这只是这个例子选择的路由，你可以选择显示一条"事项已添加到待办事项列表中"消息的页面，或者回到/页面。

试一下吧。添加几个事项，你会看到待办事项出现在一个未经排序的列表中。你还可以实现前面在REST API中实现的删除功能。

4.4.2 用 formidable 处理上传的文件

在Web开发中，文件上传也是一个非常常见、非常重要的功能。想象一下，你正要创建一个可以上传相册的程序，还要通过Web链接跟其他人分享你的照片。借助带文件上传控件的表单，用浏览器可以实现这个功能。

下面这个例子给出了一个可以上传文件的表单，里面还有一个与文件相关联的name域：

```
<form method="post" action="/" enctype="multipart/form-data">
<p><input type="text" name="name" /></p>
<p><input type="file" name="file" /></p>
<p><input type="submit" value="Upload" /></p>
</form>
```

要正确处理上传的文件，并接收到文件的内容，需要把表单的enctype属性设为multipart/form-data，这是个适用于BLOB（大型二进制文件）的MIME类型。

以高效流畅的方式解析文件上传请求并不是个简简单单的任务，我们不会在本书中讨论其中的细节。Node社区中有几个可以完成这项任务的模块。formidable就是其中之一，它是由Felix Geisendörfer为自己的创业公司Transloadit创建的，用于媒体上传和转换，性能和可靠性很关键。

formidable的流式解析器让它成为了处理文件上传的绝佳选择，也就是说它能随着数据块的上传接收它们，解析它们，并吐出特定的部分，就像我们之前提到的部分请求头和请求主体。这种方式不仅快，还不会因为需要大量缓冲而导致内存膨胀，即便像视频这种大型文件，也不会把进程压垮。

　　现在回到我们照片分享的例子上。下面这个清单中的HTTP服务器实现了文件上传服务器的起始部分。它用HTML表单响应GET请求，还有一个处理POST请求的空函数，我们会在这个函数中集成formidable来处理文件上传。

代码清单4-7　准备好接收上传文件的HTTP服务器

```
var http = require('http');
var server = http.createServer(function(req, res){
  switch (req.method) {
    case 'GET':
      show(req, res);
      break;
    case 'POST':
      upload(req, res);
      break;
  }
});
function show(req, res) {                              提供带有文件上传
  var html = ''                                       控件的HTML表单
    + '<form method="post" action="/" enctype="multipart/form-data">'
    + '<p><input type="text" name="name" /></p>'
    + '<p><input type="file" name="file" /></p>'
    + '<p><input type="submit" value="Upload" /></p>'
    + '</form>';
  res.setHeader('Content-Type', 'text/html');
  res.setHeader('Content-Length', Buffer.byteLength(html));
  res.end(html);
}

function upload(req, res) {
  // 上传逻辑
}
```

　　料理好GET请求，该实现upload()函数了。当有POST请求进来时，会调用这个回调函数。upload()函数需要接收传入的上传数据，我们把这个交给formidable处理。本节后续内容会介绍集成formidable需要完成哪些工作：

　　(1) 通过npm安装formidable；

　　(2) 创建一个IncomingForm实例；

　　(3) 调用form.parse()解析HTTP请求对象；

　　(4) 监听表单事件field、file和end；

　　(5) 使用formidable的高层API。

　　要在项目中使用formidable，第一步就是安装它。运行下面这条命令就可以了，它会把这个模块装到项目内的./node_modules目录下：

```
$ npm install formidable
```

要使用它的API，需要require()它，还有最开始那个http模块：

```
var http = require('http');
var formidable = require('formidable');
```

实现upload()函数，首先是在请求中的内容类型不对时返回400 Bad Request响应：

```
function upload(req, res) {
  if (!isFormData(req)) {
    res.statusCode = 400;
    res.end('Bad Request: expecting multipart/form-data');
    return;
  }
}

function isFormData(req) {
  var type = req.headers['content-type'] || '';
  return 0 == type.indexOf('multipart/form-data');
}
```

辅助函数isFormData()用String.indexOf()方法检查请求头中的Content-Type字段，断言它的值是以multipart/form-data开头的。

在你确定了这是一个文件上传请求后，需要初始化一个新的formidable.IncomingForm表单，然后调用form.parse(req)方法，其中的req是请求对象。这样formidable就可以访问请求的data事件进行解析了：

```
function upload(req, res) {
  if (!isFormData(req)) {
    res.statusCode = 400;
    res.end('Bad Request');
    return;
  }

  var form = new formidable.IncomingForm();
  form.parse(req);
}
```

IncomingForm对象本身会发出很多事件，默认情况下，它会把上传的文件流入/tmp目录下。如下所示，在处理完表单元素后，formidable会发出事件。比如说，在收到文件并处理好后会发出file事件，收完输入域后会发出field事件。

代码清单4-8 使用formidable API

```
  ...
  var form = new formidable.IncomingForm();
  form.on('field', function(field, value){
    console.log(field);
    console.log(value);
  });

  form.on('file', function(name, file){
    console.log(name);
    console.log(file);
  });
```

```
form.on('end', function(){
  res.end('upload complete!');
});

form.parse(req);
...
```

通过查看field事件处理器中对console.log()的两次调用，你能看到用户在文本域name中输入了"my clock"：

```
name
my clock
```

文件上传完成后发出了file事件。file对象为你提供了文件大小，在form.uploadDir目录（默认为/tmp）中的路径，原始的主档名，以及MIME类型。当传到console.log()中时，file对象如下所示：

```
{ size: 28638,
  path: '/tmp/d870ede4d01507a68427a3364204cdf3',
  name: 'clock.png',
  type: 'image/png',
  lastModifiedDate: Sun, 05 Jun 2011 02:32:10 GMT,
  length: [Getter],
  filename: [Getter],
  mime: [Getter],
  ...
}
```

Formidable还提供了比较高级的API，基本上就是把我们刚才看到的几个API封装到一个回调函数中。当把一个函数传入到form.parse()中时，第一个参数是为可能发生的错误准备的error。如果没有错误，就会传入后面的两个对象：fields和files。

fields对象看起来就像console.log()的下面这种输出：

```
{ name: 'my clock' }
```

files对象跟file事件中的File实例一样，像fields那样以名称为键。

一定要注意，使用这个回调并不会影响你监听这些事件，所以像进度报告这样的功能也不会受到妨碍。下面这段代码展示了如何使用这个更精简的API得到我们前面已经讨论过的结果：

```
var form = new formidable.IncomingForm();
form.parse(req, function(err, fields, files){
  console.log(fields);
  console.log(files);
  res.end('upload complete!');
});
```

基础功能已经实现了，接下来我们会看看如何计算上传进度，这对Node和它的事件循环来说是个非常自然的处理。

4.4.3　计算上传进度

Formidable的progress事件能给出收到的字节数，以及期望收到的字节数。我们可以借助这个做出一个进度条。在下面这个例子中，每次有progress事件激发，就会计算百分比并用

console.log()输出：

```
form.on('progress', function(bytesReceived, bytesExpected){
  var percent = Math.floor(bytesReceived / bytesExpected * 100);
  console.log(percent);
});
```

这段脚本会产生下面这种输出：

```
1
2
4
5
6
8
...
99
100
```

你已经了解这个概念了，很明显我们接下来要把这个进度传回到用户的浏览器中去。这对于任何想要上传大型文件的程序来说都是个很棒的特性，并且这是个很适合用Node完成的任务。比如说用WebSocket协议，或者像Socket.IO这样的实时模块，可能只需要几行代码。我们把这个留给你当作练习了。

还有最后一个主题，并且是个非常重要的主题：程序的安全性。

4.5　用 HTTPS 加强程序的安全性

对于电子商务网站，以及那些会涉及到敏感数据的网站来说，一般都要求能够保证跟服务器往来的数据是私密的。在标准的HTTP会话中，客户端跟服务器端用未经加密的文本交换信息。这使得HTTP通信很容易被窃听。

安全的超文本传输协议（HTTPS）提供了一种保证Web会话私密性的方法。HTTPS将HTTP和TLS/SSL传输层结合到一起。用HTTPS发送的数据是经过加密的，因此更难窃听。本节会介绍一些用HTTPS加强程序安全性的基础知识。

如果你想在你的Node程序里使用HTTPS，第一件事就是取得一个私钥和一份证书。私钥本质上是个"秘钥"，可以用它来解密客户端发给服务器的数据。私钥保存在服务器上的一个文件里，放在一个不可信用户无法轻易访问到的地方。本节会教你如何生成一个自签发的证书。这种SSL证书不能用在正式网站上，因为当用户访问带有不可信证书的页面时，浏览器会显示警告信息，但对于开发和测试经过加密的通信而言，它很实用。

生成私钥需要OpenSSL，在装Node时就已经装过了。打开命令行窗口，输入下面的命令会生成一个名为key.pem的私钥文件：

```
openssl genrsa 1024 > key.pem
```

除了私钥，你还需要一份证书。证书跟私钥不同，可以与全世界分享，它包含了公钥和证书持有者的信息。公钥用来加密从客户端发往服务器的数据。

创建证书需要私钥。输入下面的命令会生成名为key-cert.pem的证书：

```
openssl req -x509 -new -key key.pem > key-cert.pem
```

秘钥已经生成了，把它们放到一个安全的地方。在下面的代码清单中，我们引用的秘钥跟服务器脚本放在同一个目录下，但秘钥通常都是放在别处，一般是 ~/.ssh。下面的代码会创建一个使用秘钥的HTTPS服务器。

代码清单4-9　HTTPS服务器配置项

```
var https = require('https');
var fs = require('fs');

var options = {                                         作为配置项的SSL秘钥和证书
  key:  fs.readFileSync('./key.pem'),
  cert: fs.readFileSync('./key-cert.pem')
};
                                                        第一个传入的就是配
https.createServer(options, function (req, res) {       置项对象
  res.writeHead(200);
  res.end("hello world\n");                             https 和 http 模
}).listen(3000);                                        块的API几乎一样
```

HTTPS服务器的代码跑起来后，就可以用浏览器跟它建立安全的连接了。你只需在浏览器中访问https://localhost:3000/。因为我们这个例子中所用的证书不是由证书颁发机构颁发的，所以会显示一个警告信息。这里可以忽略这个警告，但如果要把网站部署到公网上，你就应该找个证书颁发机构（CA）进行注册，并为你的服务器取得一份真实的、受信的证书。

4.6　小结

本章介绍了Node中HTTP服务器的基础知识，向你展示了如何响应请求，以及如何处理异步异常以保证程序的可靠性。你还学会了如何创建RESTful的Web程序，提供静态文件访问，甚至创建一个上传进度计算器。

你可能也看出来了，从Web程序开发人员的角度来看，用Node起步比较困难。但作为经验丰富的Web开发人员，我们向你保证你的付出是值得的。这些知识能帮你加深对Node的理解，对你调试、编写开源框架、或为已有框架做贡献都很有帮助。

本章的基础知识是为你深入学习Connect做的准备，Connect是一个很棒的高级框架，提供了一套所有Web程序框架都能用到的功能组件。接着是Express，更是锦上添花！这些工具放到一起能让你在本章学到的这些东西变得更容易，更安全，并且更有趣。

然而在那之前，你还需要知道程序中的数据应该存在哪里。下一章我们会看一看Node社区创建的大量数据库客户端，以便用它们加强你在本书剩余部分创建的程序。

第 5 章

存储Node程序中的数据

本章内容

❏ 内存和文件系统数据存储
❏ 传统的关系型数据库存储
❏ 非关系型数据库存储

几乎所有的程序，不管是不是基于Web的，都需要某种类型的数据存储机制，用Node构建的程序也不例外。选择合适的存储机制取决于以下五个因素：

❏ 存储什么数据；
❏ 为了保证性能，要有多快的数据读取和写入速度；
❏ 有多少数据；
❏ 要怎么查询数据；
❏ 数据要保存多久，对可靠性有什么要求。

存储数据的方法很多，从放在服务器内存中到连接一个完备的数据库管理系统（DBMS）不一而足，但所有的方法都有利有弊。

有些机制支持结构复杂的数据的长期持久化，并且有强大的搜索功能，但要承担昂贵的性能成本，所以有时并不是最好的选择。同样，把数据放在服务器内存中能得到最好的性能，但可靠性不强，如果程序重启，或服务器断电，数据就会丢失。

所以怎么为程序选择恰当的存储机制？在Node程序开发的世界中，经常会为不同的应用场景使用不同的存储机制。本章会讨论三种不同的选择：

❏ 存储数据而无需安装和配置DBMS；
❏ 用关系型数据库存储数据，具体说就是MySQL和PostgreSQL；
❏ 用NoSQL数据库存储数据，具体说就是Redis、MongoDB和Mongoose。

在本书后续章节中，你构建的程序将会用到其中的一些机制，并且看完本章后，你会知道如何用这些存储机制满足程序的需求。作为开始，我们先来看最简单、最低级的存储方式：无服务器的数据存储。

5.1   无服务器的数据存储

从系统管理的角度来看，最方便的存储机制是那些不用维护DBMS的存储，比如内存存储和基于文件的存储。因为不用安装和配置DBMS，所以程序安装起来也更容易。

有时，缺少DBMS的支持，使得无服务器的数据存储成了完美的选择。尤其是对于那些运行在自己服务器上的Node程序来说，比如Web程序和其他TCP/IP程序。它还特别适合命令行界面（CLI）工具：Node驱动的CLI工具很可能要存储数据，但用户不太可能为了用这个工具而再去大费周章地搭一个MySQL服务器。

本节将会介绍何时以及如何使用内存存储和基于文件的存储，这两个是无服务器数据存储的主要形式。我们先从最简单的开始：内存存储。

5.1.1   内存存储

在第2章和第4章的例子中，内存存储被用来跟踪记录与聊天用户和任务相关的详细信息。内存存储用变量存放数据。这种数据的读取和写入都很快，但就像我们在前面提过的，服务器和程序重启后数据就丢了。

内存存储的理想用途是存放少量经常使用的数据。用来跟踪记录最近一次重启服务器后页面访问次数的计数器就是这样的应用场景。比如下面这段代码，它在8888端口启动了一个服务器，并对所有请求进行计数：

```
var http = require('http');
var counter = 0;

var server = http.createServer(function(req, res) {
  counter++;
  res.write('I have been accessed ' + counter + ' times.');
  res.end();
}).listen(8888);
```

对于需要把信息存起来，在程序和服务器重启后能持久化的程序，基于文件的存储可能更合适。

5.1.2   基于文件的存储

基于文件的存储，用文件系统存放数据。开发人员经常用这种存储方式保存程序的配置信息，但你也可以用它做数据的持久化保存，这些数据在程序和服务器重启后依然有效。

并发问题

基于文件的存储虽然易用，但并不是所有程序都适合。比如说，一个多用户程序如果把记录保存在一个文件中，可能会碰到并发问题。两个用户可能会同时加载相同的文件进行修改。保存一个版本会覆盖另外一个，导致其中某个用户的修改丢失。对于多用户程序而言，数据库管理系统是更合理的选择，因为它们就是为应对并发问题而生的。

　　为了阐明如何使用基于文件的存储方式，我们给第4章那个基于Web的待办事项程序创建一个简单的命令行版本。图5-1是使用这个版本时的截图。

　　这个程序会把任务存到文件.tasks中，跟运行的脚本在同一目录下。在保存之前，任务会被转换成JSON格式，从文件中读出来时再从JSON格式转回来。

　　创建这个程序需要编写启动逻辑，并定义获取及存储任务的辅助函数。

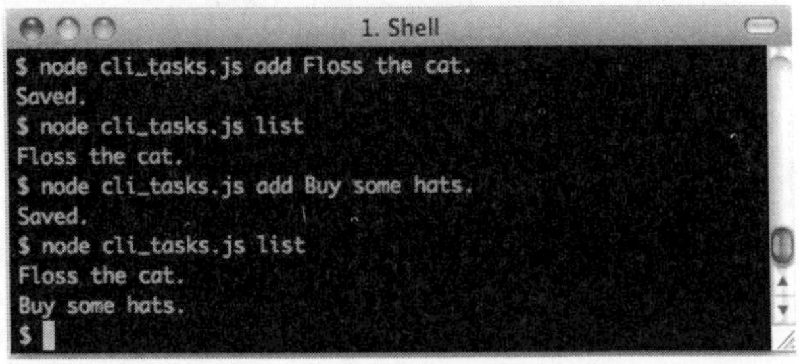

图5-1　命令行版的待办事项列表工具

1. 编写启动逻辑

　　这段逻辑从引入必需的模块开始，然后解析来自命令行参数的任务命令和描述，并指明用来保存任务的文件。代码如下所示。

代码清单5-1　收集参数值并解析文件数据库的路径

```
var fs = require('fs');
var path = require('path');
var args = process.argv.splice(2);      ← 去掉 "node cli_tasks.js"，
                                          只留下参数
var command = args.shift();             ← 取出第一个参数（命令）
var taskDescription = args.join(' ');   ← 合并剩余的参数
var file = path.join(process.cwd(), '/.tasks');   ← 根据当前的工作目录解
                                                    析数据库的相对路径
```

　　如果你提供了动作参数，程序或者输出已保存任务的列表，或者添加任务描述到任务存储中，代码如下所示。如果没提供参数，则会显示用法帮助。

代码清单5-2　确定CLI脚本应该采取什么动作

```
switch (command) {
  case 'list':
    listTasks(file);        ← 'list' 会列出所有已保存的任务
    break;

  case 'add':
    addTask(file, taskDescription);    ← 'add' 会添加新任务
    break;
```

```
            default:
                console.log('Usage: ' + process.argv[0]          其他任何参数都会显示帮助
                    + ' list|add [taskDescription]');
        }
```

2. 定义获取任务的辅助函数

接下来要在程序逻辑中定义一个辅助函数，`loadOrInitializeTaskArray`，用来获取已有的任务。如代码清单5-3所示，`loadOrInitializeTaskArray`会从一个文本文件中加载编码为JSON格式的数据。代码中用到了fs模块中的两个异步函数。这些函数是非阻塞的，事件轮询可以继续，无需坐等文件系统返回结果。

代码清单5-3　从文本文件中加载用JSON编码的数据

```
function loadOrInitializeTaskArray(file, cb) {
  fs.exists(file, function(exists) {              检查.tasks文件是否已
    var tasks = [];                               经存在
    if (exists) {
      fs.readFile(file, 'utf8', function(err, data) {   从.tasks文件中读取待办
        if (err) throw err;                             事项数据
        var data = data.toString();
        var tasks = JSON.parse(data || '[]');     把用JSON编码的待办事项
        cb(tasks);                                数据解析到任务数组中
      });
    } else {                              如果.tasks文件不存在，
      cb([]);                             则创建空的任务数组
    }
  });
}
```

接下来用辅助函数`loadOrInitializeTaskArray`实现`listTasks`功能。

代码清单5-4　列出任务的函数

```
function listTasks(file) {
  loadOrInitializeTaskArray(file, function(tasks) {
    for(var i in tasks) {
      console.log(tasks[i]);
    }
  });
}
```

3. 定义一个存放任务的辅助函数

现在定义另一个辅助函数，`storeTasks`，把任务用JSON串行化后放到文件中。

代码清单5-5　把任务保存到磁盘中

```
function storeTasks(file, tasks) {
  fs.writeFile(file, JSON.stringify(tasks), 'utf8', function(err) {
    if (err) throw err;
    console.log('Saved.');
  });
}
```

接下来用辅助函数`storeTasks`实现`addTask`功能。

代码清单5-6　添加一项任务

```
function addTask(file, taskDescription) {
  loadOrInitializeTaskArray(file, function(tasks) {
    tasks.push(taskDescription);
    storeTasks(file, tasks);
  });
}
```

在添加程序的持久化功能时，用文件系统做数据存储既快捷又容易。用它来保存程序配置也很好。如果程序的配置数据保存在文本文件中，并且编码为JSON格式，前面定义的`loadOrInitializeTaskArray`也可以用来读取配置文件并解析JSON。

第13章会介绍更多与Node操作文件系统有关的知识。接下来我们去看看在程序的数据存储方面一直占据主力位置的关系型数据管理系统。

5.2　关系型数据库管理系统

关系数据库管理系统（RDBMS）可以存储复杂的信息，并且查询起来很容易。RDBMS历来被用在相对高端的程序上，比如内容管理、客户关系管理和购物车。如果应用得当，它们能表现得很好，但使用它们需要具备专业的管理知识，并且要能访问数据库服务器。尽管有对象关系映射（ORM）API可以帮你写SQL，但你还是要有SQL方面的知识。RDBMS的管理，ORM和SQL超出了本书的范围，但网上有很多介绍这些技术的资源。

关系型数据库有很多种，但开发人员一般会选择开源数据库，主要是因为它们有很好的支持，好用，而且不用花一分钱。本节中会看一看MySQL和PostgreSQL，这是两个最流行的全功能关系型数据库。MySQL和PostgreSQL功能相似，并且都是很可靠的选择。如果你一个也没用过，MySQL设置起来更容易，并且有很大的用户群。如果你碰巧使用有版权的Oracle数据库，则需要用db-oracle模块（https://github.com/mariano/node-db-oracle），这也不在本书的范围之内。

让我们先从MySQL开始，然后再看PostgreSQL。

5.2.1　MySQL

MySQL是最流行的SQL数据库，Node社区对它的支持很好。如果你刚接触MySQL，并且想学，可以去看官方的在线教程（http://dev.mysql.com/doc/refman/5.0/en/tutorial.html）。对于SQL新手而言，有很多在线教程和书籍可以帮你步入正轨，包括Chris Fehily的SQL基础教程（第3版）（人民邮电出版社，2009年；原书名SQL: Visual QuickStart Guide（Peachpit出版社，2008））。

1. 用MySQL构建一个工作跟踪程序

为了了解在Node中如何使用MySQL，我们来看一个需要RDBMS的程序。假设你要创建一个Web程序，用来记录你是如何度过工作日的。这需要记录工作的日期，花在工作上的时间，以及工作完成情况的描述。

这个程序会有个表单，用来输入工作的详细信息，如图5-2所示。

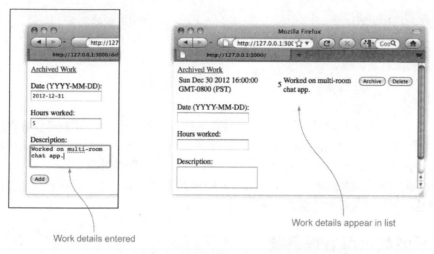

图5-2　记录所做工作的详细信息

工作信息输入后，可以被归档或被删除，让它不再显示在用来输入更多工作的输入域上方，如图5-3所示。点击"Archived Work"链接可以把之前归档的工作项全都显示出来。

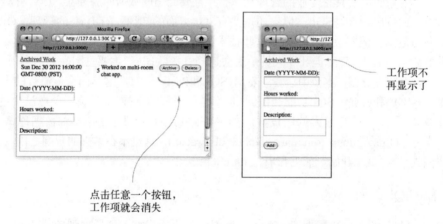

图5-3　归档或删除所做工作的详细信息

这个Web程序可以用文件系统做简单的数据存储，但那样用数据做报表时会比较复杂。比如你想创建一个上周所做工作的报表，就必须读出所有保存下来的工作记录并检查记录的日期。如果把程序数据放到RDBMS中，用SQL查询生成报表很容易。

构建工作记录程序需要完成下面这几项任务：

❑ 创建程序逻辑；
❑ 创建程序工作所需的辅助函数；
❑ 编写让你可以用MySQL添加、删除、更新和获取数据的函数；
❑ 编写渲染HTML记录和表单的代码。

这个程序会用Node内置的http模块实现Web服务器的功能，用一个第三方模块跟MySQL服务器交互。一个名为timetrack的定制模块，它是程序特有的函数，用来在MySQL中存储、修改和获取数据。图5-4是这个程序的概览。

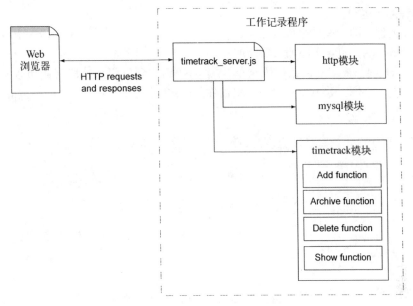

图5-4　工作记录程序的结构

最终结果如图5-5所示，一个可以用来记录所做工作的简单Web程序，还可以回顾、归档及删除工作记录。

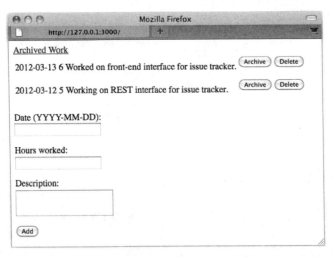

图5-5　一个可以用来记录所做工作的简单Web程序

为了让Node能跟MySQL交互，我们会用Felix Geisendörfer做的node-mysql模块（https://github.com/felixge/node-mysql）。先用下面这条命令安装这个很受欢迎的MySQL Node模块：

```
npm install mysql
```

2. 创建程序的逻辑

接下来需要创建两个文件存放程序逻辑。这个两个文件分别是：timetrack_server.js，用来启动程序；timetrack.js，包含程序相关功能的模块。

先创建timetrack_server.js，把代码清单5-7中的代码放到里面。这段代码包含Node的HTTP API，程序特定的逻辑以及MySQL API。根据你的MySQL配置填入host、user和password这些设定值。

代码清单5-7   程序设置及数据库连接初始化

```
var http = require('http');
var work = require('./lib/timetrack');
var mysql = require('mysql');                          ◁── 引入MySQL API

var db = mysql.createConnection({          ◁── 连接MySQL
  host:      '127.0.0.1',
  user:      'myuser',
  password:  'mypassword',
  database:  'timetrack'
});
```

接下来添加代码清单5-8中的逻辑，定义Web程序的行为。用这个程序可以浏览、添加和删除工作执行记录。此外还可以归档工作记录。被归档的工作记录不再出现在主页面上，但还可以在一个单独的Web页面上浏览。

代码清单5-8   HTTP请求路由

```
var server = http.createServer(function(req, res) {
  switch (req.method) {
    case 'POST':                              ◁── HTTP POST请求路由
      switch(req.url) {
        case '/':
          work.add(db, req, res);
          break;
        case '/archive':
          work.archive(db, req, res);
          break;
        case '/delete':
          work.delete(db, req, res);
          break;
      }
      break;
    case 'GET':                               ◁── HTTP GET请求路由
      switch(req.url) {
        case '/':
          work.show(db, res);
          break;
```

```
        case '/archived':
          work.showArchived(db, res);
      }
      break;
  }
});
```

代码清单5-9是timetrack_server.js中的最后一块代码。这段代码创建了一个数据库表（如果不存在的话），启动HTTP服务器，监听本机的3000端口。所有的node-mysql查询都用query函数执行。

代码清单5-9　创建数据库表

```
db.query(
  "CREATE TABLE IF NOT EXISTS work ("          ◁── 建表SQL
  + "id INT(10) NOT NULL AUTO_INCREMENT, "
  + "hours DECIMAL(5,2) DEFAULT 0, "
  + "date DATE, "
  + "archived INT(1) DEFAULT 0, "
  + "description LONGTEXT,"
  + "PRIMARY KEY(id))",
  function(err) {
    if (err) throw err;
    console.log('Server started...');
    server.listen(3000, '127.0.0.1');          ◁── 启动HTTP服务器
  }
);
```

3. 创建辅助函数发送HTML，创建表单，接收表单数据

启动程序的文件已经完成，该创建定义程序其他功能的文件了。创建一个名为lib的目录，然后在这个目录下创建文件timetrack.js。把代码清单5-10中的代码放到这个文件中，其中包含Node querystring API，并定义了辅助函数，用来发送Web页面HTML，接收通过表单提交的数据。

代码清单5-10　辅助函数：发送HTML，创建表单，接收表单数据

```
var qs = require('querystring');

exports.sendHtml = function(res, html) {          ◁── 发送HTML响应
  res.setHeader('Content-Type', 'text/html');
  res.setHeader('Content-Length', Buffer.byteLength(html));
  res.end(html);
};

exports.parseReceivedData = function(req, cb) {    ◁── 解析HTTP POST数据
  var body = '';
  req.setEncoding('utf8');
  req.on('data', function(chunk){ body += chunk });
  req.on('end', function() {
    var data = qs.parse(body);
    cb(data);
  });
};
exports.actionForm = function(id, path, label) {   ◁── 渲染简单的表单
  var html = '<form method="POST" action="' + path + '">' +
    '<input type="hidden" name="id" value="' + id + '">' +
```

```
      '<input type="submit" value="' + label + '" />' +
      '</form>';
    return html;
};
```

4. 用MySQL添加数据

辅助函数到位了，该编写往MySQL数据库里添加工作记录的代码了。把下面代码清单里的
代码添加到timetrack.js中。

代码清单5-11 添加工作记录

```
exports.add = function(db, req, res) {
    exports.parseReceivedData(req, function(work) {          ◁── 解析HTTP POST数据
        db.query(
            "INSERT INTO work (hours, date, description) " +
            " VALUES (?, ?, ?)",
            [work.hours, work.date, work.description],         ◁── 工作记录数据
            function(err) {
                if (err) throw err;
                exports.show(db, res);                 ◁── 给用户显示工作记录清单
            }
        );
    });
};
```

添加工作记录的SQL ┐（指向 INSERT 语句）

注意上面代码中的问号（?），这是用来指明应该把参数放在哪里的占位符。在添加到查询语
句中之前，query方法会自动把参数转义，以防遭受到SQL注入攻击。

此外还要留意一下query方法的第二个参数，是一串用来替代占位符的值。

5. 删除MySQL数据

接下来把下面的代码添加到timetrack.js中，这段代码用来删除一条工作记录。

代码清单5-12 删除工作记录

```
exports.delete = function(db, req, res) {
    exports.parseReceivedData(req, function(work) {          ◁── 解析HTTP POST数据
        db.query(
            "DELETE FROM work WHERE id=?",              ◁── 删除工作记录的SQL
            [work.id],                            ◁── 工作记录ID
            function(err) {
                if (err) throw err;
                exports.show(db, res);                 ◁── 给用户显示工作记录清单
            }
        );
    });
};
```

6. 更新MySQL数据

为了实现更新工作记录的逻辑，将它标记为已归档，把下面的代码添加到timetrack.js中。

代码清单5-13 归档一条工作记录

```
exports.archive = function(db, req, res) {
  exports.parseReceivedData(req, function(work) {        ◁── 解析HTTP POST数据
    db.query(
      "UPDATE work SET archived=1 WHERE id=?",            ◁── 更新工作记录的SQL
      [work.id],                                          工作记录ID
      function(err) {
        if (err) throw err;
        exports.show(db, res);                            ◁── 给用户显示工作记录清单
      }
    );
  });
};
```

7. 获取MySQL数据

添加、删除、更新工作记录的逻辑已经定义好了，现在可以把代码清单5-14中的逻辑添加到timetrack中，用来获取工作记录数据（归档的或未归档的），从而把它渲染为HTML。在发起查询时传入了一个回调函数，它的参数rows是用来保存返回的查询结果的。

代码清单5-14 获取工作记录

```
exports.show = function(db, res, showArchived) {
  var query = "SELECT * FROM work " +                     ◁── 获取工作记录的SQL
    "WHERE archived=? " +
    "ORDER BY date DESC";
  var archiveValue = (showArchived) ? 1 : 0;
  db.query(
    query,
    [archiveValue],                                        ◁── 想要的工作记录归档状态
    function(err, rows) {
      if (err) throw err;
      html = (showArchived)
        ? ''
        : '<a href="/archived">Archived Work</a><br/>';
      html += exports.workHitlistHtml(rows);               ◁── 将结果格式化为HTML表格
      html += exports.workFormHtml();
      exports.sendHtml(res, html);                         ◁── 给用户发送HTML响应
    }
  );
};

exports.showArchived = function(db, res) {
  exports.show(db, res, true);                             ◁── 只显示归档的工作记录
};
```

8. 渲染MySQL记录

将下面代码清单中的代码添加到timetrack.js中。它会将工作记录渲染为HTML。

代码清单5-15　将工作记录渲染为HTML表格

```
exports.workHitlistHtml = function(rows) {
  var html = '<table>';
  for(var i in rows) {                              将每条工作记录渲染为
    html += '<tr>';                                 HTML表格中的一行
    html += '<td>' + rows[i].date + '</td>';
    html += '<td>' + rows[i].hours + '</td>';
    html += '<td>' + rows[i].description + '</td>';  如果工作记录还没归档,
    if (!rows[i].archived) {                          显示归档按钮
      html += '<td>' + exports.workArchiveForm(rows[i].id) + '</td>';
    }
    html += '<td>' + exports.workDeleteForm(rows[i].id) + '</td>';
    html += '</tr>';
  }
  html += '</table>';
  return html;
};
```

9. 渲染HTML表单

最后把下面这段渲染HTML表单的代码添加到timetrack.js中。

代码清单5-16　用来添加、归档、删除工作记录的HTML表单

```
exports.workFormHtml = function() {
  var html = '<form method="POST" action="/">' +     渲染用来输入新工作记
    '<p>Date (YYYY-MM-DD):<br/><input name="date" type="text"><p/>' +  录的空白HTML表单
    '<p>Hours worked:<br/><input name="hours" type="text"><p/>' +
    '<p>Description:<br/>' +
    '<textarea name="description"></textarea></p>' +
    '<input type="submit" value="Add" />' +
    '</form>';
  return html;
};

exports.workArchiveForm = function(id) {            渲染归档按钮表单
  return exports.actionForm(id, '/archive', 'Archive');
};

exports.workDeleteForm = function(id) {             渲染删除按钮表单
  return exports.actionForm(id, '/delete', 'Delete');
};
```

10. 试一下

程序已经做完了,现在可以运行了。记得先用MySQL管理工具创建名为timetrack的数据库。然后在命令行中用下面的命令启动程序:

```
node timetrack_server.js
```

最后在浏览器中访问http://127.0.0.1:3000/。MySQL可能是最流行的关系型数据库,但对很多人来说,PostgreSQL更值得尊敬。我们来看看在你的程序里如何使用PostgreSQL。

5.2.2 PostgreSQL

PostgreSQL因其与标准的兼容性和健壮性受到认可，很多Node开发人员对它的喜爱程度超过了其他的RDBMS。不像MySQL，PostgreSQL支持递归查询和很多特殊的数据类型。PostgreSQL还能使用一些标准的认证方法，比如轻量目录访问协议（LDAP）和通用安全服务应用程序接口（GSSAPI）。对于要借助数据复制实现扩展能力或冗余性的那些人来说，PostgreSQL支持同步复制，这种复制形态会在每次数据操作后对复制进行验证，从而防止数据丢失。

如果你刚开始接触PostgreSQL，可以通过它的官方在线教程学习它（www.postgresql.org/docs/7.4/static/tutorial.html）。

最成熟，并且也是最活跃的PostgreSQL API模块是Brian Carlson的node-postgres（https://github.com/brianc/node-Postgres）。

> **未在WINDOWS下测试**　尽管node-postgres模块想要支持Windows，但模块的创建者主要是在Linux和OS X下做测试，所以Windows用户可能会碰到问题，比如在安装过程中出现致命错误。因此Windows用户可能想用MySQL，而不是PostgreSQL。

可以用下面的命令通过npm安装node-postgres：

```
npm install pg
```

1. 连接POSTGRESQL

装好node-postgres模块后，你就可以用下面的代码连接PostgreSQL，并选择一个数据库进行查询操作（如果没有设定密码，请忽略连接字串中的:mypassword部分）：

```
var pg = require('pg');
var conString = "tcp://myuser:mypassword@localhost:5432/mydatabase";

var client = new pg.Client(conString);
client.connect();
```

2. 往数据库表里插入一条记录

query方法执行查询操作。下面的代码展示了如何向数据库表中插入一条记录：

```
client.query(
  'INSERT INTO users ' +
  "(name) VALUES ('Mike')"
);
```

占位符（$1、$2等等）可以指明把参数放在哪里。在添加到查询语句中去之前，每个参数都会被转义，以防遭受SQL注入攻击。下面是使用占位符插入一条记录的例子：

```
client.query(
  "INSERT INTO users " +
  "(name, age) VALUES ($1, $2)",
  ['Mike', 39]
);
```

要在插入一条记录后得到它的主键值，可以用RETURNING从句加上列名指定想要返回哪一列的值。然后添加一个回调函数作为query调用的最后一个参数，代码如下所示：

```
client.query(
  "INSERT INTO users " +
  "(name, age) VALUES ($1, $2) " +
  "RETURNING id",
  ['Mike', 39],
  function(err, result) {
    if (err) throw err;
    console.log('Insert ID is ' + result.rows[0].id);
  }
);
```

3. 创建返回结果的查询

如果你准备创建一个将要返回结果的查询操作，就需要把客户端query方法的返回值存放到变量中。query方法返回的是一个继承了EventEmitter的行为的对象，可以利用Node内置的功能。这个对象每取回一条数据库记录，就会发出一个row事件。代码清单5-17展示了如何输出查询返回的记录中的数据。注意EventEmitter监听器的用法，它定义了如何处理数据库表中的记录，以及在数据获取完成时做什么。

代码清单5-17　从PostgreSQL数据库中选择记录

```
var query = client.query(
  "SELECT * FROM users WHERE age > $1",
  [40]
);

query.on('row', function(row) {          ◁──── 处理返回的记录
  console.log(row.name)
});

query.on('end', function() {             ◁──── 查询完成后的处理
  client.end();
});
```

取回最后一条记录后发出了一个end事件，可以用它关闭数据库，或者继续执行程序的后续逻辑。

关系型数据库是传统的主力，但另一种不需要使用SQL的数据库管理系统正在迅速蹿红。

5.3　NoSQL 数据库

在数据库世界刚具雏形之时，非关系型数据库才是标准。但关系型数据库渐渐兴起，成为主流选择，在不在Web上的程序都会用它。最近几年，非关系型DBMS隐隐有复兴之势，其支持者宣称它们在能力扩展和易用性上比关系型数据库有优势，并且这些DBMS可以应对多种应用场景。大家将它们称为"NoSQL"数据库，即"No SQL"或"Not Only SQL"。

尽管关系型DBMS为可靠性牺牲了性能，但很多NoSQL数据库把性能放在了第一位。因此，对于实时分析或消息传递而言，NoSQL数据库可能是更好的选择。NoSQL数据库通常也不需要预先定义数据schema，对于那种要把数据存储在层次结构中，但层次结构却会发生变化的程序而言，这很有帮助。

本节会介绍两个流行的NoSQL数据库：Redis 和 MongoDB。我们还会看一下Mongoose，一个很受欢迎的MongoDB访问层API，它有一些可以帮你节省时间的功能。Redis和MongoDB的设置和管理超出了本书的范围，不过你可以在网上找到Redis（http://redis.io/topics/quickstart）和MongoDB（http://docs.mongodb.org/manual/installation/#installation-guides）的快速教程，你应该能按照这些教程把它们装好跑起来。

5.3.1 Redis

Redis非常适合处理那些不需要长期访问的简单数据存储，比如短信和游戏中的数据。Redis把数据存在RAM中，并在磁盘中记录数据的变化。这样做的缺点是它的存储空间有限，但好处是数据操作非常快。如果Redis服务器崩溃，RAM中的内容丢了，可以用磁盘中的日志恢复数据。

Redis提供了实用的原语命令集（http://redis.io/commands），可以处理几种数据结构。Redis支持的大多数数据结构对开发人员来说并不陌生，因为它们都是仿照编程中常用的数据结构做的：哈希表、链表、键/值对（作为简单的变量使用）。哈希表和键/值对类型如图5-6所示。Redis还支持一种稍微有点儿陌生的数据结构，集合（set），我们在本章后续内容中再讨论它。

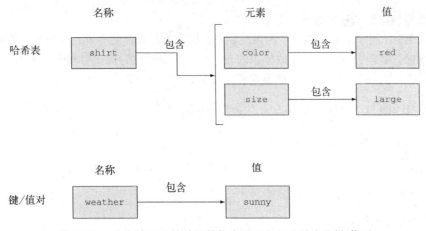

图5-6　Redis支持几种简单的数据类型，包括哈希表和键/值对

本章不会深入探讨Redis的所有命令，但我们会做几个对大多数程序都适用的例子。如果你刚接触Redis，想在尝试这些例子之前建立对它的实用性的概念，教程"尝试Redis"（http://try.redis.io/）是个很好的起点。要深入学习如何使用Redis，请看Josiah L. Carlson的*Redis in Action*一书（Manning, 2013）。

最成熟、最活跃的Redis API模块是Matt Ranney的node_redis（https://github.com/mranney/node_redis）。用下面这条npm命令安装它：

```
npm install redis
```

1. 连接Redis服务器

下面的代码会连接到运行在同一主机,默认TCP/IP端口上的Redis服务器。你创建的这个Redis客户端继承了`EventEmitter`的行为,当客户端跟Redis服务器通信出现问题时,它会抛出一个`error`事件。如下例所示,你可以添加`error`事件类型的监听器,定义自己的错误处理逻辑:

```
var redis = require('redis');
var client = redis.createClient(6379, '127.0.0.1');

client.on('error', function (err) {
    console.log('Error ' + err);
});
```

2. 操作Redis中的数据

连上Redis之后,程序可以马上用`client`对象操作数据。下面例子中是存储和获取键/值对的代码:

```
client.set('color', 'red', redis.print);          ◁── print函数输出操
client.get('color', function(err, value) {             作的结果,或在出
  if (err) throw err;                                  错时输出错误。
  console.log('Got: ' + value);
});
```

3. 用哈希表存储和获取数据

代码清单5-18展示了如何用一个稍微复杂点儿的数据结构,哈希表,也被称为哈希映射,存储和获取数据。哈希表本质上是存放标识的表,这些标识被称为键,与相应的值关联。

Redis命令`hmset`设定哈希表中的元素,用键标识值。`hkeys`列出哈希表中所有元素的键。

代码清单5-18　在Redis哈希表元素中存放数据

```
client.hmset('camping', {
  'shelter': '2-person tent',
  'cooking': 'campstove'
}, redis.print);                              ◁── 设定哈希表元素

client.hget('camping', 'cooking', function(err, value) {  ◁──
  if (err) throw err;                            获取元素"cooking"的值
  console.log('Will be cooking with: ' + value);
});

client.hkeys('camping', function(err, keys) {    ◁── 获取哈希表的键
  if (err) throw err;
  keys.forEach(function(key, i) {
    console.log('  ' + key);
  });
});
```

4. 用链表存储和获取数据

链表是Redis支持的另一种数据结构。如果内存足够大,Redis链表理论上可以存放40多亿条元素。

下面是在链表中存储和获取值的代码。Redis命令`lpush`向链表中添加值。`lrange`获取参数start和end范围内的链表元素。下面的例子中,参数end为-1,表明到链表中最后一个元素,

所以这个lrange会取出链表中的所有元素：

```
client.lpush('tasks', 'Paint the bikeshed red.', redis.print);
client.lpush('tasks', 'Paint the bikeshed green.', redis.print);
client.lrange('tasks', 0, -1, function(err, items) {
  if (err) throw err;
  items.forEach(function(item, i) {
    console.log('  ' + item);
  });
});
```

Redis链表是有序的字符串链表。如果你要创建一个会议规划程序，可以用链表存储会议的行程。

从概念上讲，Redis链表类似于很多编程语言中的数组，并且它们用的也是我们熟知的数据操作办法。然而链表的缺点在于从中获取数据的性能。随着链表长度的增长，数据获取也会逐渐变慢（大O表示法中的O(n)）。

> **大O表示法** 在计算机科学中，大O表示法是一种按复杂度对算法分类的方法。当你看到用大O表示法描述的算法时，能快速了解该算法的性能。如果你不了解大O，Rob Bell的"大O表示法初学者指南"能帮你了解其大概含义（http://mng.bz/UJu7）。

5. 用集合存储和获取数据

Redis集合是一组无序的字符串组。如果你要创建一个会议规划程序，可以用集合存储参会者的信息。集合获取数据的性能比链表好。它获取集合成员所用的时间取决于集合的大小（大O表示法中的O(1)）。

集合中的元素必须是唯一的，如果你试图把两个相同的值存到集合中，第二次尝试会被忽略。

下面是在集合中存储和获取IP地址的代码。Redis命令sadd尝试将值添加到集合中，smembers返回存储在集合中的值。在这个例子中，IP地址204.10.37.96被添加了两次，但如你所见，在显示集合成员时，这个地址只会出现一次：

```
client.sadd('ip_addresses', '204.10.37.96', redis.print);
client.sadd('ip_addresses', '204.10.37.96', redis.print);
client.sadd('ip_addresses', '72.32.231.8', redis.print);
client.smembers('ip_addresses', function(err, members) {
  if (err) throw err;
  console.log(members);
});
```

6. 用信道传递数据

Redis超越了数据存储的传统职责，它提供的信道是无价之宝。信道是数据传递机制，提供了发布/预定功能，其概念如图5-7所示。对于聊天和游戏程序来说，它们很实用。

Redis客户端可以向任一给定的信道预订或发布消息。预订一个信道意味着你会收到所有发送给它的消息。发布给信道的消息会发送给所有预订了那个信道的客户端。

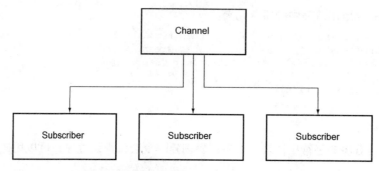

图5-7　Redis的信道为普通的数据传递场景提供了一种简便的解决方案

代码清单5-19中是一个用Redis的发布/预订功能实现的TCP/IP聊天服务器。

代码清单5-19　用Redis的发布/预订功能实现的简单聊天服务器

```
var net = require('net');
var redis = require('redis');                              为每个连接到聊天服务器
                                                           上的用户定义设置逻辑
var server = net.createServer(function(socket) {  ◁
  var subscriber;
  var publisher;
                                                      为用户创建
  socket.on('connect', function() {                  预订客户端
    subscriber = redis.createClient();        ◁
    subscriber.subscribe('main_chat_room');
                                                      信道收到消息后,
    subscriber.on('message', function(channel, message) {  把它发给用户
      socket.write('Channel ' + channel + ': ' + message);
    });
                                                      为用户创建发布
    publisher = redis.createClient();         ◁      客户端
  });

  socket.on('data', function(data) {
    publisher.publish('main_chat_room', data);   ◁   用户输入消息后发布它
  });

  socket.on('end', function() {                        如果用户断开连接,终止
    subscriber.unsubscribe('main_chat_room');  ◁       客户端连接
    subscriber.end();
    publisher.end();
  });
});

server.listen(3000);              ◁———  启动聊天服务器
```

（预订信道标注于 subscriber.subscribe 行左侧）

7. NODE_REDIS性能最大化

在你准备把使用了node_redis API的Node.js程序部署到生产环境中时，可能要考虑下是否使用Pieter Noordhuis的hiredis模块（https://github.com/pietern/hiredis-node）。这个模块会显著提升Redis的性能，因为它充分利用了官方的hiredis C语言库。如果你装了hiredis，node_redis API会自动使用hiredis替代它的JavaScript实现。

你可以用下面这条npm命令安装hiredis：

```
npm install hiredis
```

注意，因为hiredis库是用C代码编译而成的，而Node的内部API偶尔会修改，所以在升级了Node.js后，你可能要重新编译hiredis。用下面的npm命令可以重建hiredis：

```
npm rebuild hiredis
```

看过了擅长高性能数据处理原语的Redis，接下来我们去看一个更通用的实用数据库：MongoDB。

5.3.2　MongoDB

MongoDB是一个通用的非关系型数据库，使用RDBMS的那类程序都可以使用MongoDB。

MongoDB数据库把文档存在集合（collection）中。集合中的文档，如图5-8所示，它们不需要相同的schema，每个文档都可以有不同的schema。 这使得MongoDB比传统的RDBMS更灵活，因为你不用为预先定义schema而操心。

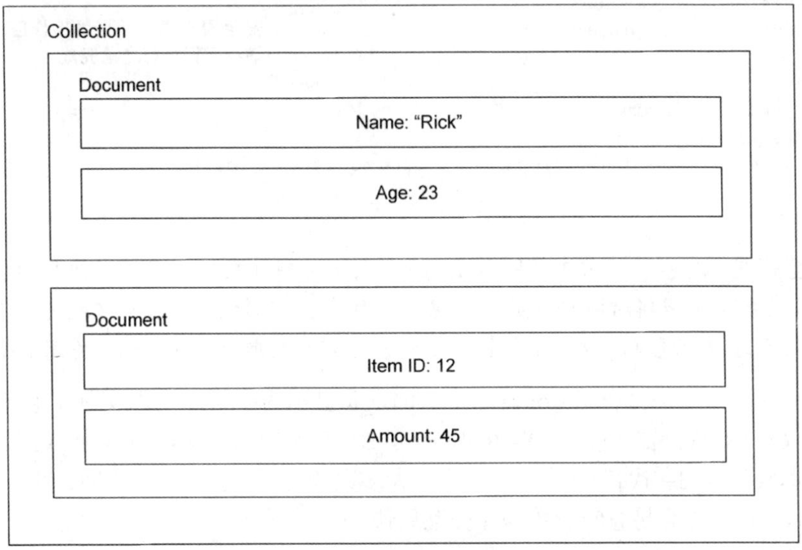

图5-8　MongoDB集合中的每个条目都可能有一个完全不同的schema

最成熟、维护最活跃的MongoDB API模块是Christian Amor Kvalheim的 node-mongodb-native（https://github.com/mongodb/node-mongodb-native）。你可以用下面的npm命令安装它。Windows用户请注意，安装它需要有Microsoft Visual Studio安装后提供的msbuild.exe：

```
npm install mongodb
```

1. 连接MongoDB

装好node-mongodb-native，运行你的MongoDB服务器，用下面的代码建立服务器连接：

```
var mongodb = require('mongodb');
var server = new mongodb.Server('127.0.0.1', 27017, {});

var client = new mongodb.Db('mydatabase', server, {w: 1});
```

2. 访问MongoDB集合

下面的代码片段展示了如何在数据库连接打开后访问其中的集合。如果在数据库操作完成后你想关闭MongoDB连接，可以执行`client.close()`：

```
client.open(function(err) {
  if (err) throw err;
  client.collection('test_insert', function(err, collection) {
    if (err) throw err;
    console.log('We are now able to perform queries.');    ◁──── 把 MongoDB 查询代码
  });                                                              放在这里
});
```

3. 将文档插入集合中

下面的代码将一个文档插入到集合中，并输出其独有的文档ID：

```
collection.insert(
  {
    "title": "I like cake",
    "body": "It is quite good."          安全模式表明数据库操作应
  },                                      该在回调执行之前完成
  {safe: true},                    ◁────
  function(err, documents) {
    if (err) throw err;
    console.log('Document ID is: ' + documents[0]._id);
  }
);
```

安全模式　在查询语句中声明{safe: true}表明你想让数据库操作在执行回调之前完成。如果你的回调逻辑对即将完成的数据库操作有任何形式的依赖，这就是你需要的选项。如果你的回调逻辑不依赖于数据库操作，可以用{}取代{safe: true}关闭安全模式。

尽管你能用`console.log`将documents[0]._id显示为字符串，但实际上它不是字符串。MongoDB的文档标识符是二进制JSON（BSON）。BSON是MongoDB用来交换数据的主要数据格式，MongoDB服务器用它代替JSON交换数据。大多数情况下，它更节省空间，解析起来也更快。占用更少空间，扫描更容易意味着数据库交互更快。

4. 用文档ID更新数据

BSON文档标识符可以用来更新数据。下面的代码清单展示了如何用文档的ID更新它。

代码清单5-20　更新MongoDB文档

```
var _id = new client.bson_serializer
                    .ObjectID('4e650d344ac74b5a01000001');
collection.update(
  {_id: _id},
  {$set: {"title": "I ate too much cake"}},
  {safe: true},
  function(err) {
```

```
    if (err) throw err;
  }
);
```

5. 搜索文档

你可以用`find`方法搜索MongoDB中的文档。下面的例子展示了如何显示集合中标题为"I like cake"的所有条目：

```
collection.find({"title": "I like cake"}).toArray(
  function(err, results) {
    if (err) throw err;
    console.log(results);
  }
);
```

6. 删除文档

想删除东西？下面这段代码用文档的内部ID（或者其他条件）把它删除：

```
var _id = new client
              .bson_serializer
              .ObjectID('4e6513f0730d319501000001');
collection.remove({_id: _id}, {safe: true}, function(err) {
  if (err) throw err;
});
```

MongoDB是一个强大的数据库，而node-mongodb-native提供了高性能的MongoDB访问，但你可能想用一个抽象的数据库访问API，在底层帮你处理细节。这可以让你加快开发速度，同时维护更少的代码。这些API中最流行的是Mongoose。

5.3.3 Mongoose

Mongoose是LearnBoost提供的一个Node模块，让你可以顺畅地使用MongoDB。Mongoose的模型（模型–视图–控制器中的说法）提供了一个到MongoDB集合接口，以及一些实用的功能，比如schema层次结构，中间件以及数据校验。schema层次结构可以让一个模型跟其他模型关联，比如说，让一篇博客文章包含相关的评论。中间件可以转换数据，或在操作模型数据的过程中触发逻辑，让删除父数据时对子数据的修剪这样的任务变成自动化的。Mongoose的校验支持让你可以在schema层面决定什么样的数据是可接受的，而不是必须手工处理它。

尽管我们的重点只是介绍将Mongoose作为数据存储的基本用法，但如果你决定使用Mongoose，学习一下它的在线文档（http://mongoosejs.com/），对它的功能做一个全面了解，肯定大有裨益。

本节会把Mongoose的基础知识过一遍，包括如何：

- 打开或关闭MongoDB连接；
- 注册schema；
- 添加任务；
- 搜索文档；
- 更新文档；
- 删除文档。

首先，你可以用下面这条npm命令安装Mongoose：

```
npm install mongoose
```

1. 连接的打开和关闭

装好Mongoose，启动MongoDB服务器，用下面的代码建立到MongoDB的连接，在下面的例子中是一个叫tasks的数据库：

```
var mongoose = require('mongoose');
var db = mongoose.connect('mongodb://localhost/tasks');
```

如果要终止Mongoose创建的连接，可以用下面的代码关闭它：

```
mongoose.disconnect();
```

2. 注册schema

在用Mongoose管理数据时，需要注册schema。下面的代码为任务注册了一个schema：

```
var Schema = mongoose.Schema;
var Tasks = new Schema({
  project: String,
  description: String
});
mongoose.model('Task', Tasks);
```

Mongoose的schema很强大。除了定义数据结构，还可以设定默认值，处理输入，以及加强校验。要了解与Mongoose schema定义有关的更多详情，请参见Mongoose的在线文档（http://mongoosejs.com/docs/schematypes.html）。

3. 添加任务

schema注册好后，你可以访问它，让Mongoose去工作。下面的代码用模型添加了一项任务：

```
var Task = mongoose.model('Task');
var task = new Task();
task.project = 'Bikeshed';
task.description = 'Paint the bikeshed red.';
task.save(function(err) {
  if (err) throw err;
  console.log('Task saved.');
});
```

4. 搜索文档

用Mongoose做搜索也一样容易。Task模型的find方法可以用来查找所有文档，或者用一个JavaScript对象指明过滤标准来选择特定的文档。下面这段代码搜索跟特定项目相关的任务，并输出每项任务的唯一ID和描述：

```
var Task = mongoose.model('Task');
Task.find({'project': 'Bikeshed'}, function(err, tasks) {
  for (var i = 0; i < tasks.length; i++) {
    console.log('ID:' + tasks[i]._id);
    console.log(tasks[i].description);
  }
});
```

5. 更新文档

尽管用模型的 `find` 方法可以定位一个文档，然后修改并保存它，但Mongoose还有一个 `update` 方法专门来做这个。下面的代码用Mongoose更新了一个文档：

```
var Task = mongoose.model('Task');
Task.update(
  {_id: '4e65b793d0cf5ca508000001'},        ←  用内部ID更新
  {description: 'Paint the bikeshed green.'},
  {multi: false},                            ←  只更新一个文档
  function(err, rows_updated) {
    if (err) throw err;
    console.log('Updated.');
  }
);
```

6. 删除文档

在Mongoose中，一旦你取到了文档，要删除它很容易。你可以用文档的内部ID（或其他任何条件，如果你用 `find` 代替 `findById` 的话）获取和删除文档，代码就像下面这样：

```
var Task = mongoose.model('Task');
Task.findById('4e65b3dce1592f7d08000001', function(err, task) {
  task.remove();
});
```

Mongoose中还有很多等着你去探索的东西。它是一个全能的优秀工具，能跟灵活高效的MongoDB相匹配，又不失传统的关系型数据库管理系统所具备的易用性。

5.4 小结

现在你对数据存储技术有了稳健的认识，掌握了处理常见数据存储场景所需的基础知识。

如果你正在创建多用户的Web程序，很可能会用一个DBMS或类似的东西。如果你喜欢基于SQL的处理方式，关系型数据库管理系统MySQL和PostgreSQL都得到了很好的支持。如果你发现SQL在性能或灵活性上表现欠佳，Redis和MongoDB都是坚如磐石的可选项。MongoDB是极佳的通用DBMS，而Redis擅长处理变化频繁，相对比较简单的数据。

如果你不需要一个花里胡哨的、全面的DBMS，想要避免设置上的麻烦，你有几个选项。如果速度和性能是关键，并且你不关心程序重启后的数据持久化，内存存储可能很适合你。如果你不关心性能，也不需要做复杂的数据查询，就像一个典型的命令行程序一样，把数据存在文件中可能可以满足你的需要。

你可以在程序中使用多种存储机制。比如说，如果你要构建一个内容管理系统，可能会用文件存储Web程序的配置选项，用MongoDB存储文章，用Redis存储用户给出的文章评级。如何实现持久化完全取决于你的想象力。

Web程序开发和数据持久化的基本知识已经尽在掌握，你已经学会了创建一个简单的Web程序所需的基础知识。现在，请做好准备进入测试领域，这是一项可以确保你现在编写的代码将来能用的一项重要技能。①

---

① 实际上下一章要讲Connect，第10章才会讲测试，作者可能忘了改了。——译者注

第 6 章

Connect

本章内容
- ☐ 搭建一个Connect程序
- ☐ Connect中间件的工作机制
- ☐ 为什么中间件的顺序很重要
- ☐ 挂载中间件和服务器
- ☐ 创建可配置的中间件
- ☐ 使用错误处理中间件

Connect是一个框架，它使用被称为中间件的模块化组件，以可重用的方式实现Web程序中的逻辑。在Connect中，中间件组件是一个函数，它拦截HTTP服务器提供的请求和响应对象，执行逻辑，然后或者结束响应，或者把它传递给下一个中间件组件。Connect用分派器把中间件"连接"在一起。

在Connect中，你可以使用自己编写的中间件，但它也提供了几个常用的组件，可以用来做请求日志、静态文件服务、请求体解析、会话管理等。对于想构建自己的高层Web框架的开发人员来说，Connect就像一个抽象层，因为Connect很容易扩展，在其上构建东西也很容易。图6-1展示了如何用分派器和中间件构造一个Connect程序。

Connect和Express

本章所讨论的概念可以直接套用到更高层的Express框架上，因为它就是构建在Connect上的扩展，添加了更多高层的糖衣。看完这一章，你会对Connect中间件的工作机制，以及如何组装这些组件创建一个程序有个确切的认识。

到第8章，我们会用Express提供的更高层API编写Web程序，比用Connect更有趣。实际上，Connect现在提供的很多功能都起源于Express，在作出抽象之前（将底层构件留给Connect，让Express保留富于表现力的糖衣）。

要开始了，让我们先创建一个简单的Connect程序吧！

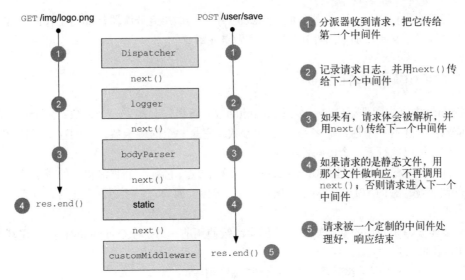

图6-1　两个HTTP请求穿过Connect服务器的生命周期

6.1　搭建一个 Connect 程序

Connect是第三方模块，所以它不在Node的默认安装之列。你可以用下面的命令从npm注册中心下载Connect并安装它：

```
$ npm install connect
```

现在安装已经不是问题了，我们开始创建这个简单的Connect程序吧。为此你需要引入connect模块，调用这个函数时，它能返回一个Connect裸程序。

在第4章中，我们讨论过`http.createServer()`如何接受一个回调函数来处理传入的请求。Connect创建的"程序"实际上是一个JavaScript函数，用来接收HTTP请求并把它派发给你指定的中间件。

代码清单6-1给出了最小的Connect程序是什么样子。这个裸程序没有中间件，所以分派器会用404 Not Found状态码响应它收到的所有HTTP请求。

代码清单6-1　最小的Connect程序

```
var connect = require('connect');
var app = connect();
app.listen(3000);
```

启动这个服务器，用curl或浏览器给它发送一个HTTP请求，你会看到"Cannot GET /"，表明这个程序还不能处理你请求的URL。这是演示Connect的分派器如何工作的第一个例子，它依次调用所有附着的中间件组件，直到其中一个决定响应该请求。如果直到中间件列表末尾还没有组件决定响应，程序会用404作为响应。

你已经学会如何创建一个最基本的Connect程序了，也知道分派器是如何工作的，接下来我们看看如何通过定义和添加中间件让这个程序做点儿事。

6.2　Connect 的工作机制

在Connect中，中间件组件是一个JavaScript函数，按惯例会接受三个参数：一个请求对象，一个响应对象，还有一个通常命名为next的参数，它是一个回调函数，表明这个组件已经完成了它的工作，可以执行下一个中间件组件了。

中间件的概念最初是受到了Ruby的Rack框架的启发，它有一个非常相似的模块接口，但由于Node的流特性，它的API与其不同。中间件组件很棒，因为它们小巧、自包含，并且可以在整个程序中重用。

这一节要学习中间件的基础知识，我们会继续使用前一节那个Connect准程序，在其中构建两个简单的中间件层：

❑ 一个logger中间件组件将请求输出到控制台中；
❑ 一个hello中间件组件，用"hello world"响应请求。

我们先来创建将服务器收到的请求记录下来的中间件组件。

6.2.1　做日志的中间件

假设你想创建一个日志文件来记录进入服务器的请求方法和URL。为此你需要创建一个函数，我们就叫它logger吧，它有三个参数：请求和响应对象，以及回调函数next。

next函数可以在中间件里调用，告诉分派器这个中间件已经完成了自己的任务，可以把控制权交给下一个中间件组件了。用回调函数，而不是从方法中返回，是为了可以在中间件组件里运行异步逻辑，这样分派器就只能等着前一个中间件组件完成后才会进入下一个中间件组件。用next()处理中间件组件之间的流程是不错的机制。

对于logger中间件组件，你可以带着请求方法和URL调用console.log()，输出一些"GET /user/1"之类的东西，然后调用next()函数将控制权交给下一个组件：

```
function logger(req, res, next) {
  console.log('%s %s', req.method, req.url);
  next();
}
```

就是它了，一个完美的、有效的中间件组件，可以输出每个HTTP请求的方法和URL，然后调用next()将控制权交给分派器。要在程序中使用这个中间件，你可以调用.use()方法，把中间件函数传给它：

```
var connect = require('connect');
var app = connect();
app.use(logger);
app.listen(3000);
```

用curl或浏览器向服务器发起了几个请求后，你应该能在控制台中看到下面这种输出：

```
GET /
GET /favicon.ico
GET /users
GET /user/1
```

记录请求只是第一层中间件。你还需要给客户端发送某种响应。那是你的下一个中间件。

6.2.2 响应"hello world"的中间件

这个程序中的第二个中间件组件会给HTTP请求发送响应。跟Node首页上那个"hello world"服务器里的回调函数一样：

```
function hello(req, res) {
  res.setHeader('Content-Type', 'text/plain');
  res.end('hello world');
}
```

你可以调用.use()方法把第二个中间件组件添加到程序中，这个方法可以调用任意多次，添加更多的中间件。

代码清单6-2把整个程序拼到一起。这段代码这样添加hello中间件组件，会让服务器首先调用logger，先向控制台中输出文本，然后用"hello world"响应每个HTTP请求：

代码清单6-2　使用多个Connect中间件组件

```
var connect = require('connect');
function logger(req, res, next) {        ◁── 输出HTTP请求的方法和URL并调用
  console.log('%s %s', req.method, req.url);    next()
  next();
}

function hello(req, res) {               ◁── 用"hello world"响应HTTP请求
  res.setHeader('Content-Type', 'text/plain');
  res.end('hello world');
}

connect()
  .use(logger)
  .use(hello)
  .listen(3000);
```

在这个例子中，中间件组件hello的参数中没有next回调。因为这个组件结束了HTTP响应，从不需要把控制权交回给分派器。对于这种情况，next回调是可选的，因为这样跟http.createServer回调函数的签名一致，所以更方便。也就是如果你已经写了一个只使用http模块的HTT服务器，你就已经有了一个完美的、有效的中间件组件，可以在你的Connect程序中重用。

就像前面代码中写的那样，use()函数返回的是支持方法链的Connect程序实例。注意，.use()的链式调用不是必须的，比如下面这段代码：

```
var app = connect();
app.use(logger);
app.use(hello);
app.listen(3000);
```

这个简单的"hello world"程序可以用了，接下来我们要看看为什么中间件.use()调用的顺序很重要，以及如何策略性地调整顺序改变程序的工作方式。

6.3　为什么中间件的顺序很重要

为了让程序和框架开发人员得到最大的灵活性，Connect尽量不做假设。Connect允许你定义中间件的执行顺序就是例证之一。这是一个简单的概念，但经常被忽视。

你将在本节中见到中间件在程序中的顺序如何对它的行为方式产生显著的影响。具体来说，我们会涵盖如下几项内容：

- ❑ 忽略next()从而停止后续中间件的执行；
- ❑ 按照对你有利的方式使用强大的中间件顺序特性；
- ❑ 利用中间件进行认证。

我们先来看看Connect如何处理显式调用了next()的中间件组件。

6.3.1　中间件什么时候不调用 next()

考虑下前面这个"hello world"的例子，先用了logger中间件组件，接着是hello组件。在这个例子中，Connect向stdout中输出日志，然后响应HTTP请求。请你考虑考虑如果改变一下顺序会怎么样，如下所示。

代码清单6-3　错误：hello中间件组件在logger组件前面

```
var connect = require('connect');

function logger(req, res, next) {                    ◁  总是调用next()，所以后续中间
  console.log('%s %s', req.method, req.url);            件总会被调用
  next();
}

function hello(req, res) {                            ◁  不会调用next()，因为组
  res.setHeader('Content-Type', 'text/plain');          件响应了请求
  res.end('hello world');
}

var app = connect()
  .use(hello)
  .use(logger)                                       ◁  因为hello不调用next()，所
  .listen(3000);                                        以logger永远不会被调用
```

在这个例子中，hello中间件组件先被调用，并如期响应HTTP请求。但因为hello不会调用next()，控制权就不会被交回到分派器去调用下一个中间件组件，所以logger永远也不会被调用。我要说的是，当一个组件不调用next()时，命令链中的后续中间件都不会被调用。

在这个例子中，把hello放到logger前面毫无用处，但如果应用得当，安排好顺序可以给你带来好处。

6.3.2 用中间件的顺序执行认证

你可以按照对你有利的顺序安排中间件，比如在需要做认证时。几乎所有程序都会做认证。用户需要通过某种方式登录，而你需要防止没有登录的人访问某些内容。中间件的顺序可以帮你实现认证。

假设你已经写了一个叫做restrictFileAccess的中间件组件，只允许有效的用户访问文件。有效用户可以继续到下一个中间件组件，如果用户无效，则不会调用next()。在下面的代码清单中，中间件组件restrictFileAccess跟在中间件组件logger之后，但在serveStaticFiles组件之前。

代码清单6-4　用中间件的位次限制文件访问

```
var connect = require('connect');
connect()
  .use(logger)                          只有用户有效时才会调用next()
  .use(restrictFileAccess)          ←┘
  .use(serveStaticFiles)
  .use(hello);
```

讨论完中间件的顺序，以及它对构造程序逻辑的重要性，接下来我们去看另外一个对你使用中间件有帮助的Connect特性。

6.4 挂载中间件和服务器

Connect中有一个挂载的概念，这是一个简单而强大的组织工具，可以给中间件或整个程序定义一个路径前缀。使用挂载，你可以像在根层次下那样编写中间件（/根req.url），并且不修改代码就可以把它用在任一路径前缀上。

比如说，如果一个中间件组件或服务器挂载到了/blog上，代码中/article/1的req.url通过客户端来访问就是/blog/article/1。这种分离意味着你可以在多个地方重用博客服务器，不用为不同的访问源修改代码。比如说，如果你决定改用/articles（/articles/article/1）提供文章服务，不再用/blog了，只要修改挂载路径前缀就可以了。

我们再看一个挂载的例子。程序通常都有它们自己的管理区域，比如干预评论和批准新用户。在我们的例子中，这个管理区域会放在/admin上。你需要有办法确保只有被授权的用户才能访问/admin，而网站的其他区域对所有用户都是开放的。

除了为/根req.url重写请求，挂载还将只对路径前缀（挂载点）内的请求调用中间件或程序。在后面的代码清单中，第二个和第三个user()调用中的第一个参数是字符串'/admin'，然后是中间件组件。这意味着这些组件只用于带有/admin前缀的请求。我们来看一下Connect中挂载中间件组件或服务器的语法。

代码清单6-5　Connect中挂载中间件组件或服务器的语法

```
var connect = require('connect');

connect()
  .use(logger)
  .use('/admin', restrict)
  .use('/admin', admin)
  .use(hello)
  .listen(3000);
```

当`.use()`的第一个参数是个字符串时，只有URL前缀与之匹配时，Connect才会调用后面的中间件

掌握了中间件和服务器挂载的知识，我们来改进下"hello world"程序，给它添加一个管理区。我们会用到挂载，并添加两个新的中间件组件：

❑ `restrict`组件确保访问页面的是有效用户；

❑ `admin`组件会给用户呈现管理区。

我们先从防止无效用户访问资源的中间件组件开始。

6.4.1　认证中间件

你要添加的第一个中间件组件会对用户进行认证。这是一个通用的认证组件，不会以任何方式专门绑定在/admin `req.url`上。但当你把它挂载到程序上时，只有请求URL以/admin开始时，才会调用它。这很重要，因为你只想对试图访问/admin URL的用户进行认证，让常规用户仍能照常通行。

代码清单6-6实现了简陋的Basic认证逻辑。Basic认证是一种简单的认证机制，借助带着Base64编码认证信息的HTTP请求头中的authorization字段进行认证（详情请参见维基百科：http://wikipedia.org/wiki/Basic_access_authentication）。中间件组件解码认证信息，检查用户名和密码的正确性。如果有效，这个组件会调用next()，表明这个请求没有问题，可以继续处理，否则它会抛出一个错误。

代码清单6-6　实现HTTP Basic认证的中间件组件

```
function restrict(req, res, next) {
  var authorization = req.headers.authorization;
  if (!authorization) return next(new Error('Unauthorized'));

  var parts = authorization.split(' ')
  var scheme = parts[0]
  var auth = new Buffer(parts[1], 'base64').toString().split(':')
  var user = auth[0]
  var pass = auth[1];

  authenticateWithDatabase(user, pass, function (err) {
    if (err) return next(err);

    next();
  });
}
```

根据数据库中的记录检查认证信息的函数

告诉分派器出错了

如果认证信息有效，不带参数调用`next()`

再次重申，这个中间件没有检查`req.url`以确保用户请求的是/admin，因为Connect已经帮我

们处理好了。这样你就可以写出通用的中间件。`restrict`中间件可以用来认证网站的其他部分或其他程序。

用`Error`做参数调用`next` 注意前面例子中用`Error`对象做参数的`next`函数调用。这相当于通知Connect程序中出现了错误，也就是对于这个HTTP请求而言，后续执行的中间件只有错误处理中间件。稍等一会儿，我们马上就会谈到错误处理中间件。现在你只要知道，它告诉Connect你的中间件结束了，并且在它的执行过程中出现了一个错误。

在认证正常完成（未出现错误）后，Connect会继续执行下一个中间件组件，也就是本例中的admin。

6.4.2 显示管理面板的中间件

中间件组件admin在请求URL上用switch语句做了一个原始的路由器。当用户请求/时，admin组件会显示一条转发消息，请求/users时，它会返回一个包含用户名的JSON数组。这个例子中的用户名都是写死在代码里的，但在真实的程序中，用户名应该是从数据库里取出来的。

代码清单6-7 路由admin请求

```
function admin(req, res, next) {
  switch (req.url) {
    case '/':
      res.end('try /users');
      break;
    case '/users':
      res.setHeader('Content-Type', 'application/json');
      res.end(JSON.stringify(['tobi', 'loki', 'jane']));
      break;
  }
}
```

这里要注意的是case中用的是字符串，是/和/users，而不是/admin和/admin/users。这是因为在调用中间件之前，Connect从req.url中去掉了前缀，就像URL挂载在/上一样。这个简单的技术让程序和中间件更灵活，因为它们不用关心它们用在哪。

比如说，通过挂载，不用修改博客程序代码就可以让博客程序的URL从http://foo.com/blog上迁移到http://bar.com/posts上。因为在挂载后，Connect会去掉req.url上的前缀部分。最终结果是博客程序可以用相对/的路径编写，不需要知道是挂载在/blog还是/posts上。请求可以用相同的中间件，共享相同的状态。看一下后面这段代码中的服务器设置，还是那个假想的博客程序，在两个不同的挂载点上挂载它：

```
var connect = require('connect');

connect()
  .use(logger)
  .use('/blog', blog)
  .use('/posts', blog)
  .use(hello)
  .listen(3000);
```

测试一下

中间件都做好了，该用curl测试一下这个程序了。你可以看到除了/admin的其他常规URL都能像预期那样调用hello组件：

```
$ curl http://localhost
hello world
```

```
$ curl http://localhost/foo
hello world
```

当用户没有给出认证信息，或所用的认证信息不正确时，你还能看到restrict组件会返回错误：

```
$ curl http://localhost/admin/users
Error: Unauthorized
  at Object.restrict [as handle]
  (E:\transfer\manning\node.js\src\ch7\multiple_connect.js:24:35)
  at next
  (E:\transfer\manning\node.js\src\ch7\node_modules\
  ➥connect\lib\proto.js:190:15)
  ...
```

```
$ curl --user jane:ferret http://localhost/admin/users
Error: Unauthorized
  at Object.restrict [as handle]
  (E:\transfer\manning\node.js\src\ch7\multiple_connect.js:24:35)
  at next
  (E:\transfer\manning\node.js\src\ch7\node_modules\
  ➥connect\lib\proto.js:190:15)
```

最后，你会看到只有用"tobi"用户通过认证时，admin组件才会被调用，服务器才会响应包含用户的JSON数组：

```
$ curl --user tobi:ferret http://localhost/admin/users
["tobi","loki","jane"]
```

看到挂载是多么简单又是多么强大了吗？接下来我们看一些创建可配置中间件的技术吧。

6.5　创建可配置中间件

你已经学过了一些中间件的基础知识，现在我们要深入细节，看看如何创建更通用的、可重用的中间件。可重用是我们编写中间件的主要原因，并且我们会在这一节创建可以配置日志、路由请求、URL等的中间件。你只要额外做些配置就能在程序中重用这些组件，无需从头实现这些组件来适应你的特定程序。

为了向开发人员提供可配置的能力，中间件通常会遵循一个简单的惯例：用函数返回另一个函数（这是一个强大的JavaScript特性，通常称为闭包）。这种可配置中间件的基本结构看起来是这样的：

```
function setup(options) {
  // 设置逻辑                          在这里做中间件的初始化
                              ◁
  return function(req, res, next) {
```

```
    // 中间件逻辑
  }
}
```

即使被外部函数返回了,
仍然可以访问options

这种中间件的用法如下:

```
app.use(setup({some: 'options'}))
```

注意,在上面的app.use中调用了setup函数,而在之前的例子中我们只是传入函数的引用。本节会使用这项技术构建三个可重用、可配置的中间件组件:

- □ 带有可配置的数据格式的logger组件;
- □ 基于所请求的URL调用函数的router组件;
- □ 将URL中的一段转换为ID的URL rewriter组件。

接下来我们先扩展logger组件,让它的可配置性更强。

6.5.1 创建可配置的 **logger** 中间件组件

本章前面创建的那个logger中间件组件不是可配置的。它是在代码里写死了要输出请求的req.method 和req.url。如果你将来想改变logger显示的信息怎么办呢?你可以手动修改logger组件,但更好的办法是从一开始就把logger做成可配置的,而不是在代码里写死。动手吧!

在实际工作中,可配置的中间件用起来跟你之前创建的中间件用起来是一样的,只是可以向其中传入额外的参数来改变它的行为。在程序中使用可配置组件看起来和下面这个例子有点像,logger能接收一个字符串,描述它应该输出的日志格式:

```
var app = connect()
  .use(logger(':method :url'))
  .use(hello);
```

实现可配置的logger组件需要先定义一个setup函数,它能接受一个字符串参数(我们把它命名为format)。setup被调用后,会返回一个函数,即Connect所用的真正的中间件组件。即便被setup函数返回后,这个组件仍能访问format变量,因为它是在同一个JavaScript闭包内定义的。然后logger会用req对象中相关联的请求属性替换format中的标记,输出到stdout,调用next(),代码如下所示。

代码清单6-8 可配置的Connect中间件组件logger

```
function setup(format) {

  var regexp = /:(\w+)/g;

  return function logger(req, res, next) {

    var str = format.replace(regexp, function(match, property){

      return req[property];

    });
```

setup函数可以用不
同的配置调用多次

Connect使用的真
实logger组件

logger
组件用正
则表达式
匹配请求
属性

用正则表达式格式化
请求的日志条目

```
        console.log(str);              ◁── 将日志条目输出到控制台

        next();              ◁── 将控制权交给下一个中间件组件
      }
    }

    module.exports = setup;              ◁── 直接导出logger的setup函数
```

因为我们将这个logger中间件组件创建成了可配置的中间件，你可以用不同的配置在同一程序中多次.use()这个logger，或者在将来开发的程序中任意重用这个logger代码。在整个Connect社区中都在使用这种简单的可配置中间件概念，并且为了保持一致性，所有Connect核心中间件都在用。

接下来我们写一个稍微有点逻辑的中间件组件。创建一个将请求映射到业务逻辑的路由器！

6.5.2 构建路由中间件组件

在Web程序中，路由是个至关重要的概念。简言之，它会把请求URL映射到实现业务逻辑的函数上。路由的实现方式多种多样，从RoR等框架上用的那种高度抽象的控制器，到比较简单、抽象程度较低、基于HTTP方法和路径的路由，比如Express和Ruby的Sinatra等框架提供的路由。

程序中的简单路由器看起来可能像代码清单6-9一样。在这个例子中，HTTP谓词和路径被表示为一个简单的对象和一些回调函数。其中一些路径中包含带有冒号（:）前缀的标记，代表可以接受用户输入的路径段，跟/user/12这样的路径相匹配。结果是程序中有一个处理器函数的集合，当有请求方法和URL跟其中定义的路径相匹配时，就会调用对应的处理器函数。

代码清单6-9 使用router中间组件

```
var connect = require('connect');
var router = require('./middleware/router');
var routes = {                          ◁── 路由器组件，稍后定义
  GET: {
    '/users': function(req, res){       定义路由的对象
      res.end('tobi, loki, ferret');
    },
    '/user/:id': function(req, res, id){
      res.end('user ' + id);            ◁── 其中的每一项都是对请求URL的映
    }                                        射，并包含要调用的回调函数
  },
  DELETE: {
    '/user/:id': function(req, res, id){
      res.end('deleted user ' + id);
    }
  }
};

connect()                               将路由对象传给路由器的setup函数
  .use(router(routes))          ◁──
  .listen(3000);
```

　　因为程序里中间件的数量没有限制，中间件组件使用的次数也没有限制，所以在一个程序中有可能会定义几个路由器。这样可能更有利于组织。比如你既有跟用户相关的路由，也有跟管理员相关的路由。则可以把它们分到不同的模块文件中，在路由器组件中分别引入，代码如下所示：

```
var connect = require('connect');
var router = require('./middleware/router');

connect()
  .use(router(require('./routes/user')))
  .use(router(require('./routes/admin')))
  .listen(3000);
```

　　现在我们来构建这个路由器中间件。它要比我们之前做过的那些中间件更复杂，所以我们先快速过一下这个路由器要实现的逻辑，如图6-2所示。

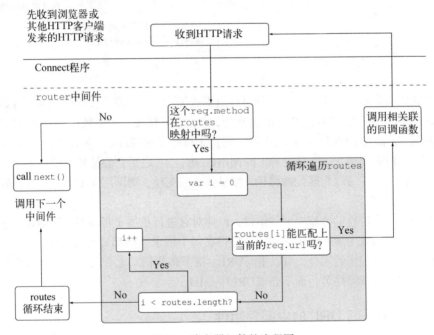

图6-2　路由器组件的流程图

　　流程图几乎就跟这个中间件的伪码一样，对你实现路由器的真实代码很有帮助。这个中间件的全部代码都在下面这个清单中。

代码清单6-10　简单的路由中间件

```
var parse = require('url').parse;
module.exports = function route(obj) {
  return function(req, res, next){
    if (!obj[req.method]) {
      next();
      return;
```

检查以确保`req.method`定义了

如果未定义，调用`next()`，并停止一切后续操作

```
          }
        var routes = obj[req.method]              ← 查找req.method对应的路径
        var url = parse(req.url)
        var paths = Object.keys(routes)            ← 将req.method对应的路径存放到数组中

        for (var i = 0; i < paths.length; i++) {   ← 遍历路径
          var path = paths[i];
          var fn = routes[path];
          path = path
            .replace(/\//g, '\\/')
            .replace(/:(\w+)/g, '([^\\/]+)');
          var re = new RegExp('^' + path + '$');    ← 构造正则表达式
              var captures = url.pathname.match(re)
              if (captures) {
                var args = [req, res].concat(captures.slice(1));   ←
                fn.apply(null, args);                            传递被捕获的分组
                return;   ←
              }                         当有相匹配的函数时，返回，
          }                            以防止后续的next()调用
        next();
      }
    };
```

左侧标注：
解析URL，以便跟 **pathname** 匹配
尝试跟**pathname**匹配

用这个路由器做可配置中间件的例子再合适不过了，因为它符合传统的形式，有返回中间件组件供Connect程序使用的设置函数。在这个例子中，它只接受一个参数，routes对象，其中包含HTTP谓词、请求URL和回调函数的映射。它首先检查当前的req.method在routes映射中是否有定义，如果没有则停止进一步处理（即调用next()）。之后它会循环遍历已定义的路径，检查是否有跟当前的req.url相匹配的路径。如果找到匹配项，则调用匹配项的回调函数，期望完成对HTTP请求的处理。

这是有两个优秀特性的完整中间件组件，但你对它进行扩展也很容易。比如说，你可以利用闭包的能力在外层函数中缓存正则表达式，免得在每个请求之前都要重新编译一次。

中间件还有一个很棒的用处，可以重写URL。接下来我们马上介绍一个中间件组件，它可以处理URL中的博客文章缩略名，而不要求URL中是ID。

6.5.3　构建一个重写 URL 的中间件组件

重写URL可能非常有用。比如你想接受一个到/blog/posts/my-post-title的请求，基于这个URL最后的文章标题（通常称为URL的缩略名部分）查找文章的ID，然后将URL转换成/blog/ posts/。这个任务特别适合中间件！

下面这个小博客程序先用rewrite中间件组件基于缩略名重写URL，然后再将控制权转交给showPost组件：

```
var connect = require('connect')
var url = require('url')
var app = connect()
  .use(rewrite)
  .use(showPost)
  .listen(3000)
```

代码清单6-11是`rewrite`中间件的实现，对URL进行解析，得到pathname，然后将pathname跟正则表达式匹配。经过匹配得出的第一个结果（缩略名）被传给了假想的`findPostIdBySlug`函数，让它通过缩略名找到博客文章的ID。如果成功，就按你的想法给请求URL（`req.url`）重新赋值。在这个例子中是把ID追加到/blog/post/上，以便后续的中间件能通过ID查找文章。

代码清单6-11　基于缩略名重写请求URL的中间件

```
var path = url.parse(req.url).pathname;

function rewrite(req, res, next) {
  var match = path.match(/^\/blog\/posts\/(.+)/)
  if (match) {
    findPostIdBySlug(match[1], function(err, id) {
      if (err) return next(err);
      if (!id) return next(new Error('User not found'));
      req.url = '/blog/posts/' + id;
      next();
    });
  } else {
    next();
  }
}
```

只针对/blog/posts 请求执行查找

如果查找出错，则通知错误处理器并停止处理

如果没找到跟缩略名相对应的ID，则带着"User not found"的错误参数调用`next()`

重写`req.url`属性，以便后续中间件可以使用真实的ID

这些例子说明了什么　这些例子传达了一个重要信息，在构建中间件时，你应该关注那些小型的、可配置的部分。构建大量微小的、模块化的、可重用的中间件组件，合起来搭成你的程序。保持中间件的小型化和专注性真的有助于将复杂的程序逻辑分解成更小的组成部分。

接下来我们要看Connect中与中间件相关的最后一个概念：处理程序错误。

6.6　使用错误处理中间件

所有程序都有错误，不管在系统层面还是在用户层面。为错误状况，甚至是那些你没预料到的错误状况而未雨绸缪是明智之举。Connect按照常规中间件所用的规则实现了一种用来处理错误的中间件变体，除了请求和响应对象，还接受一个错误对象作为参数。

Connect刻意将错误处理做到最简，让开发人员指明应该如何处理错误。比如说，你可以只让系统和程序级错误（比如"变量foo是undefined的"）通过中间件，或者用户错误（"密码无效"），或者两者的组合。Connect让你自己选择最佳的处理策略。

本节中两种方式都会用到，并且你能了解到错误处理中间件是如何工作的。在看下面这些内容时，你还能学到一些实用的模式：

❑ 使用Connect默认的错误处理器；
❑ 自己处理程序错误；
❑ 使用多个错误处理中间件组件。

我们先从没有任何配置的Connect错误处理开始。

6.6.1   Connect 的默认错误处理器

看一下下面这个中间件组件，因为函数foo()没有定义，所以它会抛出错误ReferenceError：

```
var connect = require('connect')

connect()
  .use(function hello(req, res) {
    foo();
    res.setHeader('Content-Type', 'text/plain');
    res.end('hello world');
  })
.listen(3000)
```

默认情况下，Connect给出的响应是状态码500，包含文本"Internal Server Error"以及错误自身详细信息的响应主体。这很好，但在任何实际的程序中，你很可能都会对那些错误做些特殊的处理，比如将它们发送给一个日志守护进程。

6.6.2   自行处理程序错误

在Connect中，你还可以用错误处理中间件自行处理程序错误。比如说，在开发时你可能想用JSON格式把错误发送到客户端，做简单快捷的错误报告，而在生产环境中，你可能只想响应一个简单的"服务器错误"，以免把敏感的内部信息（比如堆栈跟踪，文件名和行号等）暴露给潜在的攻击者。

错误处理中间件函数必须接受四个参数：`err`、`req`、`res`和`next`，如下面的代码清单所示，而常规的中间件只有三个参数：`req`、`res`和`next`。

代码清单6-12   Connect中的错误处理中间件

```
function errorHandler() {                                          错误处理中间件定
  var env = process.env.NODE_ENV || 'development';                 义四个参数
  return function(err, req, res, next) {

    res.statusCode = 500;
    switch (env) {                                                 errorHandler 中间件组
      case 'development':                                          件根据 NODE_ENV 的值
        res.setHeader('Content-Type', 'application/json');         执行不同的操作
        res.end(JSON.stringify(err));
        break;
      default:
        res.end('Server error');
    }
  }
}
```

用**NODE_ENV**设定程序的模式   Connect通常是用环境变量NODE_ENV（`process. env.NODE_ENV`）在不同的服务器环境之间切换，比如生产和开发环境。

当Connect遇到错误时，它只调用错误处理中间件，如图6-3所示。

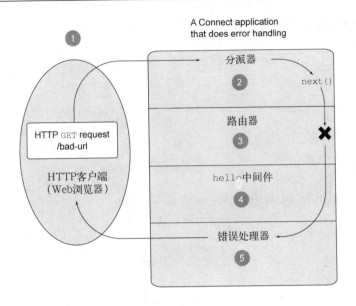

① 会抛出错误的HTTP请求。

② 像往常一样把请求在中间件栈上向下传递。

③ 啊哦！router中间件报错了！

④ 中间件hello被跳过去了，因为它不是错误处理中间件。

⑤ 中间件errorHandler得到了中间件logger创建的Error，
并能在Error的上下文中响应请求。

图6-3　在Connect服务器中引发错误的HTTP请求的生命周期做错误处理的Connect程序

比如在前面那个管理程序中，如果给用户路由的路由中间件组件出现了错误，blog和admin中间件组件都会被跳过去，因为从它们的表现来看都不是错误处理中间件，只定义了三个参数。然后Connect看到接受错误参数的errorHandler，就会调用它：

```
connect()
  .use(router(require('./routes/user')))
  .use(router(require('./routes/blog'))) // 跳过
  .use(router(require('./routes/admin'))) // 跳过
  .use(errorHandler());
```

6.6.3 使用多个错误处理中间件组件

用中间件的变体做错误处理对于将错误处理问题分离出来很有帮助。假定你的程序在/api上提供了一项Web服务。你可能想在碰到程序错误时渲染一个HTML错误页面给用户，但/api返回更详细的错误信息，可能总是JSON格式的，这样收到错误信息的客户端就很容易解析错误，并作出恰当的应对。

为了了解这个/api场景的工作机制，请你边看边完成这个小例子。下面的app是Web主程序，api挂载在/api上：

```
var api = connect()
  .use(users)
  .use(pets)
  .use(errorHandler);

var app = connect()
  .use(hello)
  .use('/api', api)
  .use(errorPage)
  .listen(3000);
```

我们把这个配置在图6-4中画出来了。

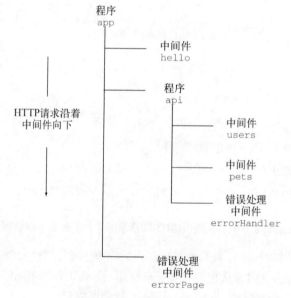

图6-4 带有两个错误处理中间件组件的程序布局

现在需要你实现程序中的所有中间件组件：

❑ hello组件会给出响应"Hello World\n."；

❑ 如果用户不存在，users组件会抛出一个notFoundError；

❑ 为了演示错误处理器，pets会引发一个要抛出的ReferenceError；

❑ errorHandler组件会处理来自api的所有错误；

❑ errorPage主机会处理来自主程序app的所有错误。

1. 实现hello中间件组件

hello组件只是个用正则表达式匹配"/hello"的函数，代码如下所示：

```
function hello(req, res, next) {
  if (req.url.match(/^\/hello/)) {
```

```
        res.end('Hello World\n');
    } else {
        next();
    }
}
```

在这么简单的函数中根本不可能出现错误。

2. 实现users中间件组件

users组件稍微复杂点儿。如代码清单6-13所示，你用正则表达式匹配req.url，然后用match[1]检查用户索引是否存在，它是你的匹配捕获的第一组数据。如果用户存在，则被串行化为JSON，否则将一个错误对象的notFound属性设置为true，传给next()函数，以便在后续的错误处理组件中可以统一错误处理逻辑。

代码清单6-13 在数据库中搜索用户的组件

```
var db = {
    users: [
        { name: 'tobi' },
        { name: 'loki' },
        { name: 'jane' }
    ]
};

function users(req, res, next) {
    var match = req.url.match(/^\/user\/(.+)/)
    if (match) {
        var user = db.users[match[1]];
        if (user) {
            res.setHeader('Content-Type', 'application/json');
            res.end(JSON.stringify(user));
        } else {
            var err = new Error('User not found');
            err.notFound = true;
            next(err);
        }
    } else {
        next();
    }
}
```

3. 实现pets中间件组件

下面的代码片段给出了一个特定的pets组件实现。我们用它来阐明如何在错误上应用处理逻辑，比如根据在users组件中设定的布尔型err.notFound之类的属性。下面代码中未定义的foo()函数也会触发异常，但它不会有err.notFound属性。

```
function pets(req, res, next) {
    if (req.url.match(/^\/pet\/(.+)/)) {
        foo();
    } else {
        next();
    }
}
```

4. 实现**errorHandler**中间件组件

终于到了实现errorHandler组件的时候了！对于Web服务来说，带有上下文信息的错误消息特别重要，这样Web服务可以给消费者提供恰当的反馈，而又不会暴露过多信息。你肯定不想让用户看到`"{"error":"foo is not defined"}"`之类的错误信息，或者更糟糕的完整堆栈跟踪信息，因为攻击者可能会利用这些信息对你发起攻击。你只能用安全的错误消息作为反馈，就像下面这个errorHandler做的那样。

代码清单6-14　不暴露非必要数据的错误处理组件

```
function errorHandler(err, req, res, next) {
  console.error(err.stack);
  res.setHeader('Content-Type', 'application/json');
  if (err.notFound) {
    res.statusCode = 404;
    res.end(JSON.stringify({ error: err.message }));
  } else {
    res.statusCode = 500;
    res.end(JSON.stringify({ error: 'Internal Server Error' }));
  }
}
```

这个错误处理组件用前面设定的err.notFound属性来区分服务器错误和客户端错误。另外一种方式是检查错误是不是instanceof某种其他错误（比如某些校验模块中的ValidationError），并作出相应的响应。

使用err.notFound属性，如果服务器接受的一个HTTP请求，比如说/user/ronald，并不在你的数据库中，users组件会抛出一个notFound错误，当它到达errorHandler组件中时，它会触发err.notFound这条处理流程，返回404状态码，和带有err.message属性的JSON对象。图6-5给出了它在浏览器中原始输出的样子。

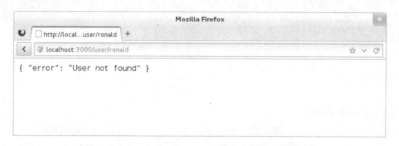

图6-5　JSON对象输出了"User not found"错误

5. 实现**errorPage**中间件组件

errorPage组件是这个例子中的第二个错误处理组件。因为前一个错误处理组件从来没调用过next(err)，所以这个组件只有在hello组件中出现错误时才会被调用。

那个组件是最不可能出现错误的，因此这个errorPage被调用的几率也很小。所以我们把实现这第二个错误处理组件的任务交给你了，因为它对这个例子来说确实可有可无。

程序终于准备好了。你可以启动服务器,我们在最开始时设定让它监听3000端口。你可以用浏览器或curl或其他任何HTTP客户端试一试。请求无效的用户,或请求pets记录来激发错误处理器的各种处理路由。

再强调一次,错误处理对任何程序来说都是至关重要的。用错误处理中间件组件可以把程序中的错误处理逻辑统一起来集中到一起。在把程序放到生产环境中时,里面至少应该有一个错误处理中间件。

6.7 小结

对于这个精干的Connect框架,你需要学习的知识在本章中都已经讲到了。你学过了分派器如何工作,如何构建中间件让程序更加模块化、更加灵活。你学过了如何将中间件挂载到特定的根URL下,从而在程序内创建程序。你还接触到了可配置的中间件,可以接受设定参数,从而根据不同的用途进行调整。最后你又学到了如何在中间件中处理错误。

基础已经打好了,该学学Connect自带的中间件了。我们下一章就讲这个。

6

第 7 章

Connect自带的中间件

本章内容

❑ 解析cookie、请求主体和查询字符串的中间件
❑ 实现Web程序核心功能的中间件
❑ 处理Web程序安全的中间件
❑ 提供静态文件服务的中间件

在上一章里，你已经学过中间件是什么了，也学过如何创建中间件，以及在Connect中如何使用它们了。但Connect真正强大之处在于它自带的中间件，它们可以满足常见的Web程序开发需求，比如会话管理、cookie解析、请求主体解析、请求日志等。这些复杂程度各异的中间件为构建简单的Web程序或更高层的Web框架提供了绝佳的起点。

本章通篇都在解释和阐述这些常用的自带中间件组件。表7-1中是我们将要讨论的中间件的汇总。

我们首先会讨论构建恰当的Web程序所需的各种解析器中间件，因为它们是大多数中间件的基础。

表7-1 Connect中间件快速参考指南

中间件组件	章　　节	介　　绍
cookieParser()	7.1.1	为后续中间件提供req.cookies和req.signedCookies
bodyParser()	7.1.2	为后续中间件提供req.body 和 req.files
limit()	7.1.3	基于给定字节长度限制请求主体的大小。必须用在bodyParser中间件之前
query()	7.1.4	为后续中间件提供req.query
logger()	7.2.1	将HTTP请求的信息输出到stdout或日志文件之类的流中
favicon()	7.2.2	响应 /favicon.ico HTTP 请求。通常放在中间件logger前面，这样它就不会出现在你的日志文件中了
methodOverride()	7.2.3	可以替不能使用正确请求方法的浏览器仿造req.method，依赖于bodyParser
vhost()	7.2.4	根据指定的主机名（比如nodejs.org）使用给定的中间件和/或HTTP服务器实例
session()	7.2.5	为用户设置一个HTTP会话，并提供一个可以跨越请求的持久化req.session对象。依赖于cookieParser

（续）

中间件组件	章 节	介 绍
basicAuth()	7.3.1	为程序提供HTTP基本认证
csrf()	7.3.2	防止HTTP表单中的跨站请求伪造攻击，依赖于session
errorHandler()	7.3.3	当出现错误时把堆栈跟踪信息返回给客户端。在开发时很实用，不过不要用在生产环境中
static()	7.4.1	把指定目录中的文件发给HTTP客户端。跟Connect的挂载功能配合得很好
compress()	7.4.2	用gzip压缩优化HTTP响应
directory()	7.4.3	为HTTP客户端提供目录清单服务，基于客户端的Accept请求头（普通文本，JSON或HTML）提供经过优化的结果

7.1 解析 cookie、请求主体和查询字符串的中间件

Node中没有解析cookie、缓存请求体、解析复杂查询字符串之类高层Web程序概念的核心模块，所以Connect为你提供了实现这些功能的中间件。本节会讨论四个解析请求数据的自带中间件组件：

- ❑ cookieParser() 解析来自浏览器的cookie，放到req.cookies中；
- ❑ bodyParser() 读取并解析请求体，放到req.body中；
- ❑ limit() 跟bodyParser()联手防止读取过大的请求；
- ❑ query() 解析请求URL的查询字符串，放到req.query中。

我们先从cookie开始，因为HTTP是无状态协议，所以浏览器经常用它模拟状态。

7.1.1 cookieParser()：解析 HTTP cookie

Connect的cookie解析器支持常规cookie、签名cookie和特殊的JSON cookie。req.cookies默认是用常规未签名cookie组装而成的。如果你想支持session()中间件要求的签名cookie，在创建cookieParser()实例时要传入一个加密用的字符串。

在服务器端设定cookie 中间件cookieParser()不会为设定出站cookie提供任何帮助。为此你应该用res.setHeader()函数设定名为Set-Cookie的响应头。Connect针对Set-Cookie响应头这一特殊情况为Node默认的res.setHeader()函数打了补丁，所以它可以按你期望的方式工作。

1. 基本用法

作为参数传给cookieParser()的秘钥用来对cookie签名和解签，让Connect可以确定cookie的内容是否被篡改过（因为只有你的程序才知道秘钥的值）。这个秘钥通常应该是个长度合理的字符串，有可能是随机生成的。

下例中的秘钥是tobi is a cool ferret：

```
var connect = require('connect');
var app = connect()
  .use(connect.cookieParser('tobi is a cool ferret'))
  .use(function(req, res){
    console.log(req.cookies);
    console.log(req.signedCookies);
    res.end('hello\n');
  }).listen(3000);
```

设定在 req.cookies 和 req.signedCookies 属性上的对象是随请求发送过来的请求头 Cookie 的解析结果。如果请求中没有 cookie，这两个对象都是空的。

2. 常规 cookie

如果你用 curl(1) 向前面那个服务器发送不带 Cookie 请求头字段的 HTTP 请求，两个 console.log() 调用输出的都是空对象：

```
$ curl http://localhost:3000/
{}
{}
```

现在试着发送一些 cookie，你会看到这两个 cookie 都是 req.cookies 的属性：

```
$ curl http://localhost:3000/ -H "Cookie: foo=bar, bar=baz"
{ foo: 'bar', bar: 'baz' }
{}
```

3. 签名 cookie

签名 cookie 更适合敏感数据，因为用它可以验证 cookie 数据的完整性，有助于防止中间人攻击。有效的签名 cookie 放在 req.signedCookies 对象中。把两个对象分开是为了体现开发者的意图。如果把签名的和未签名的 cookie 放到同一个对象中，常规 cookie 可能就会被改造，仿冒签名的 cookie。

签名 cookie 看起来像 tobi.DDm3AcVxE9oneYnbmpqxoyhyKsk 一样，点号(.)左边的是 cookie 的值，右边是在服务器上用 SHA-1 HMAC 生成的加密哈希值（基于哈希的消息认证码）。如果 cookie 的值或者 HMAC 被改变的话，Connect 的解签会失败。

假设你设定了一个键为 name，值为 luna 的签名 cookie。cookieParser 会将 cookie 编码为 luna.PQLM0wNvqOQEObZXUkWbS5m6Wlg。每个请求中的哈希值都会检查，如果 cookie 完好无损地传上来，它会被解析为 req.signedCookies.name：

```
$ curl http://localhost:3000/ -H "Cookie:
➡ name=luna.PQLM0wNvqOQEObZXUkWbS5m6Wlg"
{}
{ name: 'luna' }
GET / 200 4ms
```

如果 cookie 的值变了，像下一个 curl 命令那样，cookie name 会被解析为 req.cookies.name，因为它是无效的。但仍可用来调试或满足程序的特定需要：

```
$ curl http://localhost:3000/ -H "Cookie:
➡ name=manny.PQLM0wNvqOQEObZXUkWbS5m6Wlg"
{ name: 'manny.PQLM0wNvqOQEObZXUkWbS5m6Wlg' }
{}
GET / 200 1ms
```

4. JSON cookie

特别的JSON cookie带有前缀j:，告诉Connect它是一个串行化的JSON。 JSON cookie既可以是签名的，也可以是未签名的。

Express之类的框架可以用这个功能给开发人员提供更直观的cookie接口，而不是让他们手工做JSON cookie值的串行化和解析工作。下面是Connect解析JSON cookie的例子：

```
$ curl http://localhost:3000/ -H 'Cookie: foo=bar,
bar=j:{"foo":"bar"}'
{ foo: 'bar', bar: { foo: 'bar' } }
{}
GET / 200 1ms
```

就像前面提到的，JSON cookie也可以是签名的，比如像下面这个请求中这样的：

```
$ curl http://localhost:3000/ -H "Cookie:
➡cart=j:{\"items\":[1]}.sD5p6xFFBO/4ketA1OP43bcjS3Y"
{}
{ cart: { items: [ 1 ] } }
GET / 200 1ms
```

5. 设定出站cookie

我们之前提到过，cookieParser()中间件没有提供任何通过Set-Cookie响应头向HTTP客户端写出站cookie的功能。但Connect可以通过res.setHeader()函数写入多个Set-Cookie响应头。

假定你想设定一个名为foo，值为字符串bar的cookie。调用res.setHeader()，Connect让你用一行代码搞定。你还可以设定cookie的各种选项，比如有效期，像这里的第二个setHeader()一样：

```
var connect = require('connect');

var app = connect()
  .use(function(req, res){
    res.setHeader('Set-Cookie', 'foo=bar');
    res.setHeader('Set-Cookie', 'tobi=ferret;
➡Expires=Tue, 08 Jun 2021 10:18:14 GMT');
    res.end();
  }).listen(3000);
```

如果你用curl的--head标记检查这个服务器对HTTP请求的响应，应该能看到你预期中的Set-Cookie响应头：

```
$ curl http://localhost:3000/ --head
HTTP/1.1 200 OK
Set-Cookie: foo=bar
Set-Cookie: tobi=ferret; Expires=Tue, 08 Jun 2021 10:18:14 GMT
Connection: keep-alive
```

在HTTP响应中发送cookie的知识全在这里了。你可以在cookie中存放任意类型的文本数据，但通常是在客户端存放一个会话cookie，这样你就能在服务器端保留完整的用户状态。这项会话技术封装在session()中间件中，本章稍后就会介绍。

在Web程序开发中，另一个极其常见的需求是解析入站请求主体。接下来我们会学习bodyParser()中间件，以及它如何让你的Node开发生涯变得更加轻松。

7.1.2 `bodyParser()`：解析请求主体

所有Web程序都需要接受用户的输入。假设你要用HTML标签`<input type="file">`接受用户上传的文件。用一行代码添加`bodyParser()`中间件就全齐了。这是个非常有用的组件，实际上它整合了其他三个更小的组件：`json()`, `urlencoded()`, 和 `multipart()`。

`bodyParser()`组件为你提供了`req.body`属性，可以用来解析JSON、x-www-form-urlencoded和`multipart/form-data`请求。如果是`multipart/form-data`请求，比如文件上传，则还有`req.files`对象。

1. 基本用法

假设你想通过JSON请求接受注册信息，你要做的只是把`bodyParser()`组件放在所有会访问`req.body`对象的中间件前面。此外，你还可以传入一个可选的选项对象，它会被传到前面提到的子组件中（`json()`、`urlencoded()`和`multipart()`）：

```
var app = connect()
  .use(connect.bodyParser())
  .use(function(req, res){
    // ..注册用户..
    res.end('Registered new user: ' + req.body.username);
  });
```

2. 解析JSON数据

下面这个curl(1)请求可以用来向你的程序提交数据，发送一个属性`username`设定为`tobi`的JSON对象：

```
$ curl -d '{"username":"tobi"}' -H "Content-Type: application/json"
  ➥http://localhost
Registered new user: tobi
```

3. 解析常规的`<FORM>`数据

因为`bodyParser()`是根据Content-Type解析数据的，输入形式是抽象的，所以你的程序只需关心`req.body`数据对象的结果。

比如下面这条curl(1)命令，它发送的是x-www-form-urlencoded数据，但代码无需任何改变就能按你的预期工作。会跟之前一样提供`req.body.name`属性：

```
$ curl -d name=tobi http://localhost
Registered new user: tobi
```

4. 解析MULTIPART `<FORM>`数据

`bodyParser`解析`multipart/form-data`数据，一般是为了文件上传。它的底层处理是由第三方模块formidable完成的，我们之前在第4章介绍过它。

要测试这个功能，你可以把`req.body`和`req.files`都输出到日志中研究一下：

```
var app = connect()
  .use(connect.bodyParser())
  .use(function(req, res){
    console.log(req.body);
    console.log(req.files);
    res.end('thanks!');
  });
```

现在你可以用带-F或--form选项的curl(1)模拟浏览器上传文件,这个选项后面应该跟着输入域的名称和值。下面的例子会上传一个名为photo.png的图片,以及一个值为tobi的name域:

```
$ curl -F image=@photo.png -F name=tobi http://localhost
thanks!
```

如果你看一下程序的输出,应该能看到跟下面的例子中非常相似的内容,第一个对象是req.body,第二个是req.files。从下面的输出来看,你的程序应该可以得到req.files.image.path,并且你还能重命名硬盘上的文件,把数据传给工作线程进行处理,上传到内容交付网络,或者做你的程序需要的任何其他事情:

```
{ name: 'tobi' }
{ image:
   { size: 4,
     path: '/tmp/95cd49f7ea6b909250abbd08ea954093',
     name: 'photo.png',
     type: 'application/octet-stream',
     lastModifiedDate: Sun, 11 Dec 2011 20:52:20 GMT,
     length: [Getter],
     filename: [Getter],
     mime: [Getter] } }
```

看过了主体解析器,你可能想知道安全是如何保证的。如果bodyParser()在内存中缓存json和x-www-form-urlencoded请求主体,产生一个大字符串,那攻击者会不会做一个超级大的JSON请求主体对服务器做拒绝服务攻击呢?答案基本上是肯定的,所以Connect提供了limit()中间件组件。你可以用它指定可接受的请求主体大小。我们去看一看吧!

7.1.3　`limit()`:请求主体的限制

只解析请求主体是不够的。开发人员还需要正确分类可接受的请求,并在恰当的时机对它们加以限制。设计limit()中间件组件的目的是帮助过滤巨型的请求,不管它们是不是恶意的。

比如说,一个无心的用户上传照片时可能不小心发送了一个未经压缩的RAW图片,里面有几百兆的数据,或者一个恶意用户可能会创建一个超大的JSON字符串把bodyParser()锁住,并最终锁住V8的JSON.parse()方法。你必须把服务器配置好,让它能应对这些状况。

1. 为什么需要LIMIT()

我们来看一下恶意用户如何把一个脆弱的服务器废掉。先创建下面这个名为server.js的小型Connect程序,它除了用bodyParser()中间件解析请求主体外,什么也不做:

```
var connect = require('connect');

var app = connect()
  .use(connect.bodyParser());

app.listen(3000);
```

现在创建一个名为dos.js的文件,如下面的代码清单所示。你会看到恶意用户如何用Node的HTTP客户端攻击前面那个Connect程序,只要写几兆JSON数据就可以了。

代码清单7-1　对脆弱的HTTP服务器展开拒绝服务攻击

```
var http = require('http');

var req = http.request({
    method: 'POST',
    port: 3000,
    headers: {
        'Content-Type': 'application/json'
        }
});
req.write('[');
var n = 300000;
while (n--) {
    req.write('"foo",');
}
req.write('"bar"]');

req.end();
```

告诉服务器你要发送
JSON数据

开始发送一个超大
的数组对象

数组中包含300 000个
字符串 "foo"

启动服务器，运行攻击脚本：

```
$ node server.js &
$ node dos.js
```

你将会看到V8要花10多秒钟（取决于你的硬件）解析这样大的JSON字符串。这很糟糕，但好在Connect提供了防止这种状况出现的limit()中间件。

2. 基本用法

在bodyParser()之前加上limit()组件，你可以指定请求主体的最大长度，既可以是字节数（比如1024），也可以用下面任意一种方式表示：1gb、25mb或50kb。

如果你将limit()设定为32kb，然后再次运行服务器和攻击脚本，你会看到Connect在请求到32kb的时候终止了请求：

```
var app = connect()
  .use(connect.limit('32kb'))
  .use(connect.bodyParser())
  .use(hello);

http.createServer(app).listen(3000);
```

3. 给limit()更大的灵活性

对接受用户上传的程序来说，不能把所有请求主体的大小都限制在32kb这样小的尺寸，因为大多数上传的图片大小都会超出这个限制，并且像视频之类的文件肯定更是大得多。但对于JSON或XML格式的请求主体来说却是个合理的尺寸。

对于需要接受多种请求主体大小的程序而言，最好将limit()中间件组件封装在基于某种配置的函数中。比如将这个组件封装起来指定Content-Type，代码如下所示。

代码清单7-2　根据请求的Content-Type限制主体大小

```
function type(type, fn) {
    return function(req, res, next){
```

fn在这里是个limit()
实例

```
      var ct = req.headers['content-type'] || '';
      if (0 != ct.indexOf(type)) {                    ◁┄┄  被返回的中间件首先检
        return next();                                      查content-type
      }
      fn(req, res, next);
    }                                                  ┄┄  然后它会调用传入的limit组件
  }
```

处理表单, JSON

```
  var app = connect()
    .use(type('application/x-www-form-urlencoded', connect.limit('64kb')))
    .use(type('application/json', connect.limit('32kb')))
    .use(type('image', connect.limit('2mb')))         ◁┄  处理2M以内的图片上传
    .use(type('video', connect.limit('300mb')))       ◁┄  处理300M以内的视频上传
    .use(connect.bodyParser())
    .use(hello);
```

这个中间件的另一种用法是给bodyParser()一个limit选项，而后者会透明地调用limit()。

我们接下来要讨论的中间件组件很小，但很实用，这是为你的程序解析请求查询字符串的组件。

7.1.4 query()：查询字符串解析

你已经学过了bodyParser()，可以解析表单的POST请求，但GET请求怎么解析呢？用query()中间件。它解析查询字符串，为程序提供req.query对象。对于用过PHP的开发人员而言，它就跟$_GET关联数组类似。query()跟bodyParser()一样，也要放在其他会用到它的中间件前面。

基本用法

下面这个程序用到了query()中间件，它会将请求发送过来的查询字符串以JSON格式作为响应返回去。查询字符串参数通常用来控制发送回去的数据显示：

```
var app = connect()
  .use(connect.query())
  .use(function(req, res, next){
    res.setHeader('Content-Type', 'application/json');
    res.end(JSON.stringify(req.query));
  });
```

假定你要构建的一个音乐库程序提供了搜索引擎，用查询字符串提交搜索参数，比如/song-Search?artist=Bob%20Marley&track=Jammin。这个查询会产生这样的res.query对象：

```
{ artist: 'Bob Marley', track: 'Jammin' }
```

query()跟bodyParser()一样都用到了第三方模块qs，所以像?images[]=foo.png&images[]= bar.png之类的复杂查询会生成下面这种对象：

```
{ images: [ 'foo.png', 'bar.png' ] }
```

如果在HTTP请求中没有查询字符串参数，比如/songSearch，req.query默认为空对象：

```
{}
```

就是这些了。接下来我们要看看满足Web程序核心需求的自带中间件，比如日志和会话。

7.2 实现 Web 程序核心功能的中间件

Connect要为大多数常见的Web程序需求提供中间件，这样开发人员就不用一次次地重新实现它们了。在Connect中，像日志、会话和虚拟主机这些Web程序的核心功能都有自带的中间件。

本节会介绍5个非常实用的中间件，你很可能会在自己的程序中用到它们：

❑ logger()　提供灵活的请求日志；
❑ favicon()　帮你处理/favicon.ico请求；
❑ methodOverride()　让没有能力的客户端透明地重写req.method；
❑ vhost()　在一个服务器上设置多个网站（虚拟主机）；
❑ session()　管理会话数据。

之前你创建过自己定制的日志中间件，但Connect提供了更灵活的解决方案——logger()，我们先来了解一下吧。

7.2.1 `logger()`：记录请求

logger()是一个灵活的请求日志中间件，带有可定制的日志格式。它还能缓冲日志输出，减少写硬盘的次数，并且如果你想把日志输出到控制台之外的其他地方，比如文件或socket中，还可以指定日志流。

1. 基本用法

要使用Connect的logger()组件，可以像下面这个清单中这样，调用函数让它返回logger()中间件实例：

代码清单7-3　使用`logger()`中间件

```
var connect = require('connect');

var app = connect()              没有参数，使用默认的          hello是假想的中间件，返
  .use(connect.logger())         logger选项                   回 "Hello World" 响应
  .use(hello)
  .listen(3000);
```

logger默认使用下面这种格式，非常冗长，但给出了每个HTTP请求的实用信息。这跟其他Web服务器很像，比如Apache，创建它们的日志文件：

```
':remote-addr - - [:date] ":method :url HTTP/:http-version" :status
  :res[content-length] ":referrer" ":user-agent"'
```

其中的':something'是一些符号，在真正的日志记录中它们包含的是来自HTTP请求的真

实值。比如说，一个简单的 curl(1) 请求会生成下面这样一条日志：

```
127.0.0.1 - - [Wed, 28 Sep 2011 04:27:07 GMT]
                    ➡ "GET / HTTP/1.1" 200 - "-"
                    ➡ "curl/7.19.7 (universal-apple-darwin10.0)
                    ➡ libcurl/7.19.7 OpenSSL/0.9.8l zlib/1.2.3"
```

2. 定制日志格式

logger() 最基本的用法不需要任何定制。但你可能想要个定制格式来记录其他信息，或者让它不那么冗长，或者提供定制的输出。要定制日志的格式，你可以传入一个定制的信令字符串。比如下面这种格式会输出 GET /users 15 ms 这种格式的日志：

```
var app = connect()
  .use(connect.logger(':method :url :response-time ms'))
  .use(hello);
```

默认情况下，你可以使用下面这些信令（注意，头名称对大小写不敏感）：

- ❑ :req[头名称] 比如：:req[Accept]
- ❑ :res[头名称] 比如：:res[Content-Length]
- ❑ :http-version
- ❑ :response-time
- ❑ :remote-addr
- ❑ :date
- ❑ :method
- ❑ :url
- ❑ :referrer
- ❑ :user-agent
- ❑ :status

定义定制的信令也不难。你只需要给 connect.logger.token 函数提供信令名称和回调函数就行。比如说，你想记录所有请求的查询字符，可以这样定义它：

```
var url = require('url');

connect.logger.token('query-string', function(req, res){
  return url.parse(req.url).query;
});
```

除了默认的格式，logger() 还有其他预定义的格式，比如 short 和 tiny。另一个预定义的格式是 dev，可以为开发输出简洁的日志，适用于那种只有你一个人在网站上，并且不关心 HTTP 请求细节时的情况。这个格式还会根据响应状态码设置不同的颜色：200 是绿色的，300 是蓝色，400 是黄色，500 是红色。这种颜色划分对开发很有帮助。

要使用预定义的格式，只需要把名字传给 logger()：

```
var app = connect()
  .use(connect.logger('dev'))
  .use(hello);
```

你已经知道如何格式化 logger 的输出了，接下来我们看看你能提供哪些选项给它。

3. 日志选项：STREAM、IMMEDIATE和BUFFER

如前所述，你可以用选项调整logger()的行为。

stream就是这样的选项，你可以给logger传递一个Node Stream实例，用来代替stdout写入日志。这样你可以把日志输出到它自己的日志文件中，独立于服务器自己输出时用fs.createWriteStream创建的Stream实例。

在你使用这些选项时，通常也应该包括format属性。下面这个例子使用了定制的格式，将日志输出到/var/log/myapp.log中，因为有追加标记，所以在程序启动时日志文件不会被截断：

```
var fs = require('fs')
var log = fs.createWriteStream('/var/log/myapp.log', { flags: 'a' })
var app = connect()
  .use(connect.logger({ format: ':method :url', stream: log }))
  .use('/error', error)
  .use(hello);
```

immediate是另一个选项，使用这个选项，一收到请求就写日志，而不是等到响应后。如果你的服务器保持请求长开，并且你想知道连接什么时候开始，就可以用这个选项。或者用它来调试程序中的关键部分。这就是说不能使用:status和:response-time之类的信令，因为它们是跟响应相关的。要启用即刻模式，可以传入取值为true的immediate，代码如下所示：

```
var app = connect()
  .use(connect.logger({ immediate: true }))
  .use('/error', error)
  .use(hello);
```

第三个选项是buffer，可以用来降低往硬盘中写日志文件的次数。如果你要通过网络写日志文件，并且想降低网络活动的次数，这个更有用。buffer选项接受一个数值，以毫秒为单位指定缓冲区刷新的时间间隔，或者只传入true使用默认间隔。

这就是日志记录！接下来我们去看看favicon中间件。

7.2.2　favicon()：提供 favicon

favicon是网站的小图标，显示在浏览器的地址栏和收藏栏里。为了得到这个图标，浏览器会请求/favicon.ico文件。一般来说，最好尽快响应对favicon文件的请求，这样程序的其他部分就可以忽略它们了。favicon()中间件默认会返回Connect的favicon（当没有参数传给它时）。这个favicon如图7-1所示。

图7-1　Connect的默认favicon

基本用法

　　`favicon()`一般放在中间件栈的最顶端，所以连日志都会忽略对favicon的请求。然后这个图标就会缓存在内存中，可以更快地响应后续请求。

　　下面这个例子给`favicon()`传入了一个参数，这是一个.ico文件的路径，从而用这个定制的.ico文件响应对favicon文件的请求：

```
connect()
  .use(connect.favicon(__dirname + '/public/favicon.ico'))
  .use(connect.logger())
  .use(function(req, res) {
  res.end('Hello World!\n');
});
```

　　此外，还可以传入一个`maxAge`参数，指明浏览器应该把favicon放在内存中缓存多长时间。

　　接下来我们还有一个小而实用的中间件：`methodOverride()`。当客户端能力有限时，它可以提供一种方案，用于伪造HTTP请求方法。

7.2.3　`methodOverride()`：伪造 HTTP 方法

　　当你构建一个使用特殊HTTP谓词的服务器时，比如`PUT`或`DELETE`，在浏览器中会出现一个有趣的问题。浏览器的`<form>`只能`GET`或`POST`，所以你在程序中也不能使用其他方法。

　　一种常见的解决办法是添加一个`<input type=hidden>`，将其值设定为你想用的方法名，然后让服务器检查那个值并"假装"它是这个请求的请求方法。`methodOverride()`是这项技术中服务器这边的解决办法。

1. 基本用法

　　HTML输入控件默认的名称是_method，但你可以给`methodOverride()`传入一个定制值，代码如下所示：

```
connect()
  .use(connect.methodOverride('__method__'))
  .listen(3000)
```

　　为了阐明`methodOverride()`是如何实现的，我们来创建一个更新用户信息的微型程序。这个程序中会有一个表单，当表单经浏览器提交并被服务器处理后，会用一个简单的成功消息做响应，如图7-2所示。

　　这个程序用两个中间件更新用户数据。在`update`函数中，如果请求方法不是`PUT`，就调用`next()`。就像前面说过的，大多数浏览器都会无视表单属性`method="put"`，所以下面这段代码不能正常工作。

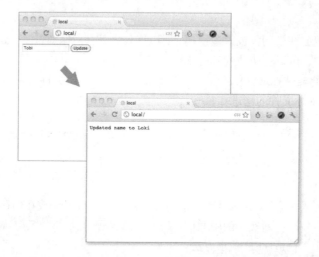

图7-2   用methodOverride()模拟PUT请求，更新浏览器中的表单

代码清单7-4   不可用的用户更新程序

```
var connect = require('connect');

function edit(req, res, next) {
  if ('GET' != req.method) return next();
  res.setHeader('Content-Type', 'text/html');
  res.write('<form method="put">');
  res.write('<input type="text" name="user[name]" value="Tobi" />');
  res.write('<input type="submit" value="Update" />');
  res.write('</form>');
  res.end();
}

function update(req, res, next) {
  if ('PUT' != req.method) return next();
  res.end('Updated name to ' + req.body.user.name);
}

var app = connect()
  .use(connect.logger('dev'))
  .use(connect.bodyParser())
  .use(edit)
  .use(update);

app.listen(3000);
```

这个更新程序看起来应该像代码清单7-5这样。在表单中加了一个名为_method的输入控件，并且在bodyParser()下面加上了methodOverride()，因为它要引用req.body访问表单数据。

代码清单7-5 使用methodOverride()的用户更新程序

```
var connect = require('connect');

function edit(req, res, next) {
  if ('GET' != req.method) return next();
  res.setHeader('Content-Type', 'text/html');
  res.write('<form method="post">');
  res.write('<input type="hidden" name="_method" value="put" />');
  res.write('<input type="text" name="user[name]" value="Tobi" />');
  res.write('<input type="submit" value="Update" />');
  res.write('</form>');
  res.end();
}

function update(req, res, next) {
  if ('PUT' != req.method) return next();
  res.end('Updated name to ' + req.body.user.name);
}
var app = connect()
  .use(connect.logger('dev'))
  .use(connect.bodyParser())
  .use(connect.methodOverride())
  .use(edit)
  .use(update)
  .listen(3000);
```

2. 访问原始的`req.method`

`methodOverride()`修改了原始的`req.method`属性，但Connect复制了原始方法，你随时都可以访问`req.originalMethod`。也就是说对于前面那个表单而言，可以输出下面这样的值：

```
console.log(req.method);
  // "PUT"
console.log(req.originalMethod);
  // "POST"
```

对于一个简单的表单而言，这些工作看起来可能有点儿多了，但我们向你保证，等到第8章讨论Express的高级特性，以及第11章的模板时，这会变成更愉悦的体验。我们接下来要看的是`vhost()`，一个基于主机名提供服务的小中间件。

7.2.4 `vhost()`：虚拟主机

`vhost()`（虚拟主机）中间件是一种通过请求头Host路由请求的简单、轻量的办法。这项任务通常是由反向代理完成的，可以把请求转发到运行在不同端口上的本地服务器那里。`vhost()`组件在同一个Node进程中完成这一操作，它将控制权交给跟vhost实例关联的Node HTTP服务器。

1. 基本用法

跟所有Connect自带的中间件一样，一行代码就可以把`vhost()`跑起来。它有两个参数：第一个是主机名，vhost实例会用它进行匹配。第二个是`http.Server`实例，用来处理对相匹配的主机名发起的HTTP请求（Connect程序都是`http.Server`的子类，所以程序实例可以胜任这项工作）。

```
var connect = require('connect');

var server = connect()
var app = require('./sites/expressjs.dev');

server.use(connect.vhost('expressjs.dev', app));

server.listen(3000);
```

为了能用前面那个./sites/expressjs.dev模块，它应该像下面这个例子这样，把HTTP服务器赋给module.exports：

```
var http = require('http')
module.exports = http.createServer(function(req, res){
  res.end('hello from expressjs.com\n');
});
```

2. 使用多个vhost()实例

跟其他中间件一样，在一个程序中可以多次使用vhost()，将几个主机关联到它们的程序上。

```
var app = require('./sites/expressjs.dev');
server.use(connect.vhost('expressjs.dev', app));

var app = require('./sites/learnboost.dev');
server.use(connect.vhost('learnboost.dev', app));
```

你也可以不这样手动设置vhost()，而是从文件系统中生成一个主机列表。具体做法如下例所示，用fs.readdirSync()方法返回一个目录实体的数组：

```
var connect = require('connect')
var fs = require('fs');

var app = connect()
var sites = fs.readdirSync('source/sites');

sites.forEach(function(site){
  console.log('  ... %s', site);
  app.use(connect.vhost(site, require('./sites/' + site)));
});
```

```
app.listen(3000);
```

vhost()用起来比反向代理简单。可以把所有程序作为一个单元管理。对于要提供几个小网站，或者大部分由静态内容构成的网站来说，这种方式很理想；但它也有缺点，如果一个网站引发了崩溃，你的所有网站都会宕掉（因为它们都运行在同一个进程中）。

接下来我们要看一个最基础的Connect中间件：会话管理组件session()，它依赖于对cookie签名的cookieParser()。

7.2.5　session()：会话管理

在第4章中，我们介绍了Node提供的实现会话这种概念所需的所有办法，但它并没有自己的实现。按照Node小核心大外延的一般原则，会话管理也被留给了Node的第三方附加组件。而这正是session()中间件要解决的问题。

Connect的session()组件提供了强健、直观、由社区支持的会话管理，它所支持的会话存储，从默认的内存存储到基于Redis、MongoDB、CouchDB和cookies的存储，多种多样。本节会讨论如何设置session()中间件，处理会话数据，并用Redis的键/值存储作为可选的会话存储。

我们先把中间件设置起来，并探索一下它有哪些选项可用。

1. 基本用法

如前所述，中间件session()需要用签名cookie，所以你应该在它上面使用cookieParser()，并传给它一个秘钥。

代码清单7-6实现了一个最简配置的页面浏览计数程序，它没给session()传入选项，用的是默认的内存数据存储。Connect中默认的会话cookie名是connect.sid，并且被设定为httpOnly，也就是说客户端脚本不能访问它的值。但有些可以调整的选项，你很快就能见到。

代码清单7-6　一个使用session的页面浏览计数器

```
var connect = require('connect');

var app = connect()
  .use(connect.favicon())
  .use(connect.cookieParser('keyboard cat'))
  .use(connect.session())
  .use(function(req, res, next){
    var sess = req.session;
    if (sess.views) {
      res.setHeader('Content-Type', 'text/html');
      res.write('<p>views: ' + sess.views + '</p>');
      res.end();
      sess.views++;
    } else {
      sess.views = 1;
      res.end('welcome to the session demo. refresh!');
    }
});

app.listen(3000);
```

2. 设定会话有效期

假定你想让会话在24小时后过期，只在使用HTTPS时才发送会话cookie，并且要配置会话的名称。你可以传入下面这样的对象：

```
var hour = 3600000;
var sessionOpts = {
    key: 'myapp_sid',
    cookie: { maxAge: hour * 24, secure: true }
};
...
  .use(connect.cookieParser('keyboard cat'))
  .use(connect.session(sessionOpts))
...
```

使用Connect（以及下一章的Express）时，你经常要设定maxAge，以毫秒为单位指定从那一时点开始的时长。这种表示未来时间的表达方法通常更直观，本质上等同于new Date(Date. now() + maxAge)。

会话设置好了，接下来我们来看一下处理会话数据时的方法和属性。

3. 处理会话数据

Connect的会话管理非常简单。其基本原理是当请求完成时，赋给req.session对象的所有属性都会被保存下来；当相同的用户（浏览器）再次发来请求时，会加载它们。比如说，保存购物车信息就像将一个对象赋给cart属性那么简单，如下所示：

```
req.session.cart = { items: [1,2,3] };
```

当你在后续的请求中访问req.session.cart时，就可以得到.items数组。因为这是个常规的JavaScript对象，所以你可以在后续的请求中调用这个嵌入对象上的方法，像下面这个例子中这样，并且它们能像你期望的那样保存下来：

```
req.session.cart.items.push(4);
```

在使用会话对象时，有一点一定要记住，会话对象在各个请求间会被串行化为JSON对象，所以req.session对象有跟JSON一样的局限性：不允许循环属性，不能用函数对象，Date对象无法正确串行化等等。在使用会话对象时，一定要记住这些限制。

Connect会自动保存会话数据，但它内部是通过调用Session.save([callback])方法完成的，这是一个公开的API。此外还有两个辅助方法，Session.destroy()和Session.regenerate()，在对用户进行认证以防止会话固定攻击时经常用到它们。在后续章节中，当你使用Express构建程序时，你会用这些方法做认证。

我们继续前进，去操纵会话cookie吧。

4. 操纵会话cookie

Connect允许你为会话提供全局cookie设定，但也可以通过Session.cookie操纵特定的cookie，它默认是全局设定。

在你开始调整那些属性之前，我们先把前面那个会话程序扩展一下，把所有属性都写入响应HTML中的单个<p>标记中，看看这些会话cookie的属性，如下所示：

```
...
res.write('<p>views: ' + sess.views + '</p>');
res.write('<p>expires in: ' + (sess.cookie.maxAge / 1000) + 's</p>');
res.write('<p>httpOnly: ' + sess.cookie.httpOnly + '</p>');
res.write('<p>path: ' + sess.cookie.path + '</p>');
res.write('<p>domain: ' + sess.cookie.domain + '</p>');
res.write('<p>secure: ' + sess.cookie.secure + '</p>');
...
```

在Connect中，cookie的所有属性，比如expires、httpOnly、secure、path和domain，都可以通过编程针对每个会话进行修改。比如说，你可以像下面这样让一个活动的会话在5秒内失效：

```
req.session.cookie.expires = new Date(Date.now() + 5000);
```

设置过期时间的另一个更直观的API是.maxAge访问器，可以按毫秒获取和设定相对当前时间的时间值。下面这段代码也会让会话在5秒内过期：

```
req.session.cookie.maxAge = 5000;
```

剩下的属性，domain、path和secure，限定了cookie的作用域，按域名、路径或安全连接来限定它，而 `httpOnly` 可以防止客户端脚本访问 cookie 数据。这些属性都可以按相同的方式操纵：

```
req.session.cookie.path = '/admin';
req.session.cookie.httpOnly = false;
```

之前你一直在用默认的内存存储保存会话数据，接下来我们要看看如何插入其他的会话数据存储方式。

5. 会话存储

内置的 `connect.session.MemoryStore` 是一种简单的内存数据存储，非常适合运行程序测试，因为它不需要其他依赖项。但在开发和生产期间，最好有一个持久化的、可扩展的数据存放你的会话数据。

虽然任何数据库都可以做会话存储，但低延迟的键/值存储最适合这种易失性数据。Connect 社区已经创建了几个使用数据库的会话存储，包括 CouchDB 、MongoDB、Redis、Memcached、PostgreSQL 以及其他数据库。

你在这里将会使用 Redis 和 connect-redis 模块。第 5 章已经讲过如何用 node_redis 模块跟 Redis 交互了。现在你将学到如何在 Connect 中用 Redis 存储会话数据。Redis 支持键的有效期，性能很好，并且易于安装，所以很适合用来支持会话数据的存储。

你在看第 5 章时应该已经装过 Redis 了，但为了保险起见，还是运行下 redis-server 确认一下吧：

```
$ redis-server
[11790] 16 Oct 16:11:54 * Server started, Redis version 2.0.4
[11790] 16 Oct 16:11:54 * DB loaded from disk: 0 seconds
[11790] 16 Oct 16:11:54 * The server is now ready to accept
  ➥connections on port 6379
[11790] 16 Oct 16:11:55 - DB 0: 522 keys (0 volatile) in 1536 slots HT.
```

接下来，把 connect-redis 添加到 package.json 文件中，运行 npm install 安装它，或者直接执行 npm install connect-redis。**connect-redis** 模块提供了一个函数，应该把 connect 传给它，代码如下所示：

```
var connect = require('connect')
var RedisStore = require('connect-redis')(connect);

var app = connect()
  .use(connect.favicon())
  .use(connect.cookieParser('keyboard cat'))
  .use(connect.session({ store: new RedisStore({ prefix: 'sid' }) }))
  ...
```

将 connect 引用传给 connect-redis，它可以继承 connect .session.Store.prototype。因为在 Node 中，一个进程里可能会同时使用多个版本的模块，所以这很重要。把指定版本的 Connect 传给它，你就可以确保 connect-redis 用的是正确的副本。

`RedisStore` 作为 store 的值传给了 session()，你想用的所有选项，比如会话用的键前缀，都可以传给 RedisStore 构造器。

哈！讨论了这么多跟会话有关的内容，核心概念中间件全部讨论完了。接下来我们要讨论处理 Web 程序安全的内置中间件。对于需要保证数据安全的程序来说，这是一个非常重要的主题。

7.3　处理 Web 程序安全的中间件

我们已经说过很多次了，Node的核心API刻意停留在底层。也就是说它没有为构建Web程序提供内置的安全或最佳实践。好在Connect来了，它为你实现了可以用在Connect程序中的这些安全实践。

本节会再教你三个Connect内置的中间件，这次是跟安全相关的：

❑ basicAuth()　为保护数据提供了HTTP基本认证；

❑ csrf()　实现对跨站请求伪造（CSRF）攻击的防护；

❑ errorHandler()　帮你在开发过程中进行调试。

首先，basicAuth()实现了HTTP基本认证，对程序中的受限区域进行保护。

7.3.1　basicAuth()：HTTP 基本认证

在第6章6.4节，你创建了一个简陋的基本认证中间件。好吧，事实证明，Connect自带了一个真正的实现。如前所述，基本认证是非常简单的HTTP认证机制，并且在使用时应该小心，因为如果不是通过HTTPS进行认证，用户凭证很可能会被攻击者截获。

那就是说，它可以用来给小型或个人程序添加一个简便快捷的认证。

如果你的程序用了basicAuth()组件，浏览器会在用户第一次连接程序时提示用户输入凭证，如图7-3所示。

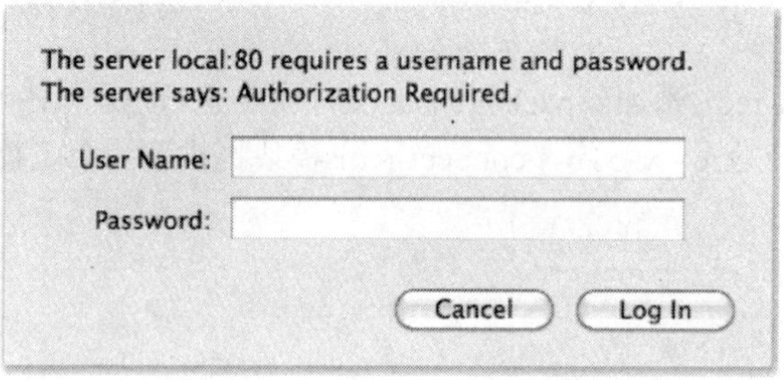

图7-3　基本认证提示框

1. 基本用法

basicAuth()提供了三种验证用户凭证的方法。第一种是传入用户名和密码，如下所示：

```
var app = connect()
  .use(connect.basicAuth('tj', 'tobi'));
```

2. 提供回调函数

第二种是传给basicAuth()一个回调函数来验证用户凭证，这个函数必须返回true表示成功。这对于要用哈希检查用户凭证非常有帮助：

```
var users = {
    tobi: 'foo',
    loki: 'bar',
    jane: 'baz'
};

var app = connect()
  .use(connect.basicAuth(function(user, pass){
    return users[user] === pass;
  });
```

3. 提供异步回调函数

最后一种办法和第二种类似，只是这次传给basicAuth()的函数有三个参数，并且可以使用异步查询。这在用硬盘上的文件，或通过查询数据库进行验证时很有用。

代码清单7-7　做异步查询的Connect basicAuth()中间件

```
var app = connect();
app.use(connect.basicAuth(function(user, pass, callback){          执行数据库验证
    User.authenticate({ user: user, pass: pass }, gotUser);  ◁─    函数
    function gotUser(err, user) {
      if (err) return callback(err);                                当数据库响应完成时
      callback(null, user);  ◁─                                     运行异步回调函数
    }
})));
                                                         把从数据库里得到的user对象
                                                         传给basicAuth()的回调函数
```

4. 使用curl(1)的例子

假定你想限制所有发往你的服务器的访问，你可能会这样设置程序：

```
var connect = require('connect');

var app = connect()
  .use(connect.basicAuth('tobi', 'ferret'))
  .use(function (req, res) {
    res.end("I'm a secret\n");
  });

app.listen(3000);
```

现在试着用curl(1)向服务器发送一个HTTP请求，然后你会看到你未被授权：

```
$ curl http://localhost -i
HTTP/1.1 401 Unauthorized
WWW-Authenticate: Basic realm="Authorization Required"
Connection: keep-alive
Transfer-Encoding: chunked

Unauthorized
```

用HTTP基本授权凭证发起相同的请求（注意URL的开始部分）可以访问：

```
$ curl --user tobi:ferret http://localhost -i
HTTP/1.1 200 OK
Date: Sun, 16 Oct 2011 22:42:06 GMT
Cache-Control: public, max-age=0
Last-Modified: Sun, 16 Oct 2011 22:41:02 GMT
ETag: "13-1318804862000"
```

```
Content-Type: text/plain; charset=UTF-8
Accept-Ranges: bytes
Content-Length: 13
Connection: keep-alive

I'm a secret
```

继续本节安全这一主题，我们去看一下csrf()中间件，它是用来防护跨站请求伪造攻击的。

7.3.2　csrf()：跨站请求伪造防护

跨站请求伪造（CSRF）利用站点对浏览器的信任漏洞进行攻击。经过你的程序认证的用户访问攻击者创建或攻陷的站点时，这种站点会在用户不知情的情况下代表用户向你的程序发起请求，从而实施攻击。

这是一种复杂的攻击，所以我们来举例说明。假定在你的程序中，请求DELETE /account会导致用户的账号被销毁（尽管只有已登录用户可以发起请求）。而用户此时又恰好访问了一个不能防护CSRF的论坛。攻击者可以提交一段脚本发起DELETE /account请求，销毁用户的账号。对于你的程序来说，这是很糟糕的状况，csrf()中间件可以帮你防护这样的攻击。

csrf()会生成一个包含24个字符的唯一ID，认证令牌，作为req.session._csrf附到用户的会话上。然后这个令牌会作为隐藏的输入控件_csrf出现在表单中，CSRF在提交时会验证这个令牌。这个过程每次交互都会执行。

基本用法

为了确保csrf()可以访问req.body._csrf(隐藏输入控件的值)和req.session._csrf，你要确保csrf()添加在了bodyParser()和session()的下面，如下例所示：

```
connect()
  .use(connect.bodyParser())
  .use(connect.cookieParser('secret'))
  .use(connect.session())
  .use(connect.csrf());
```

在Web开发的安全方面，还有一点需要注意，即要确保冗长的日志和详细的错误报告不能同时出现在生产和开发环境中。我们看一下errorHandler()中间件，它就是要解决这个问题的。

7.3.3　errorHandler()：开发错误处理

Connect自带的errorHandler()中间件很适合用在开发中，它可以基于请求头域Accept提供详尽的HTML、JSON和普通文本错误响应。errorHandler()是要用在开发过程中的，不应该出现在生产环境中。

1. 基本用法

这个组件一般应该放在最后，这样它才能捕获所有错误：

```
var app = connect()
  .use(connect.logger('dev'))
  .use(function(req, res, next){
    setTimeout(function () {
```

```
        next(new Error('something broke!'));
    }, 500);
  })
.use(connect.errorHandler());
```

2. 接收HTML错误响应

如果按照这里的配置，你在浏览器中查看任何页面时都会看到图7-4所示的Connect错误页面，显示错误消息、响应状态和全部堆栈跟踪信息。

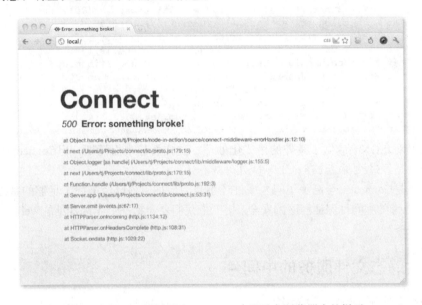

图7-4　Connect默认的errorHandler()显示在浏览器中的样子

3. 接收普通文本错误响应

假定你正在测试一个用Connect搭建的API，它离返回一大堆HTML的理想状况还有很大距离，所以errorHandler()默认会用text/plain格式做响应，这非常适合curl(1)这样的命令行HTTP客户端。在stdout中的输出如下所示：

```
$ curl http://localhost/
Error: something broke!
    at Object.handle (/Users/tj/Projects/node-in-action/source
    ➥/connect-middleware-errorHandler.js:12:10)
    at next (/Users/tj/Projects/connect/lib/proto.js:179:15)
    at Object.logger [as handle] (/Users/tj/Projects/connect
    ➥/lib/middleware/logger.js:155:5)
    at next (/Users/tj/Projects/connect/lib/proto.js:179:15)
    at Function.handle (/Users/tj/Projects/connect/lib/proto.js:192:3)
    at Server.app (/Users/tj/Projects/connect/lib/connect.js:53:31)
    at Server.emit (events.js:67:17)
    at HTTPParser.onIncoming (http.js:1134:12)
    at HTTPParser.onHeadersComplete (http.js:108:31)
    at Socket.ondata (http.js:1029:22)
```

4. 接收JSON错误响应

如果你发送的HTTP请求带有HTTP请求头 `Accept: application/json`，会得到下面的JSON响应：

```
$ curl http://localhost/ -H "Accept: application/json"
{"error":{"stack":"Error: something broke!\n
        at Object.handle (/Users/tj/Projects/node-in-action
        /source/connect-middleware-errorHandler.js:12:10)\n
        at next (/Users/tj/Projects/connect/lib/proto.js:179:15)\n
        at Object.logger [as handle] (/Users/tj/Projects
        /connect/lib/middleware/logger.js:155:5)\n
        at next (/Users/tj/Projects/connect/lib/proto.js:179:15)\n
        at Function.handle (/Users/tj/Projects/connect/lib/proto.js:192:3)\n
        at Server.app (/Users/tj/Projects/connect/lib/connect.js:53:31)\n
        at Server.emit (events.js:67:17)\n
        at HTTPParser.onIncoming (http.js:1134:12)\n
        at HTTPParser.onHeadersComplete (http.js:108:31)\n
        at Socket.ondata (http.js:1029:22)","message":"something broke!"}}
```

我们已经对JSON响应做了额外的格式化处理，这样看起来更清晰，但Connect发送的JSON响应很紧凑，是经过 `JSON.stringify()` 处理的。

觉得自己是Connect安全高手了吗？或许还不是，但你应该已经掌握了足够的基础知识，可以用Connect自带的中间件保证程序的安全。接下来我们要介绍一个非常常见的Web程序功能：提供静态文件服务。

7.4　提供静态文件服务的中间件

提供静态文件服务是另一个很多Web程序需要，但Node核心没有提供的功能。不过Connect帮你做好了。

你在本节中又要学习三个Connect自带的中间件，这次主要是用于返回来自文件系统的文件，很像普通的HTTP服务器做的那样：

- ❑ `static()` 将文件系统中给定根目录下的文件返回给客户端；
- ❑ `compress()` 压缩响应，很适合跟 `static()` 一起使用；
- ❑ `directory()` 当请求的是目录时，返回那个目录的列表。

我们先向你介绍如何借助 `static` 组件用一行代码提供静态文件服务。

7.4.1 `static()`：静态文件服务

Connect的 `static()` 中间件实现了一个高性能的、灵活的、功能丰富的静态文件服务器，支持HTTP缓存机制、范围请求等。更重要的是，它有对恶意路径的安全检查，默认不允许访问隐藏文件（文件名以.开头），会拒绝有害的null字节。`static()` 本质上是一个非常安全的、完全能胜任的静态文件服务中间件，可以保证跟目前各种HTTP客户端的兼容。

1. 基本用法

假定你的程序遵循典型的场景，要返回./public目录下的静态资源文件。这可以用一行代码实现：

```
app.use(connect.static('public'));
```

按照这个配置，static()会根据请求的URL检查./public/中的普通文件。如果文件存在，响应中Content-Type域的值默认会根据文件的扩展名设定，并传输文件中的数据。如果被请求的路径不是文件，则调用next()，让后续的中间件（如果有的话）处理该请求。

我们来测试一下，创建一个名为./public/foo.js的文件，其内容为console.log('tobi')，用带-i标记的curl(1)向服务器发送请求，告诉它输出HTTP响应头。你会看到正确设定的与缓存相关的HTTP响应头，反映.js扩展名的Content-Type，以及传过来的内容：

```
$ curl http://localhost/foo.js -i
HTTP/1.1 200 OK
Date: Thu, 06 Oct 2011 03:06:33 GMT
Cache-Control: public, max-age=0
Last-Modified: Thu, 06 Oct 2011 03:05:51 GMT
ETag: "21-1317870351000"
Content-Type: application/javascript
Accept-Ranges: bytes
Content-Length: 21
Connection: keep-alive

console.log('tobi');
```

因为请求路径就是当作文件路径用的，所以在目录内层的文件也能按你期望的那样访问。比如说，你的服务器上可能收到了一个GET /javascripts/jquery.js请求和一个GET /stylesheets/app.css请求，它会分别返回./public/javascripts/jquery.js和./public/stylesheets/app.css文件。

2. 使用带挂载的static()

有时程序会用/public、/assets和/static之类的路径做前缀路径名。Connect中有挂载的概念，可以从多个目录中提供静态文件。只需把程序挂载到你想要的位置。我们在第6章讲过，中间件本身不知道它是从哪里挂载的，因为前缀被去掉了。

比如说，请求GET /app/files/js/jquery.js对挂载在/app/files上的static()来说就相当于GET /js/jquery。这能很好地实现前缀功能，因为前缀的/app/files不会出现在文件路径解析中：

```
app.use('/app/files', connect.static('public'));
```

原来那个请求GET /foo.js不能用了。因为请求中没有出现挂载点，所以中间件不会被调用，但带前缀的请求GET /app/files/foo.js会得到这个文件：

```
$ curl http://localhost/foo.js
Cannot get /foo.js

$ curl http://localhost/app/files/foo.js
console.log('tobi');
```

3. 绝对与相对目录路径

请记住传到static()中的路径是相对于当前工作目录的。也就是说将"public"作为路径传入会被解析为process.cwd() + "public"。

然而有时你可能想用绝对路径指定根目录，变量__dirname可以帮你达成这一目的：

```
app.use('/app/files', connect.static(__dirname + '/public'));
```

4. 请求目录时返回index.html

static()还能提供index.html服务。当请求的是目录，并且那个目录下有index.html时，它可以返回这个文件作为响应。

现在你用一行代码就可以提供静态文件服务了，接下来我们去看看如何用中间件compress()压缩响应数据，以减少传输的数据量。

7.4.2   compress()：压缩静态文件

zlib模块给开发人员提供了一个用gzip和deflate压缩及解压数据的机制。Connect 2.0及以上版本在HTTP服务器层面提供了zlib，用compress()中间件压缩出站数据。

compress()组件通过请求头域Accept-Encoding自动检测客户端可接受的编码。如果请求头中没有该域，则使用相同的编码，也就是说不会对响应做处理。如果请求头的该域中包含gzip、deflate或两个都有，则响应会被压缩。

1. 基本用法

在Connect组件栈中，一般应该尽量把compress()放在靠上的位置，因为它包着res.write()和res.end()方法。

在下面这个例子中，静态文件服务将会支持数据的压缩处理：

```
var connect = require('connect');

var app = connect()
  .use(connect.compress())
  .use(connect.static('source'));

app.listen(3000);
```

在下面这段代码中，响应返回了一个189个字节的小JavaScript文件。默认的curl(1)请求不会发送Accept-Encoding域，所以你收到的是普通文本：

```
$ curl http://localhost/script.js -i
HTTP/1.1 200 OK
Date: Sun, 16 Oct 2011 18:30:00 GMT
Cache-Control: public, max-age=0
Last-Modified: Sun, 16 Oct 2011 18:29:55 GMT
ETag: "189-1318789795000"
Content-Type: application/javascript
Accept-Ranges: bytes
Content-Length: 189
Connection: keep-alive
```

```
console.log('tobi');
console.log('loki');
console.log('jane');
console.log('tobi');
console.log('loki');
console.log('jane');
console.log('tobi');
console.log('loki');
console.log('jane');
```

下面的curl(1)命令加上了Accept-Encoding域,指明它能接受gzip压缩的数据。如你所见,即便这么小的文件,因为数据重复度十分高,经过压缩后传输的数据也会明显减少:

```
$ curl http://localhost/script.js -i -H "Accept-Encoding: gzip"
HTTP/1.1 200 OK
Date: Sun, 16 Oct 2011 18:31:45 GMT
Cache-Control: public, max-age=0
Last-Modified: Sun, 16 Oct 2011 18:29:55 GMT
ETag: "189-1318789795000"
Content-Type: application/javascript
Accept-Ranges: bytes
Content-Encoding: gzip
Vary: Accept-Encoding
Connection: keep-alive
Transfer-Encoding: chunked

K??+??I???O?P/?O?T??JF?????J?K???v?!?_?
```

你可以用Accept-Encoding: deflate再试一次。

2. 使用定制的过滤器函数

compress()默认支持的MIME类型有text/*、*/json和*/javascript,这是在默认的filter函数中定义的:

```
exports.filter = function(req, res){
  var type = res.getHeader('Content-Type') || '';
  return type.match(/json|text|javascript/);
};
```

要改变这种行为,可以在选项对象中传入一个filter,像下面这段代码中这样,只压缩普通文本:

```
function filter(req) {
  var type = req.getHeader('Content-Type') || '';
  return 0 == type.indexOf('text/plain');
}
connect()
  .use(connect.compress({ filter: filter }))
```

3. 指定压缩及内存水平

Node的zlib模块提供了调整性能和压缩特性的选项,并且它们可以传给compress()函数。

在下面这个例子中,level被设为3,压缩水平更低但更快,memLevel被设为8,使用更多内存加快压缩速度。这些值完全取决于你的程序和可用的资源。请参考Node的zlib文件了解详情:

```
connect()
  .use(connect.compress({ level: 3, memLevel: 8 }))
```

接下来是directory()中间件，它可以帮static()提供各种格式的目录列表。

7.4.3 directory()：目录列表

Connect的directory()是一个提供目录列表的小型中间件，用户可以用它浏览远程文件。图7-5展示了这个组件提供的界面，有完整的搜索输入框、文件图标和可点击的面包屑导航。

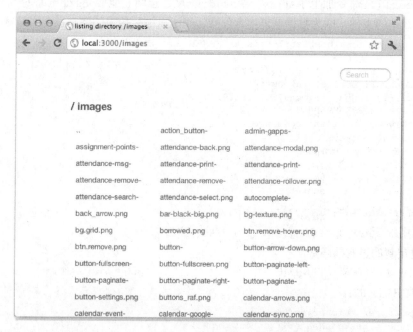

图7-5 用Connect的directory()中间件提供目录列表服务

1. 基本用法

这个组件要配合static()使用，由static()提供真正的文件服务；而directory()只是提供列表。其设置可能像下面的代码这样简单，请求GET /会得到./public目录的列表：

```
var connect = require('connect');

var app = connect()
  .use(connect.directory('public'))
  .use(connect.static('public'));

app.listen(3000);
```

2. 使用带挂载的directory()

通过中间件挂载，你可以给directory()和static()中间件加上任何你想要的路径做前缀，比如下例中的GET /files。这里的选项icons用来启用图标，hidden表明两个组件都可以查看并返回隐藏文件：

```
var app = connect()
  .use('/files', connect.directory('public',
    { icons: true, hidden: true }))
  .use('/files', connect.static('public', { hidden: true }));

app.listen(3000);
```

现在可以轻松地在文件和目录中导航了。

7.5 小结

Connect的强大之处在于它丰富的可重用自带中间件，像会话管理、强健的静态文件服务，出站数据压缩等等各种常见的Web程序功能它都有实现。Connect的目标是提供一些开箱即用的功能，这样大家就不用为自己的程序或框架重复编写相同的代码了（可能效率更低）。

通过这一章的学习，你已经看到了，Connect完全可以用中间件的组合构建整个Web程序。但Connect一般用来作为更高层框架的构件。比如说，它没有提供任何路由或模板辅助。Connect的底层方式使得它非常适合做高层框架的基础，Express就是这样集成它的。

你可能在想，为什么不能只是用Connect构建Web程序呢？那非常有可能，但高层Web框架Express充分利用了Connect的功能，并让程序开发更进一步。Express让程序开发变得更快，更有趣，它有优雅的视图系统、强大的路由，还有几个跟请求和响应相关的方法。下一章我们就要探索Express。

7

第8章

Express

事情即将变得更加有趣。Web框架Express（http://expressjs.com）是构建在Connect之上的，它提供的工具和结构让编写Web程序变得更容易、更快速、更有趣。Express提供了统一的视图系统，你几乎可以使用任何你想用的模板引擎，还有一些小工具，让你可以用各种数据格式返回响应，实现传送文件，路由URL等各种功能。

跟Django或RoR之类的框架比起来，Express非常小。Express的主导思想是程序的需求和实现变化非常大，使用轻量的框架可以打造出你恰好需要的东西，不会引入任何你不需要的东西。Express和整个Node社区都致力于做出更小的，模块化程度更高的功能实现，而不是一个整体式框架。

本章会教你如何用Express构建程序，我们以一个照片分享程序为例，把整个构建过程从头到尾介绍一遍。在这个过程中，你将学会如何完成下述任务：

- ❏ 生成程序的初始结构；
- ❏ 配置Express和你的程序；
- ❏ 渲染视图，集成模板引擎；
- ❏ 处理表单和文件上传；
- ❏ 处理资源下载。

这个照片存储程序最后会有一个看起来如图8-1所示的列表视图。

还会有一个用来上传新照片的表单，如图8-2所示。

最后会有一种下载照片的机制，如图8-3所示。

图8-1　照片列表视图

图8-2　照片上传视图

8

图8-3　下载文件

我们先从程序的结构开始入手吧。

8.1　生成程序骨架

Express不会在程序结构上强迫开发者，你可以把路由放在任意多的文件中，公共资源文件也可以放到任何目录下，等等。最小的Express程序可能像下面代码清单中的这样小，但也是一个功能完备的HTTP服务器。

代码清单8-1　最小的Express程序

```
var express = require('express');
var app = express();

app.get('/', function(req, res){         ◁──┐ 响应对/的请求
  res.send('Hello');                     ◁──┐
});                                          └ 发送"Hello"作为响应文本

app.listen(3000);      ◁── 监听端口3000
```

Express中有可执行的express(1)脚本，它能帮你设置程序的骨架。如果你刚接触Express，用生成的程序起步是个好办法，因为它帮你设置了程序的模板、公共资源文件、配置等等很多东西。

express(1)生成的程序只有几个目录和文件，如图8-4所示。设计成这样的结构是为了让开发者在几秒钟之内就可以把Express跑起来，但你和你的团队完全可以自行创建程序的结构。

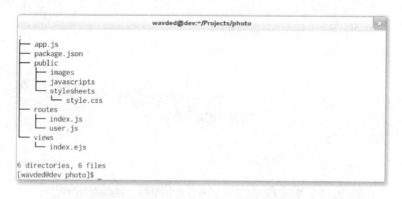

```
                    wavded@dev:~/Projects/photo                    ×
├── app.js
├── package.json
├── public
│   ├── images
│   ├── javascripts
│   └── stylesheets
│       └── style.css
├── routes
│   ├── index.js
│   └── user.js
└── views
    └── index.ejs

6 directories, 6 files
[wavded@dev photo]$ _
```

图8-4　使用EJS模板的默认程序骨架结构

在本章的例子中，我们使用的模板是EJS，它的结构跟HTML很像。EJS类似于PHP、JSP（在Java中用）和ERB（在Ruby中用），服务器端JavaScript嵌在HTML文档中，在发送到客户端之前执行。我们在第11章还会详细讨论EJS。

到本章结束时，你会有一个结构类似但做了些扩展的程序，如图8-5所示。

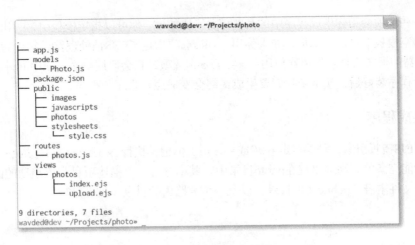

图8-5　程序最终的结构

本节会带你完成如下任务：

❑ 用npm安装全局Express；

❑ 生成程序；

❑ 探索程序并安装依赖项。

让我们开始行动吧！

8.1.1　安装 Express 的可执行程序

首先要用npm安装全局的Express：

```
$ npm install -g express
```

装好之后，你可以用`--help`标记看看可用的选项，如图8-6所示。

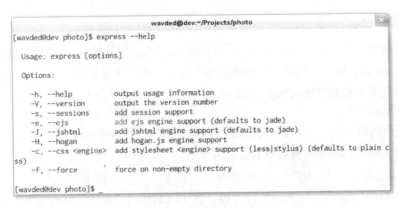

图8-6　Express帮助

其中一些选项会帮你生成程序中的某些部分。比如说，你可以指定模板引擎，让它生成选定模板引擎的空模板文件。类似地，如果你用--css选项指定了CSS预处理器，它会为你生成选定CSS预处理器的资源文件。如果你使用--sessions选项，它会启用session中间件。

可执行程序装好后，接下来我们要生成最终会变成照片程序的程序骨架。

8.1.2 生成程序

要使用EJS模板引擎，需要指定-e（或--ejs）标记，执行express -e photo。

一个功能完备的程序会出现在photo目录中。其中会有一个描述项目和依赖项的package.json文件，程序文件本身，public文件目录，以及一个放路由的目录（见图8-7）。

```
[wavded@dev Projects]$ express -e photo

   create : photo
   create : photo/package.json
   create : photo/app.js
   create : photo/public
   create : photo/public/javascripts
   create : photo/public/images
   create : photo/routes
   create : photo/routes/index.js
   create : photo/routes/user.js
   create : photo/views
   create : photo/views/index.ejs
   create : photo/public/stylesheets
   create : photo/public/stylesheets/style.css

   install dependencies:
     $ cd photo && npm install

   run the app:
     $ node app

[wavded@dev Projects]$
```

图8-7　生成Express程序

8.1.3 探索程序

我们来仔细看一下生成了什么东西。在编辑器中打开package.json文件，看看程序的依赖项，如图8-8所示。Express猜不出你要用依赖项的哪个版本，所以你最好给出模块的主要、次要及修订版本号，以免引入意料之外的bug。比如明确给出"express":"3.0.0"，那么每次安装时都会给你提供相同的代码。

要添加模块的最新版，比如这里的EJS，可以在安装时给npm传入--save标记。执行下面的命令，再次打开package.json，看看它有什么变化：

```
$ npm install ejs --save
```

现在看一下express(1)生成的程序文件，在下面的代码清单中。暂时先不要动它。其中的中间件在Connect那一章都介绍过了，但这个文件还是值得一看，我们可以看看默认的中间件配置是如何设置的。

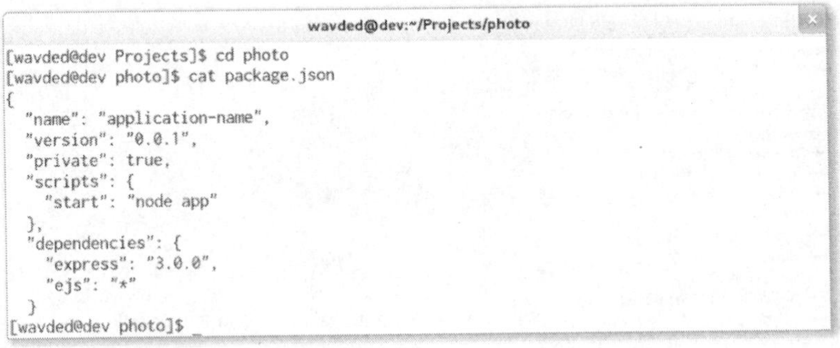

图8-8 生成的package.json中的内容

代码清单8-2 生成的Express程序骨架

```
var express = require('express')
 , routes = require('./routes')
 , user = require('./routes/user')
  , http = require('http')
  , path = require('path');

var app = express();

app.configure(function(){
  app.set('port', process.env.PORT || 3000);
  app.set('views', __dirname + '/views');
  app.set('view engine', 'ejs');
  app.use(express.favicon());          ← 提供默认的favicon
  app.use(express.logger('dev'));                  ← 输出有颜色区分的日志，
  app.use(express.bodyParser());                      以便于开发调试
  app.use(express.methodOverride());
  app.use(app.router);
  app.use(express.static(path.join(__dirname, 'public')));  ← 提供./public下
});                                                            的静态文件

app.configure('development', function(){
  app.use(express.errorHandler());     ← 在开发时显示样式化的
});                                        HTML错误页面

app.get('/', routes.index);            ← 指定程序路由
app.get('/users', user.list);

http.createServer(app).listen(app.get('port'), function(){
  console.log("Express server listening on port " + app.get('port'));
});
```

解析请求
主体

　　你已经得到了package.json和app.js文件，但程序还跑不起来，因为你还没装依赖项呢。不管express(1)什么时候生成package.json文件，你都需要安装依赖项（如图8-9所示）。执行npm install安装依赖项，然后执行node app.js启动程序。在浏览器中访问http://localhost:3000查看程序。默认的程序看起来像图8-10一样。

　　看完生成的程序，接下来我们要深入到特定环境下的配置中去。

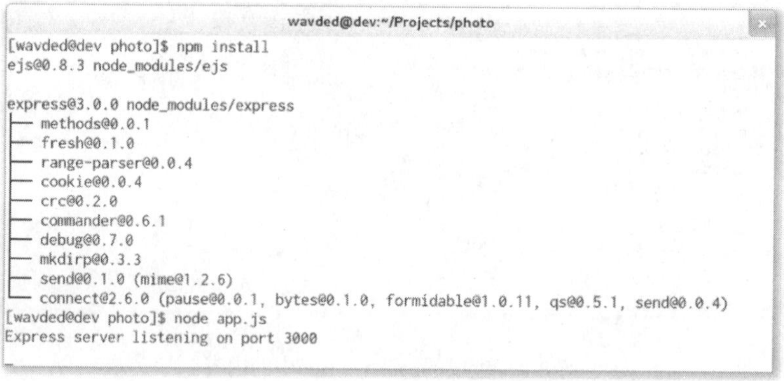

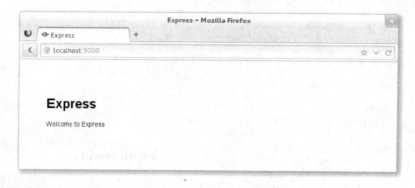

图8-9   安装依赖项并运行程序

图8-10   默认的Express程序

8.2   配置 Express 和你的程序

程序的需求取决于它所运行的环境。比如说，当你的产品处于开发环境中时，你可能想要详尽的日志，但在生产环境中，你可能想要精简的日志和gzip压缩。除了配置特定环境下的功能，你可能也想定义一些程序层面的设定，以便让Express知道你用的是什么模板引擎，以及到哪里去找模板。Express还允许你定义定制的配置键/值对。

Express有一个极简的环境驱动配置系统，由5个方法组成，全部由环境变量NODE_ENV驱动：

❑ app.configure()

❑ app.set()

❑ app.get()

❑ app.enable()

❑ app.disable()

在本节中，你将会看到如何用配置系统定制Express的行为，以及如何依照你的目的在开发过程中使用它。

　　我们先认真探讨一下"基于环境的配置"意味着什么。

设置环境变量

要在UNIX中设置环境变量，可以用这个命令：

```
$ NODE_ENV=production node app
```

在Windows中用这个：

```
$ set NODE_ENV=production
$ node app
```

这些环境变量会出现在你程序里的`process.env`对象中。

基于环境的配置

　　尽管环境变量`NODE_ENV`源自Express，但现在很多Node框架都用它通知Node程序它在什么环境中，默认为开发环境。

　　如代码清单8-3所示，`app.configure()`方法接受一个表示环境的可选字符串，以及一个函数。当环境与传入的字符串相匹配时，回调函数会被立即调用；当只给出函数时，在所有环境中都会调用它。这些环境的名称完全是随意的。比如说，你可以用`development`、`stage`、`test`和`production`，或简写为`prod`。

代码清单8-3　用`app.configure()`设定特定环境的选项

```
app.configure(function(){
  app.set('views', __dirname + '/views');     ← 所有环境
  app.set('view engine', 'ejs');
  ...
});

app.configure('development', function(){
  app.use(express.errorHandler());     ← 仅开发环境
});
```

`app.configure()`只是糖衣，下面这段代码和前面那个效果是一样的。你不是必须用这个特性；比如说，你可以从JSON或YAML中加载配置。

代码清单8-4　用条件判断设定特定环境的选项

```
var env = process.env.NODE_ENV || 'development';     ← 默认为 "development"

app.set('views', __dirname + '/views');
app.set('view engine', 'ejs');     ← 所有环境
...

if ('development' == env) {     ← 仅开发环境，用if语句
  app.use(express.errorHandler());     代替 app.configure
}
```

为了让你可以定制Express的行为，Express内部使用了配置系统，但你也可以使用配置系统。本章要构建的程序只有一个设定项，`photos`，它的值是一个目录，用来存放传上来的图片。这个值在生产环境中可以修改，以便在有更多硬盘空间的卷中保存和提供照片：

```
app.configure(function(){
  ...
  app.set('photos', __dirname + '/public/photos');
  ...
});

app.configure('production', function(){
  ...
  app.set('photos', '/mounted-volume/photos');
  ...
});
```

Express还为Boolean类型的配置项提供了`app.set()`和`app.get()`的变体。比如说，`app.enable(setting)`等同于`app.set(setting, true)`，`app.enabled(setting)`可以用来检查该值是否启用了。`app.disable(setting)`和`app.disabled(setting)`补足了Boolean类型的变体。

看完了如何使用配置系统，接下来我们去看看Express中的视图渲染。

8.3 渲染视图

尽管我们前面说过，几乎所有Node社区中的模板引擎都能用在Express中，但本章的程序用的是EJS模板。不熟悉EJS也不用担心，它很像其他语言（PHP、JSP、ERB）中的模板语言。本章只是介绍一些EJS的基础知识，但第11章会详细介绍EJS和其他几个模板引擎。

不管是渲染整个HTML页面、一个HTML片段，或者一个RSS预订源，渲染视图对几乎所有程序来说都至关重要。它的概念很简单：你把数据传给视图，然后数据会被转换，通常是变成Web程序中的HTML。视图的概念对你来说应该不算陌生，因为大多数框架都提供了类似的功能。图8-11阐明了视图如何形成新的数据表示。

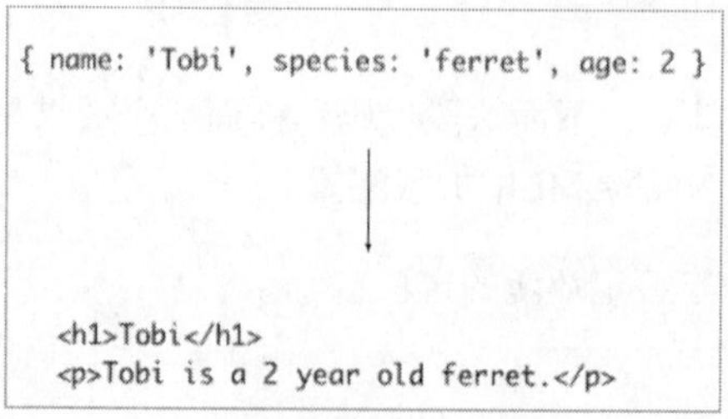

```
{ name: 'Tobi', species: 'ferret', age: 2 }

                    |
                    ↓

<h1>Tobi</h1>
<p>Tobi is a 2 year old ferret.</p>
```

图8-11 HTML模板加数据=数据的HTML视图

Express中两种渲染视图的办法：在程序层面用`app.render()`，在请求或响应层面用`res.render()`，它在内部用的也是前者。本章只用`res.render()`。如果你看一下`./routes/`

index.js，会看到一个输出的函数：index。这个函数调用res.render()，渲染./views/index.ejs模板，代码如下所示：

```
exports.index = function(req, res){
  res.render('index', { title: 'Express' });
};
```

在本节中，你会了解如何进行下列操作：

❑ 配置Express视图系统；

❑ 查找视图文件；

❑ 在渲染视图时输出数据。

在认真研究res.render()之前，我们先来配置视图系统。

8.3.1　视图系统配置

Express视图系统配置起来很简单。即便express(1)帮你生成了配置，你还是应该知道它的底层机制，这样才能在需要时修改它。我们会重点介绍三个领域：

❑ 调整视图的查找；

❑ 配置默认的模板引擎；

❑ 启用视图缓存，减少文件I/O。

首先是视图的设定。

改变查找目录

下面的代码片段是Express的可执行程序创建的视图设定：

```
app.set('views', __dirname + '/views');
```

这个指定了Express在查找视图时所用的目录。用__dirname是个好主意，这样你的程序就不会依赖于作为程序根目录的当前工作目录。

__dirname

　　Node中的__dirname（前面有两个下划线）是一个全局变量，用来确定当前运行的文件所在的目录。在开发时，这个目录通常跟你的当前工作目录（CWD）是同一个目录，但在生产环境中，Node可能是从另外一个目录中运行的。用__dirname有助于保持路径在各种环境中的一致性。

下一个设定是view engine。

默认的模板引擎

express(1)生成程序时，view engine被设定为ejs是因为命令行中的-e选项选择了模板引擎EJS。这个设定让你可以在渲染中用index，不用index.ejs。否则，Express需要有扩展名才能确定用哪个模板引擎。

你可能在想Express为什么还要考虑扩展名。因为有了扩展名可以在一个Express程序中使用多个模板引擎，同时又能给常用用例提供一个清晰的API，因为大多数程序都是用一个模板引擎。

比如说，你发现用另外一种模板引擎写RSS预订源更容易，或者你可能从一个模板引擎迁移到了另一个上。你可能将Jade作为默认引擎，EJS用于/feed路由，就像下面的代码清单中这样指明.ejs扩展名。

代码清单8-5　用文件扩展名指定模板引擎

```
app.set('view engine', 'jade');

app.get('/', function(){                    会假定为.jade，因为它被设定为view engine
  res.render('index');
 });

app.get('/feed', function(){                因为提供了扩展名.ejs，所以会用模板引擎EJS
  res.render('rss.ejs')
;
});
```

让package.json保持同步　记住，你想用的任何额外模板引擎都应该添加到package.json的依赖项对象中。

视图缓存

生产环境中会默认启用view cache设定，并防止后续的render()调用执行硬盘I/O。模板的内容保存在内存中，性能会得到显著提升。启用这个设定的副作用是只有重启服务器才能让模板文件的编辑生效，所以在开发时会禁用它。如果你正运行在分级（staging）环境中，很可能要启用这个选项。

如图8-12所示，在view cache被禁用时，每次请求都会从硬盘上读取模板。这样你无需重启程序就可以让模板的修改生效。当启用view cache时，每个模板只会读取一次硬盘。

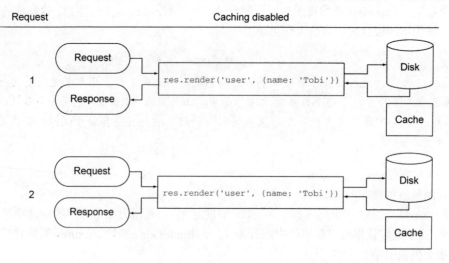

图8-12　view cache设定

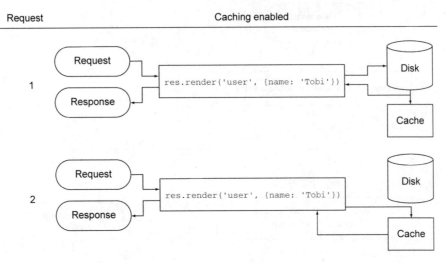

图8-12 `view cache`设定（续）

　　你已经知道视图缓存机制如何帮助提升非开发环境中的程序性能了。接下来我们看看Express如何定位视图来渲染它们。

8.3.2　视图查找

　　你已经知道如何配置视图系统了，现在我们来看一下Express是如何查找视图的，即在哪里定位目标视图文件。先不要管这些模板的创建，你后面会做的。

　　查找视图的过程跟Node的`require()`工作机制类似。当`res.render()`或`app.render()`被调用时，Express会先检查是否有文件在这个绝对路径上。接着会找8.3.1节讨论的视图目录设定的相对路径。最后，Express会尝试使用index文件。

　　这个过程如图8-13中的流程图所示。

　　因为默认的引擎被设定为ejs，所以render会忽略.ejs扩展名，但它仍能正确解析。

　　随着程序的不断进化，你会需要更多的视图，并且有时一个资源需要几个视图。用`view lookup`可以帮你组织这些视图，比如说，你可以使用跟资源相连的子目录，在其中创建视图，比如图8-14中的photos目录。

　　添加子目录可以去掉模板名称中的冗余部分，比如upload-photo.ejs和show-photo.ejs。Express会添加`view engine`扩展名，将视图解析为`./views/photos/upload.ejs`。

　　Express会检查是否有名为index的文件在那个目录中。当文件的名称为复数时，比如*photos*，通常暗示着这是一个资源列表。图8-14中的`res.render('photos')`就是这样的例子。

　　你已经知道Express是如何查找视图的了，那么我们开始创建照片列表，把这个功能用起来吧。

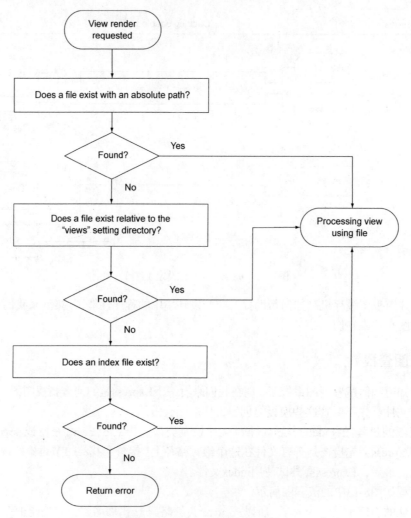

图8-13　Express视图查找过程

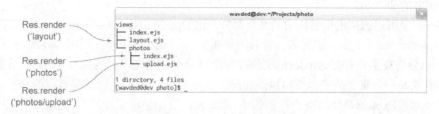

图8-14　Express视图查找

8.3.3 把数据输出到视图中

在Express中，要把本地变量输出到被渲染的视图有几种办法，不过首先要有可渲染的东西。本节会用一些假数据组装出照片列表的初始视图。

我们暂时先不引入数据库，而是做一些假数据。先创建文件./routes/photos.js，其中包含与照片相关的路由。然后在这个文件中创建一个photos数组，让它充当我们的临时数据库。代码如下所示：

代码清单8-6　组装视图的虚假照片数据

```
var photos = [];
photos.push({
  name: 'Node.js Logo',
  path: 'http://nodejs.org/images/logos/nodejs-green.png'
});

photos.push({
  name: 'Ryan Speaking',
  path: 'http://nodejs.org/images/ryan-speaker.jpg'
});
...
```

内容有了，还需要一个显示它的路由。

创建照片列表视图

要显示这些照片数据，需要先定义一个路由去渲染EJS照片视图，如图8-15所示。

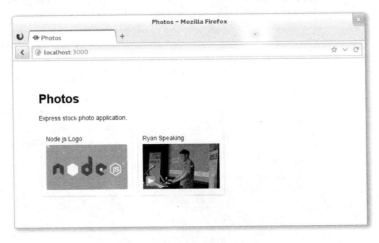

图8-15　照片列表的初始视图

我们先从./routes/photos.js开始，打开这个文件，输出函数list（代码在下面的清单中）。实际上，你可以按自己的想法命名这个函数。路由函数等同于普通的Connect中间件函数，接受请求和响应对象，以及next()回调，不过这个例子中没用。把对象传给res.render()方法是第一种，也是最主要的向视图传递数据的办法。

代码清单8-7　列表路由

```
exports.list = function(req, res){
  res.render('photos', {
    title: 'Photos',
    photos: photos
  });
};
```

　　然后你可以在./app.js中引入photos模块，访问你刚刚写好的exports.list函数。为了在首页/中显示照片，要把photos.list函数传给app.get()方法，它会把路径/上的HTTP GET方法映射到这个函数上。

代码清单8-8　添加photos.list路由

```
...
var routes = require('./routes');
var photos = require('./routes/photos');
...                                        ← 替换app.get('/', routes.index)
app.get('/', photos.list);
```

　　数据和路由都准备好了，你可以写照片的视图了。跟照片有关的视图有几个，所以我们要创建目录./views/photos，并在里面放一个index.ejs文件。你可以用JavaScript的forEach循环遍历传给res.render()的photos对象,逐一处理其中的photo，显示每张照片的名称和图片，像下面的代码清单中那样。

代码清单8-9　照片列表视图的模板

```
<!DOCTYPE html>
<html>
  <head>
    <title><%= title %></title>         ← EJS <%= value %>输出转义的值
    <link rel='stylesheet' href='/stylesheets/style.css' />
  </head>
  <body>
    <h1>Photos</h1>
    <p>Express stock photo application.</p>
    <div id="photos">
      <% photos.forEach(function(photo) { %>    ← EJS用<% code %>执行普通的JS
        <div class="photo">
          <h2><%=photo.name%></h2>
          <img src='<%=photo.path%>'/>
        </div>
      <% }) %>
    </div>
  </body>
</html>
```

　　这个视图会产生下面这种标记。

代码清单8-10　photos/index.ejs模板产生的HTML

```
...
<h1>Photos</h1>
<p>Express stock photo application.</p>
```

```
<div id="photos">
  <div class="photo">
    <h2>Node.js Logo</h2>
    <img src="http://nodejs.org/images/logos/nodejs-green.png" />
  </div>
...
```

如图你对程序的样式感兴趣，下面是./public/stylesheets/style.css中的CSS。

代码清单8-11 本章的教学程序中所用样式的CSS

```
body {
  padding: 50px;
  font: 14px "Helvetica Neue", Helvetica, Arial, sans-serif;
}
a { color: #00B7FF; }
.photo {
  display: inline-block;
  margin: 5px;
  padding: 10px;
  border: 1px solid #eee;
  border-radius: 5px;
  box-shadow: 0 1px 2px #ddd;
}
.photo h2 {
  margin: 0;
  margin-bottom: 5px;
  font-size: 14px;
  font-weight: 200;
}
.photo img { height: 100px; }
```

用node app启动程序，在你的浏览器中访问http://localhost:3000。你会看到之前在图8-15中显示的照片。

将数据输出到视图中的方法

你已经见过如何将本地变量直接传给res.render()了，但除此之外还有其他办法可用。比如用app.locals传递程序层面的变量，用res.locals传递请求层面的本地变量。

直接传给res.render()的值优先级要高于通过res.locals和app.locals设定的值，如图8-16所示。

Express默认只会向视图中输出一个程序级变量，settings，这个对象中包含所有用app.set()设定的值。比如app.set('title', 'My Application')会把settings.title输出到模板中，请看下面的EJS代码片段：

```
<html>
  <head>
    <title><%=settings.title%></title>
  </head>
  <body>
    <h1><%=settings.title%></h1>
    <p>Welcome to <%=settings.title%>.</p>
  </body>
```

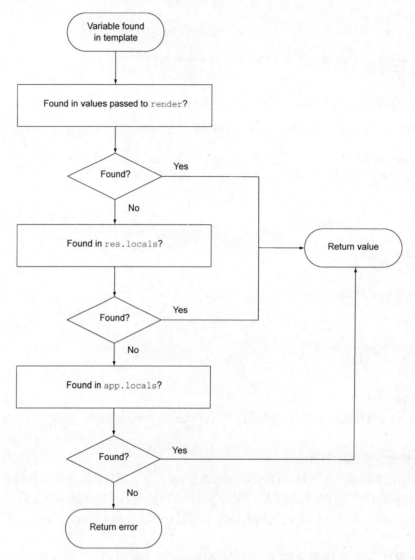

图8-16　在渲染模板时，直接传给render函数的值优先级最高

从Express内部来看，它是用下面的JavaScript输出这个对象的：

```
app.locals.settings = app.settings;
```

全都在这儿了。

为了方便，`app.locals`也被做成了一个JavaScript函数。当有对象传入时，所有的键都会被合并，所以如果你有想整体输出的对象，比如某些i18n数据，可以这样做：

```
var i18n = {
  prev: 'Prev',
  next: 'Next',
```

```
  save: 'Save
};
app.locals(i18n);
```

这样会把prev、next和save输出到所有模板中。我们可以用这个特性输出视图的辅助函数，从而减少模板中的逻辑。比如说，如果你有一个输出了几个函数的Node模块helpers.js，可以像下面这样把所有函数输出到视图中：

```
app.locals(require('./helpers'));
```

接下来我们要给这个网站添加一个文件上传的功能，并学习一下Express如何使用Connect的中间件bodyParser实现这一功能。

8.4 处理表单和文件上传

接下来我们要实现照片上传功能。先检查一下，确保你像8.2.1节讨论的那样，在程序中定义了photos配置项。这样你就可以在各种环境下随意改变存放照片的目录了。现在我们要把照片放在./public/photos目录下，像下面代码中设置的那样。创建这个目录。

代码清单8-12 可以设定照片上传目的地址的定制配置项

```
...
app.configure(function(){
  app.set('views', __dirname + '/views');
  app.set('view engine', 'ejs');
  app.set('photos', __dirname + '/public/photos');
...
```

实现照片上传功能总共分三步：

❑ 定义照片模型；
❑ 创建照片上传表单；
❑ 显示照片列表。

8.4.1 实现照片模型

我们会用第5章讨论的Mongoose模型做照片模型。用npm install mongoose --save安装Mongoose。然后创建文件./models/Photo.js，模型的定义在这里。

代码清单8-13 照片模型

```
var mongoose = require('mongoose');
mongoose.connect('mongodb://localhost/photo_app');        建立到localhost上mongodb的
                                                          连接，用photo_app做数据库
var schema = new mongoose.Schema({
  name: String,
  path: String
});

module.exports = mongoose.model('Photo', schema);
```

Mongoose的模型上有所有的CRUD方法（`Photo.create`、`Photo.update`、`Photo.remove`和`Photo.find`），所以这样就搞定了。

8.4.2 创建照片上传表单

照片模型已经到位，现在你可以做上传表单和相关路由了。跟其他页面一样，你需要给上传页面定义一个GET路由和一个POST路由。

你要把照片目录传给POST处理器，并返回一个路由回调，以便处理器可以访问这个目录。把新路由添加到app.js中，放在默认（/）路由下面：

```
...
app.get('/upload', photos.form);
app.post('/upload', photos.submit(app.get('photos')));
...
```

创建照片上传表单

接下来要创建图8-17中的上传表单。这个表单中包含一个可选的照片名称和图片的文件上传控件。

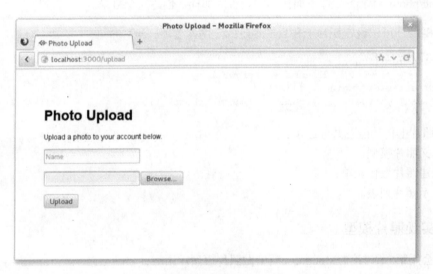

图8-17　照片上传表单

用下面的EJS代码创建文件views/photos/upload.ejs。

代码清单8-14　上传文件的表单

```
<!DOCTYPE html>
<html>
  <head>
    <title><%= title %></title>
    <link rel='stylesheet' href='/stylesheets/style.css' />
  </head>
```

```
<body>
  <h1><%= title %></h1>
  <p>Upload a photo to your account below.</p>
  <form method='post' enctype='multipart/form-data'>
    <p><input
            type='text', name='photo[name]', placeholder='Name'/>
            </p>
    <p><input type='file', name='photo[image]'/></p>
    <p><input type='submit', value='Upload'/></p>
  </form>
</body>
</html>
```

接下来我们添加照片上传的路由。

为照片上传页面添加路由

你已经有了照片上传表单，但还没办法显示它。photos.form函数将完成这个任务。在./routes/photos.js中输出的form函数会渲染./views/photos/upload.ejs。

代码清单8-15 添加表单路由

```
exports.form = function(req, res){
  res.render('photos/upload', {
    title: 'Photo upload'
  });
};
```

处理照片提交

接下来你需要一个路由来处理表单提交。就像在第7章讨论过的，bodyParser()，更具体地说是multipart()中间件（包含在bodyParser中），它会给你一个req.files对象，代表上传的文件，并把这个文件保存到硬盘中。你可以通过req.files.photo.image访问这个对象。上传表单中的输入域，photo[name]，可以通过req.body.photo.name访问到。

这个文件被fs.rename()"移动"到新的目的地，这个目的地在传给exports.submit()的'dir'中。记住，在我们这个例子中，dir是你在app.js中定义的配置项photos。在文件被挪到位后，一个新的Photo对象被组装出来，带着照片的名称和路径被保存下来。在成功保存后，用户被重定向到首页，代码如下所示。

代码清单8-16 添加照片提交路由定义

```
var Photo = require('../models/Photo');      ◁—— 引入Photo模型
var path = require('path');
var fs = require('fs');
var join = path.join;
                                             引用path.join，这样你就
                                             可以用"path"命名变量
...

exports.submit = function (dir) {
  return function(req, res, next){
    var img = req.files.photo.image;
    var name = req.body.photo.name || img.name;   默认为原来的
    var path = join(dir, img.name);               文件名
```

```
        fs.rename(img.path, path, function(err){          ◁── 重命名文件
          if (err) return next(err);
委派错误
          Photo.create({
            name: name,
            path: img.name
          }, function (err) {
            if (err) return next(err);                    ◁── 委派错误
            res.redirect('/');
          });                                       重定向到首页
        });
      };
    };
```

太棒了！你能上传照片了。接下来你将要实现把它们显示在首页上的必要逻辑。

8.4.3 显示上传照片列表

在8.3.3节，我们在实现路由app.get('/', photos.list)时使用了假数据。现在该真数据上场了。

之前那个路由回调除了把假照片数组传给模板之外什么也没做，如下所示：

```
exports.list = function(req, res){
  res.render('photos', {
    title: 'Photos',
    photos: photos
  });
};
```

新版本用Mongoose提供的Photo.find获取你上传的照片。不过你要注意，如果照片集合太大，这个例子的性能会比较差。我们会在下一章讲解如何分页。

一旦带着photos数组的回调被调用，路由的其余部分就和引入异步查询之前一样。

代码清单8-17 修改过的list路由

```
exports.list = function(req, res, next){
  Photo.find({}, function(err, photos){
    if (err) return next(err);                    {}查出photo集合中的所有记录
    res.render('photos', {
      title: 'Photos',
      photos: photos
    });
  });
};
```

我们还要改一下./views/photos/index.ejs模板，让它显示./public/photos中的照片。

代码清单8-18 修改视图让它使用为photos路径设定的配置项

```
...
<% photos.forEach(function(photo) { %>
  <div class="photo">
    <h2><%=photo.name%></h2>
    <img src='/photos/<%=photo.path%>'/>
```

```
    </div>
<% }) %>
...
```

首页中现在有了一个动态列表，显示这个程序中上传的照片，如图8-18所示。

图8-18　到目前为止照片程序的样子

到目前为止我们定义的都是简单路由：它们不接受通配符。接下来我们要深入到Express的路由能力中。

8.5　创建资源下载

你已经用express.static()提供了静态文件，但Express提供了几种帮你处理文件传输的响应方法。其中包括传送文件的res.sendfile()，它的变体res.download()，后者会在浏览器中提示用户保存文件。

本节会对程序进行调整，添加一个GET /photo/:id/download路由，以便用户可以下载原来上传的照片。

8.5.1　创建照片下载路由

首先你要给照片添加一个链接，这样用户才能下载它们。打开./views/photos/index.ejs，按照下面的代码修改它。在img标签外面添加一个指向GET /photo/:id/download路由的链接。

代码清单8-19　添加下载链接

```
...
<% photos.forEach(function(photo) { %>
  <div class="photo">
    <h2><%=photo.name%></h2>
    <a href='/photo/<%=photo.id%>/download'>
```

> Mongoose提供了ID域，可以用来查找特定的记录

```
    <img src='/photos/<%=photo.path%>'/>
  </a>
 </div>
<% }) %>
...
```

回到app.js中，在路由定义中找个你喜欢的地方把下面这条路由加进去：

```
app.get('/photo/:id/download', photos.download(app.get('photos')));
```

在尝试这个功能之前，你还需要一个下载路由。我们去把它实现了吧！

8.5.2　实现照片下载路由

在./routes/photos.js中输出download函数，如代码清单8-20所示。这个路由会加载被请求的文件，并传输给定路径下的文件。Express提供的res.sendfile()用了跟express.static()一样的代码，所以它也有HTTP缓存、范围请求等功能。这个方法也接受相同的选项，所以你也可以把{ maxAge: oneYear }这样的值作为第二个参数传给它。

代码清单8-20　照片下载路由

```
exports.download = function(dir){              ◁—— 设定你要提供的文件所在的目录
  return function(req, res, next){            ◁—— 设定路由回调
    var id = req.params.id;
    Photo.findById(id, function(err, photo){        ◁—— 加载照片记录
      if (err) return next(err);
      var path = join(dir, photo.path);          ◁—— 构造指向文件的绝对路径
      res.sendfile(path);        ◁—— 传输文件
    });
  };
};
```

如果你现在启动程序，在通过认证后你应该可以点击照片了。

你得到的结果也许和你想的不一样。res.sendfile()传输数据，浏览器会解释数据。对于图片，浏览器会在窗口中显示它们，如图8-19所示。接下来我们要看一下res.download()，它会让浏览器提示用户是否下载文件。

> **SENDFILE回调参数**　回调函数也可以作为第二个或第三个参数（当使用选项时），以便在下载完成时通知程序。比如说，你可以用回调函数扣减用户的下载信用点。

1. 触发浏览器下载

用res.download()代替res.sendfile()会改变浏览器收到文件后的行为。响应头域ContentDisposition会被设定为文件的名称，浏览器会相应地提示用户下载。

图8-19　用res.sendfile()传输的照片

从图8-20中可以看到，图片的原始名称（littlenice_by_dhor.jpeg）被用作了被下载文件的名称。这对你的程序来说可能并不是理想的选择。

接下来我们看一下res.download()函数可选的文件名参数。

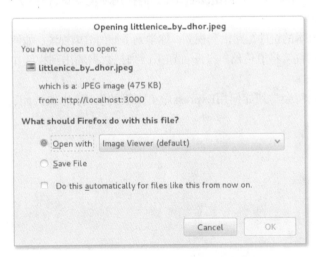

图8-20　用res.download()传输的图片

2. 设定下载的文件名

你可以用res.download()的第二个参数定义一个定制的文件名，在下载时取代默认的原始文件名。代码清单8-21修改了之前的实现，给出照片被上传时提供的名称，比如Flower.jpeg。

代码清单8-21   给出显式文件名的照片下载路由

```
...
var path = join(dir, photo.path);
res.download(path, photo.name+'.jpeg');
...
```

如果你现在启动程序后再点击照片，浏览器应该会提示你是否下载它，如图8-21所示。

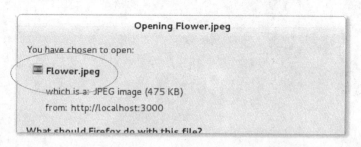

图8-21   用`res.download()`传输，并且文件名被定制的照片

8.6   小结

在这一章里，你学到了如何从头开始创建Express程序，以及如何处理常见的Web开发任务。

你学到了典型的Express程序如何组织目录，如何使用环境变量，以及如何用`app.configure`方法改变程序在不同环境下的行为。

Express程序中最基本的组件是路由和视图。你学到了如何渲染视图，如何通过设定`app.locals`和`res.locals`，以及直接将值传给`res.render()`来把数据输出到视图中。你还学到了基本路由的工作机制。

在下一章里，我们将会学到如何用Express做更高级的事情，比如认证、路由、中间件和REST API。

第 9 章

Express进阶

本章内容
- ❏ 实现认证
- ❏ URL路由
- ❏ 创建REST API
- ❏ 处理错误

本章会介绍一些高级的Express技术，让你可以利用这个框架中更高级的功能。

我们要创建一个简单的程序来阐明这些技术，这个程序允许人们注册，提交公开的消息，按发布时间逆序呈现给访问者观看。这种程序被称作"吼吼箱"（shoutbox）。图9-1是程序的首页和用户注册页，图9-2是登录和发布页。

这个程序需要添加如下逻辑：

- ❏ 认证用户；
- ❏ 实现校验和分页；
- ❏ 提供一个公开表述性状态转移（REST）API，以发送和接收消息。

图9-1　吼吼箱程序的首页和用户注册页

图9-2   吼吼箱程序的登录和发布页

我们先从利用Express做用户的身份认证开始。

9.1   认证用户

本节从创建认证系统开始吼吼箱程序的开发工作。你将要完成如下任务：
- □ 存储和认证已注册用户的逻辑；
- □ 注册功能；
- □ 登录功能；
- □ 为用户登录请求加载用户信息的中间件。

为了用户认证，你需要把数据存起来。我们在这个程序中用的是5.3.1节中介绍过的Redis。它安装快捷，学习曲线平滑，对于只想重点关注程序逻辑，不想为数据库层操心的我们来说是非常好的候选方案。本章跟数据库的交互几乎适用于所有可用的数据库，所以如果你喜欢冒险，可以自行把Redis换成你喜欢的数据库。我们先创建User模型。

9.1.1   保存和加载用户

本节会按照一系列的步骤实现用户加载、保存和认证。你将完成下面这些任务：
- □ 用package.json定义程序的依赖项；
- □ 创建用户模型；
- □ 添加用Redis加载和保存用户的逻辑；
- □ 用bcrypt增强用户密码的安全性；
- □ 添加逻辑对用户的登录请求进行认证。

Bcrypt是一个加盐的哈希函数，是专门用来对密码做哈希处理的第三方模块。Bcrypt特别适合处理密码，因为计算机越来越快，而bcrypt能让破解变慢，从而有效对抗暴力攻击。

1. 创建PACKAGE.JSON文件

为了创建一个支持EJS和会话的程序骨架，打开命令行窗口，进入你的开发目录，输入`express -e -s shoutbox`。咱们在前面用过标记`-e`，在app.js中启用对EJS的支持。而标记`-s`启用对会话的支持。

程序骨架创建好后，进入shoutbox目录。接下来修改指明依赖项的package.json文件，在其中再添加两个模块。修改后的package.json文件看起来应该如下所示：

代码清单9-1　额外增加了依赖项bcrypt和Redis的package.json文件

```json
{
  "name": "shoutbox",
  "version": "0.0.1",
  "private": true,
  "scripts": {
    "start": "node app"
  },
  "dependencies": {
    "express": "3.x",
    "ejs": "*",
    "bcrypt": "0.7.3",
    "redis": "0.7.2"
  }
}
```

输入`npm install`安装依赖项。这会把它们装到`./node_modules`目录下。

最后输入下面的命令创建一个空白的EJS模板文件，以便稍后定义。因为这个模板会被其他模板文件引入，所以如果不先创建它，程序会报错：

```
touch views/menu.ejs
```

设置好程序骨架，装好依赖项，现在你可以定义用户模型了。

2. 创建用户模型

你现在需要创建一个lib目录，并在其中创建一个名为`user.js`的文件。把用户模型的代码放在这个文件中。

代码清单9-2是首先要添加的逻辑。这段代码引入了依赖项`redis`和`bcrypt`，然后用`redis.createClient()`打开Redis连接。函数`User`可以接受一个对象，并把这个对象的属性合并进去。比如说，`new User({ name: 'Tobi' })`会创建一个对象，并将对象的属性name设定为Tobi。

代码清单9-2　开始创建用户模型

```javascript
var redis = require('redis');
var bcrypt = require('bcrypt');
var db = redis.createClient();          ◁── 创建到Redis的长连接

module.exports = User;                   ◁── 从这个模块中输出
                                            User函数
function User(obj) {
  for (var key in obj) {                 ◁── 遍历传入对象中的键
    this[key] = obj[key];                ◁── 合并值
  }
}
```

3. 把用户保存到Redis中

你需要的下一个功能是保存用户，把用户的数据保存到Redis中。代码清单9-3中的`save()`方法检查用户是否有ID，如果有就调用`update()`方法，用名称索引用户ID，并用对象的属性组装出Redis哈希表中的记录。如果用户没有ID，则认为这是一个新用户，增加`user:ids`的值，给用户一个唯一的ID，然后在用相同的`update()`方法把用户保存到Redis中之前对密码做哈希处理。

把下面的代码加到lib/user.js中。

代码清单9-3   用户模型中的`save`实现

```
User.prototype.save = function(fn){
  if (this.id) {                          ←── 用户已存在
    this.update(fn);
  } else {
    var user = this;
    db.incr('user:ids', function(err, id){        ←── 创建唯一ID
      if (err) return fn(err);
      user.id = id;                                ←── 设定ID，以便保存
      user.hashPassword(function(err){
        if (err) return fn(err);
        user.update(fn);                           ←── 保存用户属性
      });
    });
  }
};

User.prototype.update = function(fn){
  var user = this;
  var id = user.id;
  db.set('user:id:' + user.name, id, function(err) {    ←── 用名称索引用户ID
    if (err) return fn(err);
    db.hmset('user:' + id, user, function(err) {
      fn(err);                                      ←── 用Redis哈希存储数据
    });
  });
};
```

密码哈希

4. 增强用户密码的安全性

在用户刚创建时，需要有个`.pass`属性用来设定用户的密码。用户保存逻辑会对密码做哈希处理，替换掉`.pass`属性。

这个哈希处理会加盐。每个用户加的盐不一样，可以有效对抗彩虹表攻击：对于哈希机制而言，盐就像私钥一样。bcrypt可以用`genSalt()`为哈希生成12个字符的盐。

> **彩虹表攻击**　彩虹表攻击用预先计算好的表破解经过哈希计算的密码。维基百科上有更详细的介绍：http://en.wikipedia.org/wiki/Rainbow_table。

盐生成了之后，调用`bcrypt.hash()`，它会对`.pass`属性和盐做哈希处理。这个最终的哈希值会在`.update()`把`.pass`存到Redis之前替换它，确保不会保存密码的明文，只保存它的哈希结果。

把下面的代码加到lib/user.js中，其中定义的函数会创建加盐的哈希，并把结果存在用户的属

性.pass中。

代码清单9-4 在用户模型中添加bcrypt加密

```
User.prototype.hashPassword = function(fn){
  var user = this;
  bcrypt.genSalt(12, function(err, salt){          ←── 生成有12个字符的盐
    if (err) return fn(err);
    user.salt = salt;                              ←── 设定盐以便保存
    bcrypt.hash(user.pass, salt, function(err, hash){
      if (err) return fn(err);
      user.pass = hash;                            ←── 设定哈希以便保存
      fn();
    });
  });
};
```

左侧注释：生成哈希

全做好了。

5. 测试用户保存逻辑

我们来试一下，在命令行中输入redis-server启动Redis服务器。在lib/user.js最后加上代码清单9-5中的代码，它会创建一个示例用户。然后在命令行中运行node lib/user创建用户。

代码清单9-5 测试用户模型

```
var tobi = new User({          ←── 创建用户
  name: 'Tobi',
  pass: 'im a ferret',
  age: '2'
});

tobi.save(function(err){       ←── 保存用户
  if (err) throw err;
  console.log('user id %d', tobi.id);
});
```

现在应该能看到表明用户创建成功的输出，比如：user id 1。测试完用户模型，从lib/user.js中去掉代码清单9-5中的代码。

在使用Redis中的工具redis-cli时，可以用HGETALL命令取出哈希表中的所有键值对，像下面这个命令行会话中所演示的这样：

代码清单9-6 使用redis-cli工具查看存储数据

```
$ redis-cli                    ←── 启动Redis命令行
redis> get user:ids                                    ←── 找出最近创建的用户的ID
"1"
redis> hgetall user:1          ←── 取出哈希表条目中的数据
  1) "name"
  2) "Tobi"
  3) "pass"
  4) "$2a$12$BAOWThTAkNjY7Uht0UdBku46eDGpKpK5iJcf0eLW08sMcfPL7.PN."
  5) "age"
  6) "2"
  7) "id"
```

左侧注释：哈希表条目的属性

```
 8) "4"
 9) "salt"
10) "$2a$12$BAOWThTAkNjY7Uht0UdBku"      ←—— 退出Redis命令行
redis> quit
```

用户保存的逻辑定义好了，该添加获取用户信息的逻辑了。

其他可以在REDIS-CLI中运行的命令 要了解与Redis命令有关的更多内容，请参见Redis命令参考手册：http://redis.io/commands。

6. 获取用户数据

在用户想要登录一个Web程序时，通常会在表单中输入用户名和密码，然后把这些数据提交给程序进行认证。在登录表单被提交后，你需要一个能通过用户名获取用户的方法。

这个逻辑在下面的代码清单中被定义为User.getByName()。这个函数先用User.getId()查找用户ID，然后把ID传给User.get()，由它负责取得Redis哈希表中的用户数据。将下面的逻辑加到lib/user.js中。

代码清单9-7 从Redis中取得用户

```
User.getByName = function(name, fn){            根据名称查找用户ID
  User.getId(name, function(err, id){       ←——
    if (err) return fn(err);
    User.get(id, fn);                       ←—— 用ID抓取用户
  });
};

User.getId = function(name, fn){                取得由名称索引的ID
  db.get('user:id:' + name, fn);            ←——
};

User.get = function(id, fn){                     获取普通对象哈希
  db.hgetall('user:' + id, function(err, user){ ←——
    if (err) return fn(err);
    fn(null, new User(user));               ←—— 将普通对象转换成新的User对象
  });
};
```

现在已经得到了经过哈希的密码，可以继续处理用户的认证了。

7.认证用户登录

用户认证所需的最后一个方法在下面的代码清单中，它用到了前面定义的用户数据获取函数。把这个添加到lib/user.js中。

代码清单9-8 认证用户的名称和密码

```
            User.authenticate = function(name, pass, fn){
              User.getByName(name, function(err, user){    ←— 通过名称查找用户
                if (err) return fn(err);
                if (!user.id) return fn();               ←—— 用户不存在
对给出的   ┌→    bcrypt.hash(pass, user.salt, function(err, hash){
密码做哈   │        if (err) return fn(err);
希处理     └        if (hash == user.pass) return fn(null, user); ←—— 匹配发现项
```

```
        fn();                          ⟵ 密码无效
      });
    });
  };
```

认证逻辑从用名称获取用户开始。如果没找到用户，马上调用回调函数。否则把保存在用户对象中的盐和提交上来的密码进行哈希，产生的结果应该跟保存在user.pass中的哈希值相同。如果提交上来的和保存的哈希值不匹配，则表明用户输入的凭证是无效的。当查找不存在的键时，Redis会给你一个空的哈希值，所以这里所用的检查是!user.id，而不是!user。

现在你能认证用户了，还需要提供一种办法让用户注册。

9.1.2 注册新用户

为了让用户创建新账号然后登录，你需要注册和登录功能。

本节需要完成下面的任务实现注册：

❑ 将注册和登录路由映射到URL路径上；
❑ 添加显示注册表单的注册路由逻辑；
❑ 添加逻辑存储从表单提交上来的用户数据。

表单如图9-3所示。

图9-3　用户注册表单

当用户用浏览器访问/register时会显示这个表单。稍后你会创建一个类似的表单让用户登录。

1. 添加注册路由

要显示注册表单，首先要创建一个路由渲染这个表单，并把它返回给用户的浏览器显示出来。

参照代码清单9-9修改app.js，这段代码用Node的模块系统从routes目录中引入定义注册路由行为的模块，并把HTTP方法及URL路径关联到路由函数上。构成一个“前端控制器”。如你所见，这里既有GET注册路由，也有POST注册路由。

代码清单9-9　添加注册路由

```
...
var register = require('./routes/register');        ◁── 引入路由逻辑

...
app.get('/register', register.form);        ◁── 添加路由
app.post('/register', register.submit);
```

接下来定义路由逻辑，在routes目录下创建一个空白文件，命名为register.js。注册路由行为的定义从输出routes/register.js中的下面这个函数开始——一个渲染registration模板的路由：

```
exports.form = function(req, res){
  res.render('register', { title: 'Register' });
};
```

这个路由用了一个嵌入式JavaScript（EJS）模板，你接下来就要创建它，定义注册表单的HTML。

2. 创建注册表单

为了定义注册表单的HTML，需要在views目录中创建一个名为register.ejs的文件。你可以用下面这个代码清单中的HTML/EJS定义它。

代码清单9-10　提供注册表单的视图模板

```
<!DOCTYPE html>
<html>
  <head>
    <title><%= title %></title>
    <link rel='stylesheet' href='/stylesheets/style.css' />
  </head>
  <body>
    <% include menu %>                          ◁── 后面要添加的导航链接

    <h1><%= title %></h1>
    <p>Fill in the form below to sign up!</p>    ◁── 显示稍后添加的消息

    <% include messages %>

    <form action='/register' method='post'>
      <p>
        <input type='text' name='user[name]' placeholder='Username' />
      </p>                                       ◁── 用户必须输入用户名
      <p>
        <input type='password' name='user[pass]'
          placeholder='Password' />              ◁── 用户必须输入密码
      </p>
      <p>
        <input type='submit' value='Sign Up' />
      </p>
    </form>
  </body>
</html>
```

注意上面代码中的include messages，它包含了另外一个模板：messages.ejs。你接下来会定义这个模板，它是用来跟用户沟通的。

3. 把反馈传达给用户

在用户注册过程中，以及在一个典型程序的大多数场景中，都有必要将反馈传达给用户。比如说，用户可能会用一个已经被其他人占用的用户名注册。在这种时候，你需要让用户再选一个用户名。

在你的程序中，messages.ejs模板就是用来显示错误的。程序中的很多模板都会包含messages.ejs模板。

在view目录下创建一个名为messages.ejs的文件，把下面的代码片段放到这个文件里面。这个模板中的代码检查变量locals.messages是否有设定，如果有，模板会循环遍历这个变量显示消息对象。每个消息对象都有一个type属性（如果需要，你可以用消息做非错误通知）和一个string属性（消息文本）。程序可以把要显示的错误添加到res.locals.messages数组中形成队列。消息显示之后，调用removeMessages清空消息队列：

```
<% if (locals.messages) { %>
  <% messages.forEach(function(message) { %>
    <p class='<%= message.type %>'><%= message.string %></p>
  <% }) %>
  <% removeMessages() %>
<% } %>
```

图9-4是显示错误消息的注册表单。

图9-4　注册表单错误报告

向res.locals.messages中添加消息是一种简单的跟用户沟通的方式，但因为res.locals在重定向后会丢失，所以如果你要跨越请求传递消息的话，需要使用会话。

4. 在会话中存放临时的消息

Post/Redirect/Get（PRG）模式是一个常用的Web程序设计模式。在这种模式中，用户请求表单，用HTTP POST请求提交表单数据，然后用户被重定向到另外一个Web页面上。用户被重定向到哪里取决于表单数据是否有效。如果表单数据无效，程序会让用户回到表单页面。如果表单数据有效，程序会让用户到新的页面中。PRG模式主要是为了防止表单的重复提交。

在Express中，用户被重定向后，res.locals中的内容会被重置。如果你把发给用户的消息存在res.locals中，这些消息在显示之前就已经丢失了。然而如果把消息存在会话变量中，就可以解决这个问题。消息可以在重定向后的最终页面上显示。

为了能在会话变量中形成消息队列，需要在程序中添加一个模块。创建一个名为 ./lib/messages.js的文件，加入下面这些代码：

```
var express = require('express');
var res = express.response;

res.message = function(msg, type){
  type = type || 'info';
  var sess = this.req.session;
  sess.messages = sess.messages || [];
  sess.messages.push({ type: type, string: msg });
};
```

res.message函数可以把消息添加到来自任何Express请求的会话变量中。express.response对象是Express给响应对象用的原型。向这个对象中添加属性意味着所有中间件和路由都能访问它们。在前面的代码片段中，express.response被赋给了一个名为res的变量，这样向这个对象中添加属性更容易，还提高了可读性。

为了让添加消息变得更容易，再加上下面这段代码。用res.error可以轻松地将类型为error的消息添加到消息队列中。它用到了在前面那个模块中定义的res.message函数：

```
res.error = function(msg){
  return this.message(msg, 'error');
};
```

最后是把这些消息输出到模板中以便显示。如果你不这样做，就必须在每个res.render()调用中传入req.session.messages，这很不理想。

为了解决这个问题，你将要创建一个中间件，在每个请求上用res.session.messages上的内容组装出res.locals.messages，把消息高效地输出到所有要渲染的模板上。到目前为止，./lib/messages.js扩展了响应的原型，但它还没有输出任何东西。把下面的代码加到这个文件中，输出你需要的中间件：

```
module.exports = function(req, res, next){
  res.locals.messages = req.session.messages || [];
  res.locals.removeMessages = function(){
    req.session.messages = [];
  };
  next();
};
```

首先定义一个模板变量messages存放会话中的消息，它是一个数组，在前一个消息中可能存在，也可能不存在（记住这些是存在于会话中的消息）。接下来，你需要一个把消息从会话中移除的办法；否则它们会越积越多，因为没人清理它们。

现在，你只需在app.js中require()这个文件就可以集成这个功能。你应该把这个中间件放在中间件session下面，因为它依赖于req.session。注意，因为这个中间件既不接受选项，也不返回第二个函数，所以你可以调用app.use(messages)，而无需调用app.use(messages())。为了适应将来的发展，第三方中间件通常最好用app.use(messages())，而不管它是否接受选项：

```
...
var register = require('./routes/register');
var messages = require('./lib/messages');
```

```
...
app.use(express.methodOverride());
app.use(express.cookieParser('your secret here'));
app.use(express.session());
app.use(messages);
...
```

现在你可以在任何视图中访问`messages`和`removeMessages()`，所以，不管出现在哪个模板中，messages.ejs应该都可以完美地完成它的任务。

注册表单的显示完成了，也做出了向用户传达必要反馈的办法，我们继续前进，去处理表单的提交吧。

5. 实现用户注册

注册表单定义好了，你也给出了向用户传达反馈的办法，现在你需要创建一个路由函数，处理提交到/register上的HTTP POST请求。这个函数是`submit`。

就像我们在第7章讨论过的，当表单数据提交上来时，中间件`bodyParser()`会用提交的数据组装`req.body`。注册表单使用了对象表示法`user[name]`，经过Connect的解析后，它会被翻译成`req.body.user.name`。同样，`req.body.user.pass`用于密码输入域。

在`submission`路由中，你仅需少量代码来处理校验，比如确保用户名未被占用，以及保存新用户，如代码清单9-11所示。

代码清单9-11 用提交的数据创建用户

```
var User = require('../lib/user');

...

exports.submit = function(req, res, next){
  var data = req.body.user;
  User.getByName(data.name, function(err, user){    ← 检查用户名是否唯一
    if (err) return next(err);                       ← 顺延传递数据库连接错误和其他错误

    // redis will default it
    if (user.id) {                                   ← 用户名已经被占用
      res.error("Username already taken!");
      res.redirect('back');
    } else {
      user = new User({                              ← 用POST数据创建用户
        name: data.name,
        pass: data.pass
      });

      user.save(function(err){                       ← 保存新用户
        if (err) return next(err);
        req.session.uid = user.id;                   ← 为认证保存uid
        res.redirect('/');                           ← 重定向到记录的列表页
      });
    }
  });
};
```

注册一完成，`user.id`就会被赋给用户的会话，你稍后还会检查它，以验证用户是否通过了认证。如果校验失败，消息会作为`messages`变量输出到模板中，通过`res.locals.messages`，并且用户会被送回到注册表单中去。

为了实现这一功能，请把代码清单9-11所示的代码添加到routes/register.js中。

现在你可以启动程序，访问/register，注册一个用户。接下来你还需要提供一种办法，通过/login表单对已注册的用户进行认证。

9.1.3　已注册用户登录

添加登录功能比注册更简单，因为大部分必需的逻辑已经在`User.authenticate()`中了，之前已经定义了通用的认证方法。

本节将添加：

❑ 显示登录表单的路由逻辑；

❑ 认证从表单提交的用户数据的逻辑。

这个表单看起来应该如图9-5所示。

图9-5　用户登录表单

我们先从修改app.js入手，引入登录路由并确立路由路径：

```
...
var login = require('./routes/login');
...
app.get('/login', login.form);
app.post('/login', login.submit);
app.get('/logout', login.logout);
...
```

接下来添加显示登录表单的功能。

1. 显示登录表单

实现登录表单的第一步是为与登录和退出相关的路由创建一个文件：routes/login.js。显示登录表单的路由逻辑几乎跟之前实现那个显示注册表单的逻辑一模一样，唯一的区别是要显示的模板名称和页面标题：

```
exports.form = function(req, res){
  res.render('login', { title: 'Login' });
};
```

EJS登录表单会在./views/login.ejs中定义，如代码清单9-12所示，它跟register.ejs也是极其相似；唯一区别是指导说明和数据要提交的目标路由。

代码清单9-12　登录表单的视图模板

```html
<!DOCTYPE html>
<html>
  <head>
    <title><%= title %></title>
    <link rel='stylesheet' href='/stylesheets/style.css' />
  </head>
  <body>
    <% include menu %>
    <h1><%= title %></h1>
    <p>Fill in the form below to sign in!</p>

    <% include messages %>

    <form action='/login' method='post'>
      <p>
        <input type='text' name='user[name]' placeholder='Username' />    ◁──── 用户必须输入用户名
      </p>
      <p>
        <input type='password' name='user[pass]'
        placeholder='Password' />                          ◁──── 用户必须输入密码
      </p>
      <p>
        <input type='submit' value='Login' />
      </p>
    </form>
  </body>
</html>
```

添加了显示登录表单所需的路由和模板，接下来要添加处理登录请求的逻辑。

2. 登录认证

处理登录请求需要添加路由逻辑，对用户提交的用户名和密码进行检查，如果正确，将用户ID设为会话变量，并把用户重定向到首页上。把下面代码清单中的这个逻辑添加到routes/login.js文件中。

代码清单9-13　处理登录的路由

```
            var User = require('../lib/user');

            ...

            exports.submit = function(req, res, next){
              var data = req.body.user;
              User.authenticate(data.name, data.pass, function(err, user){   ◁──── 检查凭证
传递错误  ┌──→  if (err) return next(err);
          └──    if (user) {                                                  ◁──── 处理凭证有
                    req.session.uid = user.id;        ◁──── 为认证存储uid                效的用户
重定向到记  ┌──→    res.redirect('/');
录列表页  └──    } else {
```

```
      res.error("Sorry! invalid credentials.");    ←──── 输出错误消息
      res.redirect('back');          ←── 重定向回登录
    }                                     表单
  });
};
```

在代码清单9-13中，如果用户通过了`User.authenticate()`认证，`req.session.uid`会像在POST/register路由中一样地赋值：这个值会保存在会话中，后续还可以用它获取User或其他与用户相关的数据。如果未找到匹配的记录，会设定一个错误，并重新显示登录表单。

用户可能还想主动退出系统，所以你应该在程序中提供一个退出链接。你在 app.js中赋予了`app.get('/logout', login.logout)`，所以在./routes/login.js中添加下面这个函数，它会移除会话，`session()`中间件检测到，会为后续请求赋予新的会话：

```
exports.logout = function(req, res){
  req.session.destroy(function(err) {
    if (err) throw err;
    res.redirect('/');
  })
};
```

注册和登录表单都创建好了，接下来你需要添加的是一个菜单，让用户可以进入这两个页面。我们现在就去创建一个吧。

3. 为已认证的和匿名的用户创建菜单

本节将会为匿名和已认证的用户创建一个菜单，让他们可以登录、注册、提交消息，以及退出。图9-6是给匿名用户的菜单。

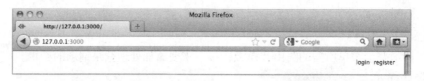

图9-6　用户登录和注册菜单，用来访问你创建的表单

用户通过认证后，你要显示另外一个菜单，给出他们的用户名，以及向吼吼箱发消息的链接，用户退出的链接。这个菜单如图9-7所示。

图9-7　用户通过认证后的菜单

你创建的所有表示程序页面的EJS模板，在标签`<body>`之后都有这样一段代码：`<% include menu %>`。这是要包含./views/menu.ejs 模板，你马上就要创建它，并把下面的代码放进去。

代码清单9-14 匿名和已认证用户的菜单

```
<% if (locals.user) { %>
  <div id='menu'>                                  ←—— 给已登录用户的菜单
    <span class='name'><%= user.name %></span>
    <a href='/post'>post</a>
    <a href='/logout'>logout</a>
  </div>
<% } else { %>
  <div id='menu'>                                  ←—— 给匿名用户的菜单
    <a href='/login'>login</a>
    <a href='/register'>register</a>
  </div>
<% } %>
```

在这个程序中,你可以假定如果有user变量输出到了模板中,那么这个用户就已经通过认证了,否则你不会输出这个变量;接下来你就会看到。那就是说当这个变量出现时,你可以显示用户名、消息提交和退出链接。当访问者是匿名用户时,显示网站登录和注册链接。

你可能在想这个本地变量user是从哪来的——你还没写它呢。接下来你会写一些代码为每个请求加载已登录用户的数据,并让模板可以得到这些数据。

9.1.4 用户加载中间件

在做Web程序时,从数据库中加载用户信息是个常见的任务,通常会表示为一个JavaScript对象。保持这项数据的持续可访问性使得跟用户的交互更简单。在这一章的这个程序里,你将用中间件为每个请求加载用户数据。

中间件脚本会放在./lib/middleware/user.js中,它会从上层目录(./lib)中引入User模型。中间件函数先被输出,然后检查会话查看用户ID。当用户ID出现时,表明用户已经通过认证了,所以从Redis中取出用户数据是安全的。

Node是单线程的,没有线程本地存储。对于HTTP服务器而言,请求和响应变量是唯一的上下文对象。构建在Node之上的高层框架可能会提供额外的对象存放已认证用户之类的数据,但Express坚持使用Node提供的原始对象。因此,上下文数据一般保存在请求对象上,比如在代码清单9-15中,用户被存为req.user;后续的中间件和路由可以用这个属性访问它。

代码清单9-15 加载已登录用户数据的中间件

```
var User = require('../user');                              从会话中取出已登录用
                                                             户的ID
module.exports = function(req, res, next){
  var uid = req.session.uid;        ←——
  if (!uid) return next();                                  从Redis中取出已登
  User.get(uid, function(err, user){   ←——                 录用户的数据
    if (err) return next(err);
    req.user = res.locals.user = user;   ←——  将用户数据输出到响
    next();                                     应对象中
  });
};
```

你可能想知道给 `res.locals.user` 分配了什么。`res.locals` 是 Express 提供的请求层对象，可以将数据输出给模板，很像 `app.locals`。它还是一个将已有对象合并到其自身中去的函数。

要使用这个新的中间件，首先要删掉 app.js 中所有包含文本 `"user"` 的代码。然后像往常那样引入模块，把它传给 `app.use()`。在这个程序中，`user` 出现在路由器上面，所以只有路由和在 `user` 下面的中间件能访问 `req.user`。如果你正在用加载数据的中间件，就像这个中间件一样，你可能要把 `express.static` 放到它上面；否则每次返回静态文件时，都会毫无必要地到数据库中取一次用户数据。

下面的代码清单中是在 app.js 中启用这个中间件的代码。

代码清单9-16　启用用户加载中间件

```
var user = require('./lib/middleware/user');

...
app.use(express.session());
app.use(express.static(__dirname + '/public'));
app.use(user);                                  ◁ 将中间件添加到程序中
app.use(messages);
app.use(app.router);
...
```

如果你再次启动程序，不管是访问 /login 还是 /register，应该都可以看到菜单。如果你想给菜单增加样式，把下面的 CSS 加到 public/stylesheets/style.css 中。

代码清单9-17　可以加到 style.css 中给菜单添加样式的 CSS

```
#menu {
  position: absolute;
  top: 15px;
  right: 20px;
  font-size: 12px;
  color: #888;
}

#menu .name:after {
  content: ' -';
}

#menu a {
  text-decoration: none;
  margin-left: 5px;
  color: black;
}
```

菜单到位了，你应该可以自己注册个用户。你一旦注册成为用户，应该就可以看到带有 Post 链接的已认证用户菜单。

在下一节，你将在添加吼吼箱消息发布功能时学到更先进的路由技术。

9.2 先进的路由技术

Express路由的主要功能是匹配URL模式和响应逻辑。然而路由还可以匹配 URL模式跟中间件。这样你可以用中间件给特定路由提供可重用的功能。

本节要：

❑ 用特定路由（route-specific）的中间件校验用户提交的内容；

❑ 实现特定路由的校验；

❑ 实现分页。

我们来看几种利用特定路由中间件的办法吧。

9.2.1 校验用户内容提交

为了让校验有用武之地，我们最后给这个吼吼箱程序加上提交消息的功能。 添加这个功能需要完成下面几项工作：

❑ 创建一个消息模型；

❑ 添加与消息相关的路由；

❑ 创建一个消息表单；

❑ 添加用提交上来的表单数据创建消息的逻辑。

我们从创建消息模型开始。

1. 创建消息模型

创建包含消息模型的lib/entry.js文件。将下面代码清单中的代码放到这个文件中。消息模型跟前面创建的用户模型十分相似，只是它会把数据存在一个Redis列表中。

代码清单9-18 消息模型

```
var redis = require('redis');
var db = redis.createClient();          ◁—— 创建Redis客户端实例

module.exports = Entry;                 ◁—— 从模块中输出Entry函数

function Entry(obj) {                              循环遍历传入对象中的键
  for (var key in obj) {                    ◁
    this[key] = obj[key];
  }                                       ┌── 合并值
}                                         │
Entry.prototype.save = function(fn){                 将保存的消息转换成JSON字符串
  var entryJSON = JSON.stringify(this);   ◁
  db.lpush(                     ┌── 将JSON字符串保存到Redis
    'entries',                  │   列表中
    entryJSON,              ◁
    function(err) {
      if (err) return fn(err);
      fn();
    }
```

9

```
    );
  };
```

有了基本的模型，现在你需要添加一个名为`getRange`的函数，代码如下所示。你可以用这个函数获取消息。

代码清单9-19   获取一部分消息的逻辑

```
Entry.getRange = function(from, to, fn){
  db.lrange('entries', from, to, function(err, items){      ◁── 用来获取消息记录的
    if (err) return fn(err);                                      Redis lrange函数
    var entries = [];

    items.forEach(function(item){
      entries.push(JSON.parse(item));      ◁── 解码之前保存为JSON
    });                                          的消息记录

    fn(null, entries);
  });
};
```

创建好模型，现在你可以往列表中添加路由来创建消息了。

2. 添加与消息相关的路由

在你把与路由相关的路由添加到程序中之前，需要调整一下app.js。先把下面这个require语句放在app.js文件的顶端：

```
var entries = require('./routes/entries');
```

接下来，还是在app.js中，修改包含`app.get('/')`的那行代码，改成下面这样，让发给/的请求返回消息列表：

```
app.get('/', entries.list);
```

现在可以添加路由逻辑了。

3. 添加显示消息的首页

从创建routes/entries.js文件开始，把下面的代码放到里面，引入消息模型，输出渲染消息列表的函数。

代码清单9-20   消息列表

```
var Entry = require('../lib/entry');

exports.list = function(req, res, next){
  Entry.getRange(0, -1, function(err, entries) {      ◁── 获取消息
    if (err) return next(err);

    res.render('entries', {      ◁── 渲染HTTP响应
      title: 'Entries',
      entries: entries,
    });
  });
};
```

消息列表的路由定义好了，你还需要添加EJS模板显示它们。在views目录下创建一个名为

entries.ejs的文件，并把下面的EJS置于其中。

代码清单9-21　修改entries.ejs，支持分页

```html
<!DOCTYPE html>
<html>
  <head>
    <title><%= title %></title>
    <link rel='stylesheet' href='/stylesheets/style.css' />
  </head>
  <body>
    <% include menu %>

    <% entries.forEach(function(entry) { %>
      <div class='entry'>
        <h3><%= entry.title %></h3>
        <p><%= entry.body %></p>
        <p>Posted by <%= entry.username %></p>
      </div>
    <% }) %>
  </body>
</html>
```

现在运行这个程序，首页会显示消息列表。然而我们还没创建任何消息，所以让我们先添加必要的组件创建一些吧。

4. 创建消息表单

你有了显示消息列表的能力，但还不能添加它们。接下来就要实现这一功能，先把下面的代码添加到app.js的路由部分：

```
app.get('/post', entries.form);
app.post('/post', entries.submit);
```

接着把下面的路由添加到routes/entries.js中。这个路由逻辑会渲染一个包含表单的模板：

```
exports.form = function(req, res){
  res.render('post', { title: 'Post' });
};
```

然后用下面清单中的EJS模板创建一个表单模板，并把它存为views/post.ejs。

代码清单9-22　可以输入消息数据的表单

```html
<!DOCTYPE html>
<html>
  <head>
    <title><%= title %></title>
    <link rel='stylesheet' href='/stylesheets/style.css' />
  </head>
  <body>
    <% include menu %>

    <h1><%= title %></h1>
    <p>Fill in the form below to add a new post.</p>

    <% include messages %>
```

消息标题

```
<form action='/post' method='post'>
  <p>
    <input type='text' name='entry[title]' placeholder='Title' />
  </p>
  <p>
    <textarea name='entry[body]' placeholder='Body'></textarea>
  </p>
  <p>
    <input type='submit' value='Post' />
  </p>
</form>
</body>
</html>
```

消息主体

表单的显示做好了，接下来我们要用从表单中提交上来的数据创建消息。

5. 实现消息创建

要用从表单中提交上来的数据创建消息，把下面清单中的代码添加到文件 routes/entries.js 中。当有表单数据提交上来时，这段代码会添加消息。

代码清单9-23　用从表单中提交上来的数据创建消息

```
exports.submit = function(req, res, next){
  var data  = req.body.entry;

  var entry = new Entry({
    "username": res.locals.user.name,
    "title": data.title,
    "body": data.body
  });

  entry.save(function(err) {
    if (err) return next(err);
    res.redirect('/');
  });
};
```

现在再用浏览器访问/post时，如果你登录了，应该可以添加消息了。

那个做好之后，我们接下来要看一下特定路由中间件，以及如何用它们校验表单数据。

9.2.2　特定路由中间件

假定你想将消息提交表单中的消息文本域设为必填项。我们能想到的第一种方式可能是把它直接加在路由回调函数中，像下面的代码那样。然而这种方式并不理想，因为这样会把校验逻辑绑死在这个表单上。大多数情况下，校验逻辑都能提炼到可重用的组件中，让开发更容易、更快、更具声明性：

```
...
exports.submit = function(req, res, next){
  var data  = req.body.entry;

  if (!data.title) {
    res.error("Title is required.");
```

```
    res.redirect('back');
    return;
  }

  if (data.title.length < 4) {
    res.error("Title must be longer than 4 characters.");
    res.redirect('back');
    return;
  }
...
```

Express路由可以接受它们自己的中间件，放在最终路由回调函数之前，只有跟那个路由匹配时才会调用。本章所用的路由回调并没有受到特殊待遇。这些中间件跟其他中间件一样，这些你即将创建的校验中间件也是一样。

我们先来看一种简单，但严格的，用特定路由中间件做校验的实现方式，以此作为我们学习特定路由的开始。

1. 用特定路由实现表单校验

第一种实现方式可能是写几个简单，但特定的中间件组件执行校验。用这个中间件扩展POST /post路由看起来应该是这样的：

```
app.post('/post',
  requireEntryTitle,
  requireEntryTitleLengthAbove(4),
  entries.submit
);
```

注意前面这个路由定义，一般的路由定义只有一个路径和路由逻辑作为参数，而这个路由定义中还有两个额外的参数，这两个额外的参数是校验中间件。

下面代码中的两个中间件阐明了如何把原来的校验逻辑剥离出来。但它们的模块化程度还不高，并且只能用在输入域entry[title]上。

代码清单9-24　两个更有潜力，但仍不完美的校验中间件尝试

```
function requireEntryTitle(req, res, next) {
  var title = req.body.entry.title;
  if (title) {
    next();
  } else {
    res.error("Title is required.");
    res.redirect('back');
  }
}

function requireEntryTitleLengthAbove(len) {
  return function(req, res, next) {
    var title = req.body.entry.title;
    if (title.length > len) {
      next();
    } else {
      res.error("Title must be longer than " + len);
      res.redirect('back');
```

9

```
    }
  }
}
```

一个更可行的方案是将校验器剥离出来，把目标输入域的名称传给它。我们来看一下这种实现方式。

2. 构建灵活的校验中间件

你可以传入输入域名称，像下面的代码这样。这样你可以重用校验逻辑，减少需要你写的代码。

```
app.post('/post',
        validate.required('entry[title]'),
        validate.lengthAbove('entry[title]', 4),
        entries.submit);
```

把app.js文件中路由部分的app.post('/post', entries.submit);换成上面这段代码。值得一提的是，Express社区已经创建了很多类似的公用库，但掌握校验中间件的工作机制，以及如何编写自己的中间件仍然很有必要。

所以我们开始吧。用下面代码清单中的代码创建一个名为./lib/middleware/validate.js的文件。这段代码输出了几个中间件，具体来说就是validate.required()和validate.lengthAbove()。这里的实现细节并不重要；关键是如果这段代码在程序里比较通用，那这一小部分工作就可以发挥很大作用。

代码清单9-25　校验中间件的实现

```
function parseField(field) {              ⟵  解析entry[name]符号
  return field
    .split(/\[|\]/)
    .filter(function(s){ return s });
}
function getField(req, field) {                   基于parseField()的结果查找属性
  var val = req.body;
  field.forEach(function(prop){
    val = val[prop];
  });
  return val;
}

exports.required = function(field){
  field = parseField(field);                      ⟵  解析输入域一次
  return function(req, res, next){
    if (getField(req, field)) {                    如果有，则进入下一个中间件
      next();
    } else {
      res.error(field.join(' ') + ' is required');  如果没有，显示
      res.redirect('back');                          错误
    }
  }
};

exports.lengthAbove = function(field, len){
```

左侧批注：每次收到请求都检查输入域是否有值

```
      field = parseField(field);
      return function(req, res, next){
        if (getField(req, field).length > len) {
          next();
        } else {
          res.error(field.join(' ') + ' must have more than '
          ➡ + len + ' characters');
          res.redirect('back');
        }
      }
    };
```

为了让你的程序用上这个中间件，需要把下面这行代码放到app.js的顶部：

```
var validate = require('./lib/middleware/validate');
```

如果现在再试一下你的程序，应该能发现校验已经生效了。这个校验API还可以更顺畅，但这个就留给你去研究了。

9.2.3　实现分页

分页是另一种适合用特定路由实现的功能。本节会写一个小型的中间件函数，它可以轻松地实现任何资源的分页。

1. 设计分页API

page()中间件的API应该像下面的代码一样，函数Entry.count会找出消息的总数，5是每页显示的消息条数，默认值是10。在apps.js中，把app.get('/'那一行改成下面这段代码：

```
app.get('/', page(Entry.count, 5), entries.list);
```

为了让程序准备好接受分页中间件，把下面这段代码加到app.js的顶部。这段代码会引入你即将创建的分页中间件和消息模型：

```
...
var page = require('./lib/middleware/page');
var Entry = require('./lib/entry');
...
```

接下来实现Entry.count()。这在Redis中很简单。打开lib/entry.js，加入下面的函数，它用LLEN命令取得列表的基数（元素的数量）：

```
Entry.count = function(fn){
  db.llen('entries', fn);
};
```

完成了准备工作，可以实现分页插件了。

2. 实现分页中间件

为了分页，你要用查询字符串?page=N来确定当前页面。把下面的中间件函数加到文件./lib/middleware/page.js中。

代码清单9-26 分页中间件

```
module.exports = function(fn, perpage){          每页记录条数的默认值为10
  perpage = perpage || 10;
  return function(req, res, next){               返回中间件函数
    var page = Math.max(
      parseInt(req.param('page') || '1', 10),     将参数page解析为十进制的
      1                                            整型值
    ) - 1;
    fn(function(err, total){
      if (err) return next(err);

      req.page = res.locals.page = {              保存page属性以便将来引用
        number: page,
        perpage: perpage,
        from: page * perpage,
        to: page * perpage + perpage - 1,
        total: total,
        count: Math.ceil(total / perpage)
      };

      next();                                      将控制权交给下一个中间件
    });
  }
};
```

调用传入的函数

传递错误

代码清单9-26中的中间件抓取赋给?page=N的值，比如?page=1。然后它取得结果集的总数，并预先计算出一些值拼成page对象，把它输出给需要渲染的视图中。把这些值放在模板外计算可以减少模板中的逻辑，保持模板的整洁性。

3. 在路由中使用分页器

现在要更新entries.list路由。要改的只有Entry.getRange(0, -1)，用page()中间件定义的范围换到原来的范围，像下面的代码这样：

```
exports.list = function(req, res, next){
  var page = req.page;
  Entry.getRange(page.from, page.to, function(err, entries){
    if (err) return next(err);
    ...
```

req.param()是什么？

req.param()类似于PHP的$_REQUEST关联数组。你可以用它检查查询字符串、路由或请求主体。比如说?page=1，/:page中值为1的/1，甚至提交的JSON数据{"page":1}，在req.param中都是一样的。如果你直接访问req.query.page，则只会得到查询字符串的值。

4. 创建分页链接模板

接下来你需要给分页导航控件做个模板。将下面的代码添加到./views/pager.ejs中，这是一个包含上一页和下一页按钮的简单分页导航控件。

代码清单9-27 渲染分页按钮的EJS模板

如果没在第一页，显示上一页链接 →

```
<div id='pager'>
  <% if (page.count > 1) { %>          只有一页时不显
    <% if (page.number) { %>      ←   示分页控件
      <a id='prev' href='/?page=<%= page.number %>'>Prev</a>
    <% } %>
    <% if (page.number < page.count - 1) { %>   如果没在最后一
      <% if (page.number) { %>      ←    页，显示下一页
                                 链接
      <% } %>
      <a id='next' href='/?page=<%= page.number + 2 %>'>Next</a>
    <% } %>
  <% } %>
</div>
```

5. 在模板中包含分页链接

分页中间件和分页模板都做好了，你可以用EJS的include指令把分页模板添加到消息列表模板./views/entries.ejs中。

代码清单9-28 修改entries.ejs包含分页

```
<!DOCTYPE html>
<html>
  <head>
    <title><%= title %></title>
    <link rel='stylesheet' href='/stylesheets/style.css' />
  </head>
  <body>
    <% include menu %>

    <% entries.forEach(function(entry) { %>
      <div class='entry'>
        <h3><%= entry.title %></h3>
        <p><%= entry.body %></p>
        <p>Posted by <%= entry.username %></p>
      </div>
    <% }) %>

    <% include pager %>

  </body>
</html>
```

6. 让分页链接更简洁

你可能在想如何只用路径名访问页面，比如用/entries/2，而不是用URL参数?page=2访问第二页。这个改起来并不复杂，只要改两个地方就行了：

(1) 修改路由路径，让它可以接受页码；

(2) 修改页面模板。

第一步是修改消息列表路由，让它可以接受路径中的页码。你可以调用带着字符串/:page的app.get()，但你可能还想让/等同于/0，所以应该用/:page?让页码变成可选的值。在路由路径中，:page这样的东西被称为路由参数，或者简称为params。

把参数设置成可选的之后，/15和/都是有效的路由路径，中间件page()默认的页码是1。因为这是顶层路由——/5而不是/entries/5，比如说，参数:page可能会处理/upload这样的路由路径。一种简单的解决办法是把这个路由定义放在其他路由定义下边。让它做最后一个路由定义。这样更具体的路由会在到达这个路由定义之前找到匹配项。

首先去掉app.js中原来给/定义的路由路径。即去掉下面这行代码：

```
app.get('/', page(Entry.count, 5), entries.list);
```

接着把下面的路由路径添加到app.js中。把它放在其他所有路由定义下面：

```
app.get('/:page?', page(Entry.count, 5), entries.list);
```

另外一个需要改的是分页导航模板。要把查询字符串去掉，让页码成为路径的一部分，而不是URL参数。将views/pager.ejs改成下面这样：

```
<div id='pager'>
  <% if (page.count > 1) { %>
    <% if (page.number) { %>
      <a id='prev' href='/<%= page.number %>'>Prev</a>
    <% } %>
    <% if (page.number < page.count - 1) { %>
      <% if (page.number) { %>
          
      <% } %>
      <a id='next' href='/<%= page.number + 2 %>'>Next</a>
    <% } %>
  <% } %>
</div>
```

现在启动程序，你会发现页码URL更简洁了。

9.3　创建一个公开的 REST API

本节会为吼吼箱程序实现一个RESTful公开API，让第三方程序也可以访问和添加数据。按照REST的思想，程序数据是可以用谓词和名词（即HTTP方法和URL）访问和修改的。REST请求返回的数据一般是机器可读的格式，比如JSON或XML。

实现一个API需要完成下面这些任务：

❑ 设计一个让用户显示、列表、移除和提交消息的API；
❑ 添加基本认证；
❑ 实现路由；
❑ 提供JSON和XML响应。

能对请求认证和签名的技术有很多种，但实现更复杂的方案超出了本书的范围。为了阐明如何集成认证，我们使用Connect自带的中间件basicAuth()。

9.3.1　设计 API

在开始着手实现之前，先理清楚会涉及哪些路由是个好主意。在这个程序中，你会在RESTful

API的路径前加上/api，但你可以根据自己的喜好修改这个设计。比如用http://api.myapplication.com这样的子域名。

从下面的代码来看，跟在app.VERB()调用里定义相比，把回调函数挪到单独的Node模块里是个更好的选择。这个单独的路由清单让你对你和你的团队在做什么，以及实现的这些回调在哪里一目了然：

```
app.get('/api/user/:id', api.user);
app.get('/api/entries/:page?', api.entries);
app.post('/api/entry', api.add);
```

9.3.2 添加基本的认证

之前说过，很多保证API安全和限制的方式都不在本书的讨论范围之内，但对基本认证的处理过程值得我们介绍一下。

中间件api.auth对这个处理做了抽象，因为这个实现会放在即将创建的 ./routes/api.js模块中。如果你还能回想起第6章的内容，应该记得可以向 app.use()中传入路径名。这是挂载点，也就是说任何以/api开头的请求路径名和HTTP谓词都会导致这个中间件被调用。

下面代码片段中的app.use('/api', api.auth)这一行代码应该放在加载用户数据的中间件前面。这样你就可以稍后再修改用户加载中间件，为已认证的API用户加载数据：

```
...
var api = require('./routes/api');
...
app.use('/api', api.auth);
app.use(user);
...
```

接着创建./routes/api.js，像下面的代码片段那样引入express和用户模型。我们在第7章讲过，basicAuth()中间件以一个函数为参数执行认证，函数签名为(username, password, callback)。你的User.authentication函数非常符合这一要求：

```
var express = require('express');
var User = require('../lib/user');

exports.auth = express.basicAuth(User.authenticate);
```

认证已经准备好了，接下来我们去实现API的路由。

9.3.3 实现路由

你要实现的第一个路由是GET /api/user/:id。这个路由的逻辑必须先根据ID取得用户数据，如果用户不存在，则返回404 Not Found的响应状态码。如果用户存在，则将用户数据传给res.json()做串行化处理，并以JSON格式返回该数据。将下面的代码加到routes/api.js中：

```
exports.user = function(req, res, next){
  User.get(req.params.id, function(err, user){
    if (err) return next(err);
    if (!user.id) return res.send(404);
```

```
    res.json(user);
  });
};
```

再把下面的代码加到app.js中：

```
app.get('/api/user/:id', api.user);
```

现在可以测试一下了。

1. 测试用户数据获取

启动程序，用命令行工具cURL测试它。下面的代码给出了如何测试程序的REST认证。凭证 tobi:ferret在URL中，cURL用它生成Authorization请求头域：

```
$ curl http://tobi:ferret@127.0.0.1:3000/api/user/1 -v
```

下面的清单是测试成功的结果：

代码清单9-29 测试结果

```
* About to connect() to local port 80 (#0)
*   Trying 127.0.0.1... connected
* Connected to local (127.0.0.1) port 80 (#0)
* Server auth using Basic with user 'tobi'          显示发送的HTTP头
> GET /api/user/1 HTTP/1.1                        ◁
> Authorization: Basic Zm9vYmFyYmF6Cg==
> User-Agent: curl/7.21.4 (universal-apple-darwin11.0) libcurl/7.21.4
  OpenSSL/0.9.8r zlib/1.2.5
> Host: local
> Accept: */*
>                                                  显示接收到的HTTP头
< HTTP/1.1 200 OK                               ◁
< X-Powered-By: Express
< Content-Type: application/json; charset=utf-8
< Content-Length: 150
< Connection: keep-alive
<                                                  显示接收到的HTTP数据
{                                              ◁
  "name": "tobi",
  "pass":
    "$2a$12$P.mzcfvmumS3MMO1EBN9wutf0Eiyw5X0VcGroeoVPGE7MLVtziYqK",
  "id": "1",
  "salt": "$2a$12$P.mzcfvmumS3MMO1EBN9wu"
}
```

2. 去掉敏感的用户数据

JSON响应里把用户的密码和盐都输出出来了。要改变这种情况，可以在 lib/user.js中的 User.prototype上实现.toJSON()：

```
User.prototype.toJSON = function(){
  return {
    id: this.id,
    name: this.name
  }
};
```

如果对象上有.toJSON，JSON.stringify，就会用它返回的JSON格式。如果再次发送之前那个cURL请求，你就只能收到ID和name属性了：

```
{
  "id": "1",
  "name": "tobi"
}
```

接下来要给API添加创建消息的功能。

3. 添加消息

通过API添加消息的处理和通过HTML表单添加几乎一模一样，所以你很可能还会用之前实现的entries.submit()路由逻辑。

然而在添加消息时，路由逻辑要保存用户名，添加消息和其他细节。因此你需要修改用户加载中间件，用basicAuth中间件加载的用户数据组装res.locals.user。basicAuth中间件把这些数据存在请求对象的一个属性上：req.remoteUser。在用户加载中间件中为此添加一项检查很简单：只要按照下面这样修改lib/middleware/user.js中的module.exports定义，就可以让用户加载中间件能跟API协作了：

```
...
module.exports = function(req, res, next){
  if (req.remoteUser) {
    res.locals.user = req.remoteUser;
  }
  var uid = req.session.uid;
  if (!uid) return next();
  User.get(uid, function(err, user){
    if (err) return next(err);
    req.user = res.locals.user = user;
    next();
  });
};
```

改了这个之后就可以通过API添加消息了。

然而还有一个地方要改，即让响应适用于API，而不是重定向到程序首页。添加这个功能需要照下面这样修改routes/entries.js中的entry.save：

```
...
  entry.save(function(err) {
    if (err) return next(err);
    if (req.remoteUser) {
      res.json({message: 'Entry added.'});
    } else {
      res.redirect('/');
    }
  });
...
```

最后，为了激活程序中的消息添加API，将下面的代码添加到api.js中的路由部分：

```
app.post('/api/entry', entries.submit);
```

使用下面的cURL命令可以对添加消息的API进行测试。这里发送的标题和内容主体数据所用的名称跟HTML表单输入域的名称相同：

```
$ curl -F entry[title]='Ho ho ho' -F entry[body]='Santa loves you'
  ➥http://tobi:ferret@127.0.0.1:3000/api/entry
```

创建消息的功能已经加上了，现在该添加获取消息数据的功能了。

4. 添加消息列表支持

你接下来要实现的API路由是`GET/api/entries/:page?`。这个路由实现跟`./routes/entries.js`中的消息列表路由几乎是一模一样的。你将和前面一样使用`page()`中间件提供的`req.page`对象实现分页。

因为这个路由逻辑要访问消息，所以要把下面这行代码放在routes/api.js的顶部引入Entry模型：

```
var Entry = require('../lib/entry');
```

接下来把下面这行代码添加到app.js中的路由部分：

```
app.get('/api/entries/:page?', page(Entry.count), api.entries);
```

现在把下面的代码片段添加到routes/api.js中。这段路由逻辑和routes/entries.js中对应逻辑的差别在于它不再渲染模板了，而是返回了JSON：

```
exports.entries = function(req, res, next){
  var page = req.page;
  Entry.getRange(page.from, page.to, function(err, entries){
    if (err) return next(err);
    res.json(entries);
  });
};
```

下面的cURL命令会从API中请求消息数据：

```
$ curl http://tobi:ferret@127.0.0.1:3000/api/entries
```

这个cURL命令应该会输出类似下面这种的JSON：

```
[
  {
    "username": "rick",
    "title": "Cats can't read minds",
    "body": "I think you're wrong about the cat thing."
  },
  {
    "username": "mike",
    "title": "I think my cat can read my mind",
    "body": "I think cat can hear my thoughts."
  },
...
```

基本的API实现已经做完了，接下来我们去看看如何让API支持多种响应格式。

9.3.4 启用内容协商

内容协商让客户端可以指定它乐于接受的，以及喜欢的数据格式。在本节中，你会提供JSON

和XML格式的API内容，API的消费者可以决定它们想要什么。

HTTP通过Accept请求头域提供了内容协商机制。比如说，某个客户端可能更喜欢HTML，但也可以接受普通文本，则可以这样设定请求头：

```
Accept: text/plain; q=0.5, text/html
```

qvalue或者说品质值（上例中的q=0.5）表明即便text/html放在了第二个，它的优先级也要比text/plain高50%。Express会解析这个信息并提供一个规范化的req.accepted数组：

```
[{ value: 'text/html', quality: 1 },
 { value: 'text/plain', quality: 0.5 }]
```

Express还提供了res.format()方法，它的参数是一个MIME类型的数组和一些回调函数。Express会决定客户端愿意接受什么格式，以及你愿意提供什么，并调用相应的回调函数。

1. 实现内容协商

实现内容协商的GET/api/entries路由看起来可能像代码清单9-30一样。JSON像之前一样得到了支持——用res.send()发送串行化为JSON的消息数据。XML回调循环遍历消息，并把它写到socket中。注意，没必要显式设定Content-Type；res.format()会自动设定关联的类型。

代码清单9-30　实现内容协商

```
exports.entries = function(req, res, next){
  var page = req.page;                                          // 获取消息数据
  Entry.getRange(page.from, page.to, function(err, entries){
    if (err) return next(err);
                                                                // 基于Accept头的值返回不同的
    res.format({                                                // 响应
      'application/json': function(){
        res.send(entries);                                      // JSON响应
      },

      'application/xml': function(){
        res.write('<entries>\n');                               // XML响应
        entries.forEach(function(entry){
          res.write('  <entry>\n');
          res.write('    <title>' + entry.title + '</title>\n');
          res.write('    <body>' + entry.body + '</body>\n');
          res.write('    <username>' + entry.username
            + '</username>\n');
          res.write('  </entry>\n');
        });
        res.end('</entries>');
      }
    })
  });
};
```

如果你设定了一个默认的响应格式回调，如果用户没有请求你显式处理的格式，会执行这个默认的。

res.format()方法还接受扩展名，可以映射到相关联的MIME类型。比如json和xml可以用来代替application/json和application/xml，就像下面的代码这样：

```
...
res.format({
  json: function(){
    res.send(entries);
  },

  xml: function(){
    res.write('<entries>\n');
    entries.forEach(function(entry){
      res.write('  <entry>\n');
      res.write('    <title>' + entry.title + '</title>\n');
      res.write('    <body>' + entry.body + '</body>\n');
      res.write('    <username>' + entry.username + '</username>\n');
      res.write('  </entry>\n');
    });
    res.end('</entries>');
  }
})
...
```

2. XML响应

为了返回XML响应而在路由中编写一大堆定制代码可能并不是最简洁的办法，所以我们要用视图系统对此加以改善。

用下面的EJS创建一个名为 ./views/entries/xml.ejs 的模板，它会循环遍历消息生成<entry>标签。

代码清单9-31   用EJS模板生成XML

```
    <entries>
    <% entries.forEach(function(entry){ %>        ◁── 循环遍历每条消息
      <entry>
输出消息中  ┌▷  <title><%= entry.title %></title>
的各个域  │     <body><%= entry.body %></body>
        └▷  <username><%= entry.username %></username>
      </entry>
    <% }) %>
    </entries>
```

现在你可以用一个带消息数组参数的res.render()调用取代XML回调，代码如下所示：

```
...
  xml: function(){
    res.render('entries/xml', { entries: entries });
  }
})
...
```

现在你可以测试XML版本的API了。输入下面的命令行看看输出的XML：

```
curl -i -H 'Accept: application/xml'
  ➥http://tobi:ferret@127.0.0.1:3000/api/entries
```

9.4 错误处理

到目前为止，不管是程序本身还是API，都没有返回错误或404 Not Found的响应。也就是说如果没找到请求的资源，或者数据库连接断掉了，Express会分别返回默认的404或500响应。如图9-8所示，这对用户来说不太友好，所以我们要给出定制的错误响应。你要在本节中实现404和错误中间件，用客户端可接受的HTML、JSON或普通文本格式返回错误响应。

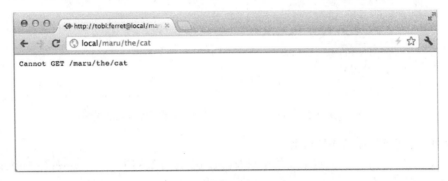

图9-8　一个标准的Connect 404错误消息

我们从未找到的资源开始，先实现一个404中间件。

9.4.1　处理 404 错误

如前所述，当Connect穷尽所有中间件仍没找到响应项时，它会用404和一小段普通文本字符串作为响应。看起来就像下面这种对并不存在的条目的响应：

```
$ curl http://tobi:ferret@127.0.0.1:3000/api/not/a/real/path -i
  ➥-H "Accept: application/json"

HTTP/1.1 404 Not Found
Content-Type: text/plain
Connection: keep-alive
Transfer-Encoding: chunked

Cannot GET /api/not/a/real/path
```

根据你的需要，可能这个更好接受，但理想的JSON API会用JSON作为响应，像下面这段代码一样：

```
$ curl http://tobi:ferret@127.0.0.1:3000/api/not/a/real/path
  ➥-i -H "Accept: application/json"
HTTP/1.1 404 Not Found
Content-Type: application/json; charset=utf-8
Content-Length: 37
Connection: keep-alive

{ "message": "Resource not found" }
```

实现404中间件没什么特别的，不管是Connect还是Express，这都很普通。404中间件函数就是用在其他所有中间件函数之后的普通函数。如果到它那里了，你可以肯定不会有其他任何东西想要给出响应了，所以你可以继续向前，渲染一个模板，或者以你喜欢的方式响应。

图9-9展示了一个你即将为404错误创建的HTML响应。

图9-9 比标准的Connect 404消息看起来更直观的404错误消息

1. 添加一个返回错误响应的路由

打开./routes/index.js。目前这个文件中只有express(1)最初生成的exports.index函数。你可以删掉它了,因为它已经被entries.list取代了。

错误响应函数的实现取决于你的程序需要什么。在下面的代码片段中,你将用res.format()的内容协商方法向客户端提供text/html、application/json和text/plain响应,看他们喜欢哪个。响应方法res.status(code)跟设定Node的res.statusCode = code属性一样,但因为它是个方法,所以可以链起来,就像你马上在下面代码中见到的.format()调用。

代码清单9-32 Not Found的路由逻辑

```javascript
exports.notfound = function(req, res){
  res.status(404).format({
    html: function(){
      res.render('404');
    },
    json: function(){
      res.send({ message: 'Resource not found' });
    },
    xml: function() {
      res.write('<error>\n');
      res.write('  <message>Resource not found</message>\n');
      res.end('</error>\n');
    },
    text: function(){
      res.send('Resource not found\n');
    }
  });
};
```

2. 创建错误页面模板

你还没创建404的模板呢,所以请创建一个名为./views/404.ejs的新文件,放入下面的EJS代码。模板的设计完全由你做主。

代码清单9-33　404页面样本

```html
<!DOCTYPE html>
<html>
  <head>
    <title>404 Not Found</title>
    <link rel='stylesheet' href='/stylesheets/style.css' />
  </head>
  <body>
    <% include menu %>

    <h1>404 Not Found</h1>
    <p>Sorry we can't find that!</p>
  </body>
</html>
```

3. 启用这个中间件

把`routes.notfound`中间件加在其他中间件下面，然后就可以按你的期望处理404错误了：

```
...
app.use(app.router);
app.use(routes.notfound);
...
```

现在你可以按风格处理404了，接下来我们要实现一个定制的错误处理中间件组件，以便在错误出现时给用户提供更好的体验。

9.4.2　处理错误

到目前为止错误都是传给`next()`。但Connect默认会用500服务器内部错误作为响应，跟默认的404响应很像。通常来说，不应该把错误细节透漏给客户端，因为可能会暴露安全漏洞，但这个默认的响应对API的使用者或来自浏览器的访问者也没什么价值。

本节中会创建一个通用的5xx模板，在有错误发生时用它来生成给客户端的响应。当客户端可以接受HTML时，它会提供HTML响应，而对于那些接受JSON的，比如API的使用者，则提供JSON。

只要你喜欢，中间件函数放在哪里都行，但现在先放在`./routes/index.js`中吧，让它挨着404函数。这里和`exports.error`中间件的主要区别是它有四个参数。我们在第6章讲过，错误处理中间件必须有四个参数，不能多也不能少。

1. 用条件路由测试错误页

如果你的程序够健壮，可能很难触发错误。因此有必要创建一个条件路由。这些路由只能通过配置项、环境变量或环境类型（比如在开发时）启用。

下面这段代码出自app.js，它在指定环境变量`ERROR_ROUTE`时添加`/dev/error`路由，可以用`err.type`属性制造任意一个人为的错误。把这段代码添加到app.js的路由部分：

```
if (process.env.ERROR_ROUTE) {
  app.get('/dev/error', function(req, res, next){
    var err = new Error('database connection failed');
    err.type = 'database';
    next(err);
  });
}
```

这个到位后，可以用下面的命令启动这个带有可选路由的程序。如果你觉得好奇，可以先在浏览器中访问一下/dev/error，不过一会儿你就会用它测试错误处理器：

```
$ ERROR_ROUTE=1 node app
```

2. 实现错误处理器

代码清单9-34中的代码是错误处理器的实现，把它放在./routes/index.js中，错误处理器一开始就调用console.error(err.stack)。这可能是这个函数中最重要的一行代码。当有错误从Connect中传过来时，它可以确保你能知道。错误消息和堆栈跟踪会被写到stderr流中以备后续查看。

代码清单9-34 带内容协商的错误处理器

```
exports.error = function(err, req, res, next){                    错误处理器必须
  console.error(err.stack);                                       有四个参数
  var msg;
  switch (err.type) {                           具体的错误示例
    case 'database':
      msg = 'Server Unavailable';
      res.statusCode = 503;
      break;
    default:
      msg = 'Internal Server Error';
      res.statusCode = 500;
  }
                                                            可以接受HTML时
  res.format({                                              渲染模板
    html: function(){
      res.render('5xx', { msg: msg, status: res.statusCode });
    },
    json: function(){                           可以接受JSON时
      res.send({ error: msg });                 发送的响应
    },
    text: function(){                           响应普通文本
      res.send(msg + '\n');
    }
  });
};
```

将错误输出到stderr流中

为了给用户一个更有意义的响应，但又不暴露给定错误的过多信息，你可能想要相应地检查响应和错误的属性。这段代码对你在/dev/error路由中添加的err.type属性做了检查，以便可以定制错误消息，并确定用HTML、JSON还是普通文本发送响应，非常像404处理器。

> **程序错误警告** 这个统一的错误处理器特别适合完成与错误处理相关的任务，比如向你的团队发出警告，告诉他们有地方出错了。自己试一下吧：选一个第三方邮件模块，写一个通过邮件给你发送警告的错误处理中间件，并调用next(err)将错误传给后续的错误处理中间件。

3. 创建错误页面模板

`res.render('5xx')`里用的EJS模板放在./views/5xx.ejs中，代码如下所示：

代码清单9-35 500错误页面样本

```html
<!DOCTYPE html>
<html>
  <head>
    <title><%= status %> <%= msg %></title>
    <link rel='stylesheet' href='/stylesheets/style.css' />
  </head>
  <body>
    <% include menu %>

    <h1><%= status %> Error</h1>
    <p><%= msg %></p>
    <p>
      Try refreshing the page, if this problem
      ➡persists then we're already working on it!
    </p>
  </body>
</html>
```

4. 启用中间件

编辑app.js，把`routes.error`放在其他中间件下面，包括`routes.notfound`，你要确保Connect能看到的所有错误，甚至是`routes.notfound`中的潜在错误，都能到达这个中间件：

```
...
app.use(app.router);
app.use(routes.notfound);
app.use(routes.error);
});
```

启用ERROR_ROUTE再次启动程序，看一下图9-10中新的错误页面。

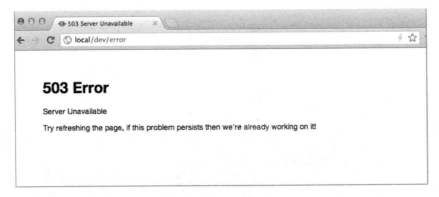

图9-10 错误页面

你已经做好了一个功能完备的吼吼箱程序，还在这个过程中学到了一些基本的Express开发技术。

9.5　小结

你在本章中构建了一个简单的Web程序，用到了Express中的很多功能，都是在前一章没接触过的。在本章中学到的技术应该可以让你在Web程序开发工作中更进一步。

你先创建了一个通用的用户认证和注册系统，用会话保存已登录用户的ID，以及系统要显示给用户的所有消息。

然后你通过中间件创建了一个REST API，又用到了这个认证系统。REST API将选定的程序数据输出给开发人员，然后通过内容协商，提供JSON或XML格式的数据。

我们用了两章的篇幅磨练你的Web程序开发技能，接下来你可以重点研究一个对所有Node开发都很有帮助的课题：自动化测试。

第 10 章

测试Node程序

本章内容

❑ 用Node的assert模块测试逻辑
❑ 使用Node单元测试框架
❑ 用Node模拟和控制浏览器

在添加程序特性时，你也可能会引入bug。没经过测试的程序是不完整的，而手工测试很繁琐，又容易出现人为错误，所以自动测试变得越来越流行。自动测试需要编写测试代码的逻辑，而不是手动运行程序程序的功能。

如果你之前没接触过自动测试的理念，你可以把这个想象成有个机器人在帮你做那些乏味的工作，而你可以集中精力做些有趣的事情。你每次修改代码，这个机器人都可以确保没有bug溜进来。尽管你可能还没有完成或开始你的第一个Node程序，但这并不妨碍你掌握如何实现自动化测试，因为你可以边开发边写测试。

本章会介绍两种自动化测试：单元测试和验收测试。单元测试直接测试代码逻辑，通常是在函数或方法层面，适用于所有类型的程序。单元测试方法可以分为两大形态：测试驱动开发（TDD）和行为驱动开发（BDD）。实事求是地讲，TDD和BDD大致是相同的，它们的区别主要体现在用来描述测试的语言上，你看过几个例子就明白了。TDD和BDD还有其他区别，但那不在本书要讨论的范围之内。

验收测试是额外的测试层，在Web程序上用的很普遍。验收测试用脚本控制浏览器，并试图用它触发Web程序的功能。

我们将会看到为单元和验收测试建立的解决方案。对于单元测试，我们会介绍Node的assert模块和Mocha、nodeunit、Vows以及should.js框架。对于验收测试，我们会看一下Tobi和Soda框架。图10-1把这些工具和它们各自的测试方法及口味放到了一起。

我们先从单元测试开始吧。

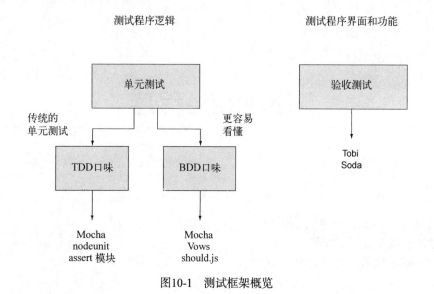

图10-1   测试框架概览

10.1   单元测试

　　单元测试是这样一种自动化测试,你编写逻辑测试程序中的各个部分。编写测试让你更认真地思考你的程序设计选择,帮你尽早避开各种陷阱。测试还让你相信你最近做出的修改没有引入错误。尽管单元测试需要提前做些编写工作,但你不用在每次修改程序后都要重新手动测试它,所以它可以节省你的时间。

　　单元测试可能会比较棘手,而异步逻辑又带来了新的挑战。异步单元测试可以并行运行,所以你必须小心,确保测试不会相互干扰。比如说,如果你的测试在硬盘上创建了一个临时文件,在完成测试后删除文件时一定要谨慎,不要删掉另外一个未完成测试正在使用的文件。因此很多单元测试框架都有流程控制,可以让测试按顺序运行。

　　本节会向你展示如何使用:

　　❏ Node内置的assert模块　TDD风格自动化测试的好工具;

　　❏ nodeunit　长期以来都能得到Node社区喜爱的TDD风格测试工具;

　　❏ Mocha　相对比较新的测试框架,可以用来做TDD-或BDD-风格的测试;

　　❏ Vows　得到广泛应用的BDD风格测试工具;

　　❏ should.js　构建在Node assert模块之上的模块,提供BDD风格的断言。

　　我们先从assert模块开始吧,这个是Node内置的。

10.1.1   assert 模块

　　大多数的Node单元测试都是基于内置的assert模块,它可以测试条件,如果条件未满足,则抛出错误。很多第三方测试框架都用了Node的assert模块，但即便没有测试框架，你仍然可以用它做测试。

1. 一个简单的例子

假设你有一个简单的待办事项程序，把事项存在内存里，并且你要断言它做的是你认为它在做的。

下面的代码清单中定义了一个模块，包含程序的核心功能。模块的逻辑支持待办事项的创建、获取和删除。它还包含了一个简单的doAsync方法，所以我们还可以看到对异步方法的测试。我们把这个文件命名为todo.js。

代码清单10-1　待办事项清单的模型

```
function Todo () {          ←— 定义待办事项数据库
  this.todos = [];
}

Todo.prototype.add = function (item) {              ←— 添加待办事项
  if (!item) throw new Error('Todo#add requires an item')
  this.todos.push(item);
}

Todo.prototype.deleteAll = function () {            ←— 删除所有的待办事项
  this.todos = [];
}

Todo.prototype.getCount = function () {            ←— 取得待办事项的数量
  return this.todos.length;
}

Todo.prototype.doAsync = function (cb) {      ←— 两秒后带着"true"调用回调
  setTimeout(cb, 2000, true);
}

module.exports = Todo;          ←— 输出Todo函数
```

接下来你可以用Node的assert模块测试这段代码。

在test.js文件中输入下面的代码，加载必要的模块，设置一个新的待办事项清单，并设定一个变量追踪测试的进展。

代码清单10-2　设置必要的模块

```
var assert = require('assert');
var Todo = require('./todo');
var todo = new Todo();
var testsCompleted = 0;
```

2. 用equal测试变量的内容

接下来你可以给待办事项程序的删除功能添加一个测试。

注意代码清单10-3中equal的用法。equal是assert模块中用的最多的断言，它判断变量的内容是否确实等于第二个参数指定的值。这个例子创建了一个待办事项，然后把所有事项都删掉。

10

代码清单10-3　测试以确保删除后没留下待办事项

添加一些数据
以便测试删除

断言数据被
正确添加

```
function deleteTest () {
    todo.add('Delete Me');
    assert.equal(todo.getCount(), 1, '1 item should exist');
    todo.deleteAll();
    assert.equal(todo.getCount(), 0, 'No items should exist');
    testsCompleted++;
}
```

删除所
有记录

断言记录
已被删除

记录测试已完成

因为在测试的最后应该没有待办事项了，所以，如果程序逻辑能够正常工作的话，`todo.getCount()`的值应该是0。如果出了问题，会有异常抛出。如果变量`todo.getCount()`不是0，这个断言会在堆栈跟踪中显示一条错误消息，在控制台中输出"No items should exist,"在断言之后，`testsCompleted`加一，记录测试已经完成了。

3. 用NOTEQUAL找出逻辑中的问题

把下面的代码添加到test.js中。这段代码测试的是待办事项程序的添加功能。

代码清单10-4　测试以确保待办事项添加能用

断言之前有
事项存在

```
function addTest () {
    todo.deleteAll();
    todo.add('Added');
    assert.notEqual(todo.getCount(), 0, '1 item should exist');
    testsCompleted++;
}
```

删除之前所有的事项

添加事项

记录测试已完成

`assert`模块中也可以使用`notEqual`断言。当程序要产生确定的值时，用这种断言可以表明逻辑中有问题。

代码清单10-4中给出了`notEqual`断言的用法。所有的待办事项都被删除了，然后又添加了一个事项，程序逻辑再取得所有事项。如果事项的数量为0，断言就会失败并抛出异常。

4. 使用增加的功能：STRICTEQUAL、NOTSTRICTEQUAL、DEEPEQUAL、NOTDEEPEQUAL

除了`equal`和`notEqual`，`assert`模块还提供了这两个断言的严格版本：`strictEqual`和`notStrictEqual`。它们使用严格的相等操作符（`===`），而不是更随和的`==`。

为了比较对象，`assert`模块提供了`deepEqual`和`notDeepEqual`。这些断言名称中的**deep**表明它们会递归地比较两个对象，比较两个对象的属性，如果属性也是对象，则会继续比较属性的属性。

5. 用OK测试异步值是否为TRUE

现在是时候给待办事项程序的`doAsync`方法添加一个测试了，代码如清单10-5所示。因为这是一个异步测试，我们提供了一个回调函数（cb）来向测试运行者发送测试结束的信号——我们不能像同步测试那样靠函数返回来表明测试结束了。要看`doAsync`的结果值是否为`true`，我们用的是`ok`断言。`ok`断言可以很容易地测试一个值是否为`true`。

代码清单10-5　测试看`doAsync`回调传入的是否为`true`

两秒后
激活回调

```
function doAsyncTest (cb) {
    todo.doAsync(function (value) {
        assert.ok(value,'Callback should be passed true');
```

断言值为`true`

```
      testsCompleted++;                   ◁─┐ 记录测试已完成
      cb();          ◁─┐ 完成后激活
   })               │  回调函数
}
```

6. 测试能否正确抛出错误

你还可以用assert模块检查程序能否正确抛出错误消息，像下面的代码这样。throws语句中的第二个参数是一个正则表达式，在错误消息中查找文本"requires"。

代码清单10-6　测试看缺少参数时add是否会抛出错误

```
function throwsTest (cb) {
   assert.throws(todo.add, /requires/);    ◁── 不带参数调用todo.add
   testsCompleted++                        ◁── 记录测试已完成
}
```

7. 添加逻辑运行你的测试

测试已经定义好了，现在你可以把逻辑添加到文件中运行这些测试。下面的代码会运行前面定义的所有测试，并输出有多少测试运行并完成了。

代码清单10-7　运行测试并报告测试完成

```
deleteTest();
addTest();
throwsTest();
doAsyncTest(function () {                              表明结束
   console.log('Completed ' + testsCompleted + ' tests');  ◁─ 的测试
})
```

你可以用下面的命令运行这些测试：

```
$ node test.js
```

如果没有测试失败，这段脚本会告诉你已完成的测试数量。追踪测试的开始和结束时间可能也很明智，可以防止单个测试中的缺陷。比如说，某个测试可能没有执行到断言。

为了使用Node的内置功能，每个测试都要包含很多套路化的代码设置测试（比如删除所有事项），追踪测试进程（"已完成"计数器）。这些套路化的代码让你把工作重心偏移到了编写测试用例上，如果能把这些交给一个专用的框架，让它在你专注于业务逻辑测试的时候把那些脏活累活都替你做了岂不是更好。我们去看一下如何用nodeunit让事情变得更容易，它是一个第三方的单元测试框架。

10.1.2　Nodeunit

使用单元测试框架可以简化单元测试。这些框架通常会追踪运行了多少个测试，运行多个测试脚本也变得更容易。

Node社区创建了几个优秀的测试框架。我们从nodeunit（https://github.com/caolan/nodeunit）开始看起，因为它经受住了时间的考验，得到了偏爱TDD测试的Node开发人员的青睐。Nodeunit提供了一个命令行工具，可以运行所有测试，并让你知道有多少测试通过和失败了，不用你自己针对程序实现测试工具。

本节会教你用nodeunit编写测试，它既可以测试Node程序代码，也可以用浏览器测试客户端代码。你还会学到nodeunit如何应对追踪异步运行的测试所带来的挑战。

1. 安装nodeunit

用下面的命令安装nodeunit：

```
$ npm install -g nodeunit
```

装完后你就得到了一个新命令，nodeunit。你可以给这个命令一个或多个包含测试的目录或文件作为参数，它会运行传入目录下所有扩展名为.js的脚本。

2. 用nodeunit测试Node程序

为了把nodeunit添加到你的项目中，需要给它们创建一个目录（通常被命名为test）。每个测试脚本都应该用测试组装exports对象。

这里有一个nodeunit服务器端测试文件的例子：

```
exports.testPony = function(test) {
  var isPony = true;
  test.ok(isPony, 'This is not a pony.');
  test.done();
}
```

注意前面这个测试脚本，它没有引入任何模块。在测试脚本输出的每个函数中，nodeunit都在传给它的对象中自动引入了assert模块的方法。在前面那个例子中，这个对象被称为test。

测试脚本输出的函数一旦完成，就应该调用done方法。如果没有调用，这个测试会报告一个 "Undone tests" 失败。通过检查这个方法是否调用，nodeunit可以检查所有已开始的测试是否都结束了。

检查测试内激发的所有断言也很有必要。为什么没有激发断言？在编写单元测试时，测试逻辑本身就有很多bug的危险总是存在，从而导致误报。测试逻辑的编写方式可能会导致某些断言未被计算。从下面的例子来看，即便有个断言没有执行，test.done()也会激发并给出成功报告：

```
exports.testPony = function(test) {
  if (false) {
    test.ok(false, 'This should not have passed.');
  }
  test.ok(true, 'This should have passed.');
  test.done();
}
```

如果你想防止这种情况出现，可以手动实现一个断言计数器，比如下面代码中的这个。

代码清单10-8　手动计数断言

```
exports.testPony = function(test) {
  var count = 0;                                    ⊲—— 断言计数
  if (false) {
    test.ok(false, 'This should not have passed.');
    count++;                                        ⊲—— 增加断言计数
  }
  test.ok(true, 'This should have passed.');
  count++;                                          ⊲—— 增加断言计数
```

```
test.equal(count, 2, 'Not all assertions triggered.'); ← 测试断言计数
test.done();
}
```

这很繁琐。nodeunit提供了一个更好的办法，`test.expect`。你可以用这个方法指定每个测试应该包含的断言数量。这样不必要代码的行数就更少了：

```
exports.testPony = function(test) {
  test.expect(2);
  if (false) {
    test.ok(false, 'This should not have passed.');
  }
  test.ok(true, 'This should have passed.');
  test.done();
}
```

除了测试Node模块，nodeunit还可以测试客户端JavaScript，用一个测试工具就可以测试你的Web程序。你可以在nodeunit的在线文档（https://github.com/caolan/nodeunit）上看到那些内容，此外还有更高级的技术。

你已经知道如何使用TDD口味的单元测试框架了，接下来我们去看一下如何纳入一个BDD风格的单元测试。

10.1.3　Mocha

在本章介绍的测试框架中，Mocha是最新的，并且它还是一个容易掌握的的框架。尽管Mocha是BDD风格的，但你也可以把它用在TDD风格的测试中。Mocha的功能多种多样，包括全局变量泄漏检测，此外，跟nodeunit一样，Mocha也支持客户端测试。

全局变量泄漏检测

你应该不会需要在整个程序中都可读的全局变量，并且按照编程的最佳实践，你最好尽量少用。但在JavaScript中，不经意间就能创建一个全局变量，只要在声明变量时忘记写关键字var，这个变量就是全局变量了。Mocha可以检测出这种无意间出现的全局变量泄漏，如果你创建了全局变量，它会在测试期间抛出错误。

如果你想禁用全局泄漏检测，可以带着--ignored-leaks选项运行mocha命令。此外，如果你想指明要用的几个全局变量，可以把它们放在--globals选项后面，用逗号分开。

Mocha测试默认使用BDD风格的函数定义和设置，这些函数包括`describe`、`it`、`before`、`after`、`beforeEach`和`afterEach`。另外你也可以用Mocha的TDD接口，用`suite`代替了`describe`，`test`代替`it`，`setup`代替`before`，`teardown`代替`after`。不过在我们的例子中用的还是默认的BDD接口。

1. 用Mocha测试Node程序

让我们继续深入，创建一个名为memdb的小项目，一个小型的内存数据库，并用Mocha测试它。首先要为这个项目创建目录和文件：

```
$ mkdir -p memdb/test
$ cd memdb
$ touch index.js
$ touch test/memdb.js
```

测试会放在*test*目录下，但在你编写测试前，需要先安装Mocha：

```
$ npm install -g mocha
```

Mocha默认使用的BDD接口看起来如下面的代码清单所示。

代码清单10-9 Mocha测试的基本结构

```
var memdb = require('..');

describe('memdb', function(){
  describe('.save(doc)', function(){
    it('should save the document', function(){

    });
  });
});
```

Mocha还支持TDD和qunit，并输出了风格接口，在项目的网站上有详细介绍（http://visionmedia. github.com/mocha），但为了阐明不同接口的概念，下面是TDD风格的接口：

```
module.exports = {
  'memdb': {
    '.save(doc)': {
      'should save the document': function(){

      }
    }
  }
}
```

这两个接口的功能都是一样的，但现在我们还是用BDD接口，并用它编写第一个测试，代码放在test/memdb.js中，如下所示。这个测试用Node的assert模块执行断言。

代码清单10-10 描述memdb.save功能

```
var memdb = require('..');
var assert = require('assert');

describe('memdb', function(){                    ◁── 描述memdb
  describe('.save(doc)', function(){             功能
    it('should save the document', function(){   ◁── 描述.save()
      var pet = { name: 'Tobi' };                方法的功能
      memdb.save(pet);                           ◁── 描述期望值
      var ret = memdb.first({ name: 'Tobi' });
      assert(ret == pet);
    })                        ◁── 确保找到了pet
  })
})
```

只要执行mocha就可以运行这些测试。Mocha会执行./test目录下的JavaScript文件。因为你还没实现.save()方法，所以唯一的测试失败了，如图10-2所示。

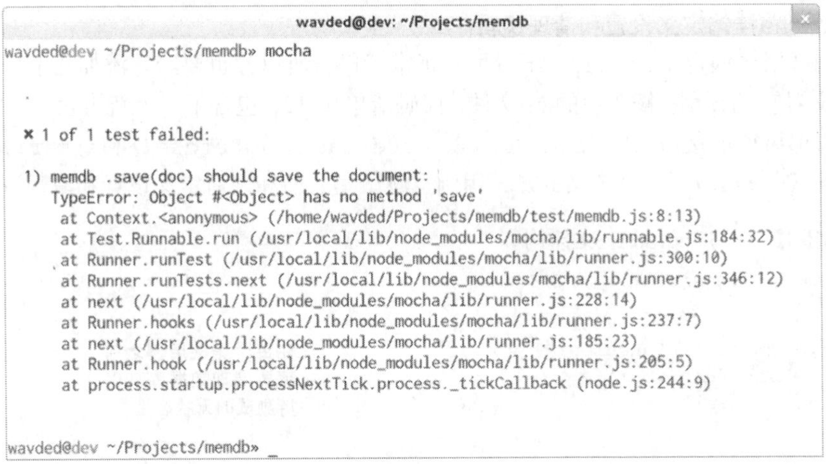

图10-2　Mocha的失败测试

把下面的代码放到index.js中。让测试通过！

代码清单10-11　添加保存功能

```
var db = [];

exports.save = function(doc){          将文档添加到
  db.push(doc);                         数据库数组中
};

exports.first = function(obj) {                    选择跟obj的所有属
  return db.filter(function(doc){                   性相匹配的文档
    for (var key in obj) {
      if (doc[key] != obj[key]) {       不匹配，返回false，
        return false;                    不选择这个文档
      }
    }
    return true;                        全都匹配，返回并
  }).shift();                            选择这个文档
};
                                        只要第一个
                                        文档或null
```

用Mocha再次运行测试，如图10-3所示，成功了。

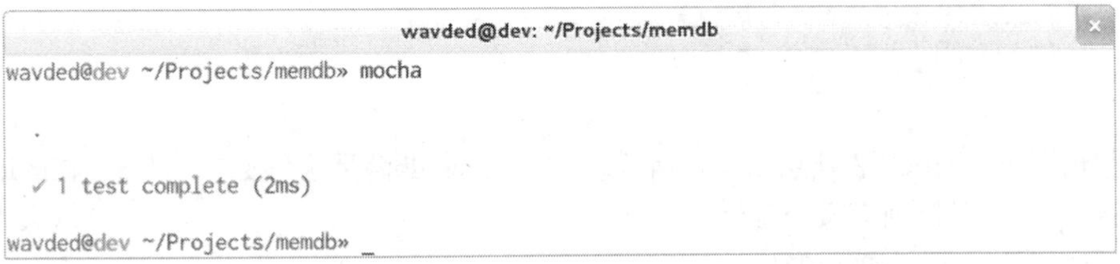

图10-3　Mocha的成功测试

2. 用Mocha挂钩定义设置和清理逻辑

这个测试用例假定memdb.first()可以正常工作，所以你也要给它添加几个测试用例，用it()函数定义对它的预期。修改后的test文件，代码清单10-12，包含了一个新概念——Mocha挂钩。比如说，BDD风格的接口有beforeEach()、afterEach()、before()和after()，它们接受回调，你可以在describe()定义的测试用例、测试集之前和之后定义设置和清理逻辑。

代码清单10-12　添加beforeEach挂钩

```
var memdb = require('..');
var assert = require('assert');

describe('memdb', function(){
  beforeEach(function(){                        在每个测试用例之前
    memdb.clear();                              都要清理数据库，保
  })                                            持测试的无状态性

  describe('.save(doc)', function(){
    it('should save the document', function(){
      var pet = { name: 'Tobi' };
      memdb.save(pet);
      var ret = memdb.first({ name: 'Tobi' });
      assert(ret == pet);
    })
  })

  describe('.first(obj)', function(){           对.first()的第一
    it('should return the first matching doc', function(){   个期望
      var tobi = { name: 'Tobi' };
      var loki = { name: 'Loki' };

      memdb.save(tobi);                         保存两个文档
      memdb.save(loki);

      var ret = memdb.first({ name: 'Tobi' });
      assert(ret == tobi);                      确保每个都可以
                                                正确返回
      var ret = memdb.first({ name: 'Loki' });
      assert(ret == loki);
    })

    it('should return null when no doc matches', function(){   对.first()的第二
      var ret = memdb.first({ name: 'Manny' });               个期望

      assert(ret == null);
    })
  })
})
```

理想情况下，测试用例不会共享任何状态。要让memdb满足这一要求，只需要在index.js中实现.clear()方法移除所有文档就行了。

```
exports.clear = function(){
  db = [];
};
```

再次运行Mocha，你应该看到三个测试已经通过了。

3. 测试异步逻辑

我们还没在Mocha中做过异步逻辑的测试。为了演示如何做这样的测试，我们要对之前在index.js中定义的一个函数做个小改动。把save函数变成下面这样，提供一个可选的回调，会在短暂的延迟之后执行（用来模拟某种异步操作）：

```
exports.save = function(doc, cb){
  db.push(doc);
  if (cb) {
    setTimeout(function() {
      cb();
    }, 1000);
  }
};
```

只要给定义测试逻辑的函数添加一个参数，就可以把Mocha测试用例定义为异步的。这个参数通常被命名为done。从下面的代码中可以看到如何修改最初的.save()测试让它可以测试异步代码。

代码清单10-13　测试异步逻辑

```
describe('.save(doc)', function(){
  it('should save the document', function(done){
    var pet = { name: 'Tobi' };
    memdb.save(pet, function(){                    ←── 保存文档
      var ret = memdb.first({ name: 'Tobi' });
      assert(ret == pet);                          ←── 断言文档正确保存了
      done();                                      ←── 告诉Mocha你已经完成这个测试用例了
    });
  });
});
```

用第一个文档调用回调

这个规则适用于所有挂钩。比如清理数据库的beforeEach()挂钩可以增加一个回调，Mocha会等着它的调用，然后才继续。如果调用done()时它的的第一个参数是个错误，Mocha会报告这个错误并将这个挂钩或测试用例标记为失败：

```
beforeEach(function(done){
  memdb.clear(done);
})
```

要了解与Mocha有关的更多内容，请参见完整的在线文档：（http://visionmedia.github.com/mocha）。Mocha也可以像nodeunit那样用于客户端JavaScript。

10

> **Mocha的非并行测试**
>
> 　　Mocha一个接一个地执行测试，而不是并行执行，这样会使得测试包执行得更慢，但编写起来更容易。不过Mocha不会让任何测试运行的时间过长，它默认只让测试运行2000毫秒，超过这个时长的测试就会失败。如果你有运行时间更长的测试，可以带着--timeout选项运行Mocha，给它指定一个更大的数值。
>
> 　　对于大多数测试而言，串行运行就很好。如果你觉得这有问题，还有其他可以并行执行测试的框架，比如Vows，我们把它放在下一节讨论。

10.1.4　Vows

　　在Vows下写的测试可以比其他很多单元测试框架下写出来的单元测试结构化更强,这样的测试更容易理解,更容易维护。

　　Vows用它自己的BDD术语定义测试结构。在Vows的领域中,一个测试套件中包含一或多个批次。你可以把批次当作一组相互关联的情境,或者你想要测试的概念关注域。批次和情境是并行运行的。情境中可能包含一些东西:一个主题,一或多个誓约,以及/或者一或多个相关情境(内部情境也是并行运行的)。主题是跟情境相关的测试逻辑。誓约是对主题结果的测试。Vows对测试的结构化设定如图10-4所示。

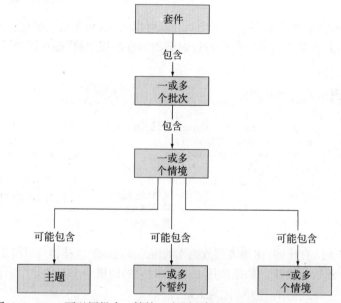

图10-4　Vows可以用批次、情境、主题和誓约把测试组织在一个套件内

　　Vows,跟nodeunit和Mocha一样,是专门针对自动化程序测试的。差异主要体现在口味和并行性上,Vows测试还有特定的结构和术语。本节会给出一个程序测试示例,并介绍如何使用Vows同时运行多个测试。

　　一般来说,你应该把Vows安装到全局环境中,以便可以随处访问vows的命令行测试运行工具。输入下面的命令安装Vows:

```
$ npm install -g vows
```

用Vows测试程序结构

　　在Vows中,你既可以运行包含测试逻辑的脚本来触发测试,也可以用vows的命令行测试运行器。下面这个例子是个独立的测试脚本(可以像其他Node脚本那样运行),用了待办事项程序核心逻测试的其中一个。

　　代码清单10-14创建了一个批次。在这个批次内定义了一个情境。在情境内定义了一个主题和一个誓约。注意它在主题中如何使用回调处理异步逻辑。如果主题不是异步的，可以返回一个值，不用通过回调发送。

代码清单10-14   用Vows测试待办事项程序

```
var vows = require('vows')
var assert = require('assert')
var Todo = require('./todo');

vows.describe('Todo').addBatch({          ◁── 批次
  'when adding an item': {                    ◁── 情境
    topic: function () {                  ◁── 主题
      var todo = new Todo();
      todo.add('Feed my cat');
      return todo;
    },
    'it should exist in my todos': function(er, todo) {      ◁── 誓约
      assert.equal(todo.getCount(), 1);
    }
  }
}).run();
```

如果你想把前面那段代码放到测试文件夹下，放在可以由Vows测试运行器运行的地方，你最好把最后一行改成下面这样：

```
...
}).export(module);
```

要运行test目录下的所有测试，请输入下面这条命令：

```
$ vows test/*
```

要了解与Vows有关的更多内容，请查阅该项目的在线文档（http://vowsjs.org/），如图10-5所示。

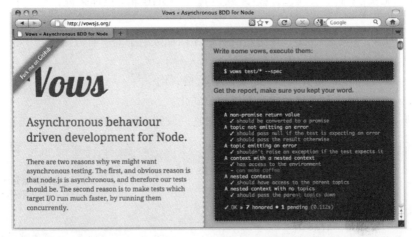

图10-5   Vows将完整的BDD测试能力跟宏和流程控制之类的特性结合到一起

Vows提供了全面的测试方案，但你可能不喜欢它规定的那种使用批次、情境、主题和誓约的测试结构。或者你可能喜欢一个有竞争力的测试框架的特性，或者跟其他框架类似的方案，没

必要学习 Vows。如果你觉得这听起来像你，should.js 可能值得一试。should.js 不仅是另一个测试框架，它更像是以 BDD 口味使用 assert 模块的框架。

10.1.5　should.js

should.js 是一个断言库，让你可以用类似于 BDD 的风格表示断言，从而使测试更容易看懂。它的设计初衷是跟其他测试框架捆绑使用，让你可以继续使用自己喜欢的框架。本节会介绍如何用 should.js 编写断言，我们用的例子是给一个定制的模块编写测试。

should.js 很容易跟其他框架配合使用，因为它有一个 `Object .prototype` 属性：`should`。你可以用它编写表达能力很强的断言，比如 `user.role.should.equal("admin")`，或者 `users.should.include("rick")`。

用 should.js 测试模块功能

假定你正在编写一个 Node 命令行的小费计算器，在你跟朋友采用 AA 制付费时，想用它算出每个人该付多少。你希望你的非程序员朋友也能看懂你给计算逻辑写的测试，以免他们怀疑你耍诈。

输入下面的命令设置你的小费计算器，它会给程序设置一个文件夹，并创建用于测试的 should.js 文件：

```
$ mkdir -p tips/test
$ cd tips
$ touch index.js
$ touch test/tips.js
```

你可以运行下面的命令安装 should.js：

```
$ npm install should
```

然后编辑 index.js 文件，放入包含程序核心功能定义的逻辑。具体来说，小费计算器包含四个辅助函数：

- ❏ `addPercentageToEach`　按给定的百分比增加数组中的所有数值；
- ❏ `sum`　计算数组中所有数值的和值；
- ❏ `percentFormat`　对要显示的百分比进行格式化；
- ❏ `dollarFormat`　对要显示的金额进行格式化。

下面代码清单中的代码实现了这些逻辑，把它们放到 index.js 中：

代码清单10-15　分账时计算小费的逻辑

```
exports.addPercentageToEach = function(prices, percentage) {    ◁── 向数组元素中
  return prices.map(function(total) {                                添加百分比
    total = parseFloat(total);
    return total + (total * percentage);
  });
}
                                                               ◁── 计算数组元素
exports.sum = function(prices) {                                    的和值
  return prices.reduce(function(currentSum, currentValue) {
    return parseFloat(currentSum) + parseFloat(currentValue);
```

```
    })
  }
exports.percentFormat = function(percentage) {          对要显示的百分比
  return parseFloat(percentage) * 100 + '%';            进行格式化
}

exports.dollarFormat = function(number) {               对要显示的金额
  return '$' + parseFloat(number).toFixed(2);           进行格式化
}
```

按照代码清单10-16编辑test/tips.js中的脚本。这段代码加载小费逻辑模块，定义了税率和小费百分比，以及账单中的收费项目以便进行测试，测试每个数组元素的百分比增加，测试账单总额。

代码清单10-16　AA制时计算小费的逻辑

```
var tips = require('..');                               使用小费逻辑模块
var should = require('should');

var tax = 0.12;                                          定义税率和小费比率
var tip = 0.15;
var prices = [10, 20];                                  定义要测试的账单项
var pricesWithTipAndTax = tips.addPercentageToEach(prices, tip + tax);

pricesWithTipAndTax[0].should.equal(12.7);              定义税和小费的增加
pricesWithTipAndTax[1].should.equal(25.4);

var totalAmount = tips.sum(pricesWithTipAndTax).toFixed(2);
totalAmount.should.equal('38.10');                      测试账单总额

var totalAmountAsCurrency = tips.dollarFormat(totalAmount);
totalAmountAsCurrency.should.equal('$38.10');

var tipAsPercent = tips.percentFormat(tip);
tipAsPercent.should.equal('15%');
```

用下面的命令运行这段脚本。如果一切都好，这个脚本应该不会输出什么，因为断言没有抛出错误，并且你的朋友又再次加深了对你的信任：

```
$ node test/tips.js
```

should.js支持的断言有很多种——从使用正则表达式的到检查对象属性的全都有——可以对程序生成的数据和对象进行全面的测试。这个项目的GitHub页面（http://github.com/visionmedia/should.js）中有完整的should.js功能文档。

看完为单元测试设计的工具，我们要继续前进，去看另外一种风格完全不同的测试：验收测试。

10.2　验收测试

验收测试也被称为功能测试，它测试程序的输出而不是逻辑。在为项目创建了一套单元测试后，验收测试可以再提供一层防护，找出可能被单元测试漏掉的bug。

从概念上来看，验收测试跟照着验收检查单进行测试的最终用户差不多。但自动化的验收测试更快，并且在执行测试的过程中不需要人力成本。

10

验收测试还要应对客户端JavaScript行为产生的复杂性。如果客户端JavaScript中隐藏着一个严重的问题，服务器端单元测试捕捉不到它，但全面彻底的验收测试可以。比如说，程序可能用客户端JavaScript做表单校验。验收测试会确保你的校验逻辑管用，拒绝和接受输入正确。或者再举一个例子，你可能有一个Ajax驱动的管理功能——比如在网站的首页上浏览内容选择特定内容的能力——应该只有已认证用户才能访问。为了处理这个问题，你可以写个测试，确保用户登录后的Ajax请求能产生预期结果，然后再写个测试确保那些没有认证的用户不能访问这些数据。

本节会介绍两个验收测试框架：Tobi和Soda。Soda的优势在于它能用真正的浏览器做验收测试，而Tobi，我们先介绍这个，学习起来更容易，启动和在其上运行也更简单。

10.2.1　Tobi

Tobi（https://github.com/LearnBoost/tobi）是一个很容易使用的验收测试框架，它能模拟浏览器，并提供访问should.js断言的能力。这个框架用两个第三方模块，jsdom和htmlparser，来模拟Web浏览器，可以访问虚拟DOM。

借助Tobi，你几乎可以毫不痛苦地编写测试登录到你的Web程序中，如果需要，还可以模拟用户向程序发送Web请求。如果Tobi返回了意想不到的结果，它会警告你，把问题指出来。

因为Tobi必须模拟用户的活动，还要检查Web请求的结果，所以它必须经常处理或检查DOM元素。在客户端JavaScript开发界，当Web开发人员要跟DOM交互时，他们经常会使用jQuery库（http://jquery.com）。开发人员也可以在服务器端使用jQuery，而Tobi对jQuery的使用让你几乎不用学习就可以用它创建测试。

我们会在本节中讲解如何使用Tobi跨越网络测试任何正在运行的Web程序，包括非Node程序。我们还会演示如何测试用Express创建的Web程序，即便这个基于Express的Web程序没在运行。

用Tobi测试Web程序

如果你想用Tobi创建测试，首先要为它们创建一个目录（或用一个已有的程序目录），然后在命令行中进入这个目录，输入下面的命令安装Tobi：

```
$ npm install tobi
```

代码清单10-17是用Tobi测试Web程序功能的例子——这是我们在第5章测试过的待办事项程序。这个测试试图创建一个待办事项，然后在响应页面上寻找它。如果你用Node运行这段脚本，并且没有异常抛出，那么这个测试就是通过了。

这段脚本创建了一个模拟浏览器，用来向带有输入表单的主页发送HTTP GET请求，填入表单中的输入域，并提交表单。然后检查表格单元中的内容有没有"Floss the Cat"。如果有，则测试通过。

代码清单10-17　通过HTTP测试Web程序

```
var tobi = require('tobi');
var browser = tobi.createBrowser(3000, '127.0.0.1');     ◀── 创建浏览器

browser.get('/', function(res, $){                        ◀── 取得待办事项表单
```

```
$('form')
  .fill({ description: 'Floss the cat' })          ◁── 填写表单
  .submit(function(res, $) {                        ◁── 提交数据
    $('td:nth-child(3)').text().should.equal('Floss the cat');
  });
});
```

甚至不用运行就能测试前面那个程序。下面的Tobi测试就是这样做的：

```
var tobi = require('tobi');
var app = require('./app');
var browser = tobi.createBrowser(app);

browser.get('/about', function(res, $){
  res.should.have.status(200);
  $('div').should.have.one('h1', 'About');
  app.close();
});
```

Tobi中没有测试运行器，但你可以把它跟Mocha或nodeunit之类的单元测试框架结合在一起使用。

10.2.2 Soda

Soda（https://github.com/LearnBoost/sod）采用了一种不同的方式做验收测试。其他Node验收测试框架都是模拟浏览器，而Soda是远程控制真实的浏览器。Soda，如图10-6所示，通过给Selenium服务器（也被称为Selenium RC），或者Sauce Labs的按需测试服务，发送指令进行测试。

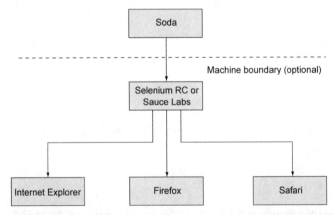

图10-6 Soda是一个验收测试框架，可以远程控制真实的浏览器。不管是用Selenium
　　　　RC还是Sauce Labs服务，Soda都会提供一个API，让Node进行直接测试，可以
　　　　顾及到不同浏览器实现的实际情况

Selenium服务器会在它所在的机器上打开浏览器，而Sauce云会在互联网的某台服务器上打开一个虚拟的浏览器。

跟浏览器通话的是Selenium服务器和Sauce Labs，而不是Soda，但它们会把所有请求信息传回给Soda。如果你要做一些并行的，并且不消耗你自己硬件的测试，可以考虑用Sauce Labs。

本节会讲解如何安装Soda和Selenium服务器，如何用Soda和Selenium测试，以及如何用Soda和Sauce Labs测试。

1. 安装Soda和Selenium服务器

用Soda测试需要安装soda npm包和Selenium服务器（如果你不用Sauce Labs的话）。输入下面的命令安装Soda：

```
$ npm install soda
```

Selenium服务器需要有Java才能运行。如果你还没装Java，请参考Java的官方下载页面，按照对你操作系统的指导安装（www.java.com/en/download/）。

Selenium服务器的安装相当简单直接。你要做的只是从Selenium的"下载"页（http://seleniumhq.org/download/）下载最新的.jar文件。文件下载下来之后，你就可以用下面这条命令运行它（文件名中可能有不同的版本号）：

```
java -jar selenium-server-standalone-2.6.0.jar
```

2. 用Soda和Selenium测试Web程序

服务器运行起来后，你可以把下面的代码放到一个脚本中为运行测试做好设置。在对`createClient`的调用中，`host`和`port`指明了连接Selenium服务器的主机和端口。它们默认应该是127.0.0.1和4444。`createClient`中的url指定了要在浏览器中打开的根URL，而`browser`指定了用于测试的浏览器：

```
var soda = require('soda')
var assert = require('assert');

var browser = soda.createClient({
  host: '127.0.0.1',
  port: 4444,
  url: 'http://www.reddit.com',
  browser: 'firefox'
});
```

为了得到测试脚本正在做什么的反馈，你可能想要引人下面这段代码。这段代码输出Selenium尝试的每条命令：

```
browser.on('command', function(cmd, args){
  console.log(cmd, args.join(', '));
});
```

接下来应该在测试脚本中的是测试本身。下面的清单中是一个测试样例，它试图让用户登录到Reddit中，如果结果页面中没有"logout"字样，则测试失败。像`clickAndWait`这样的命令在Selenium的网站上（http://release.seleniumhq.org/selenium-core/1.0.1/reference.html）都有文档说明。

代码清单10-18 可以用命令控制浏览器动作的Soda测试

```
browser
  .chain                    ⇐── 启用方法链
  .session()                ⇐── 开始Selenium会话
  .open('/')                ⇐── 打开URL
```

```
.type('user', 'mcantelon')              ⟵ 向表单域中输入文本
.type('passwd', 'mahsecret')
.clickAndWait('//button[@type="submit"]')   ⟵ 点击按钮并等待
.assertTextPresent('logout')        ⟵ 确保这段文字存在
.testComplete()         ⟵ 完成测试
.end(function(err){         ⟵ 结束Selenium会话
  if (err) throw err;
  console.log('Done!');
});
```

3. 用Soda和SAUCE LABS测试Web程序

如果你走Sauce Labs的路线，则要在Sauce Labs网站（https://saucelabs.com）上注册，并把测试脚本中返回browser的代码换成下面这样的。

代码清单10-19　用Soda控制Sauce Labs浏览器

```
var browser = soda.createSauceClient({
'url': 'http://www.reddit.com/',
'username': 'yourusername',              ⟵ Sauce Labs 用户名
'access-key': 'youraccesskey',           ⟵ Sauce Labs API key
'os': 'Windows 2003',                    ⟵ 想要的操作系统
'browser': 'firefox',                    ⟵ 想要的浏览器类型
'browser-version': '3.6',                ⟵ 想要的浏览器版本
'name': 'This is an example test',
'max-duration': 300                      ⟵ 如果时间太长，让测试失败
});
```

这些就是这种强大的测试方法的基础知识，它可以作为单元测试的补充，让你的程序对不经意间创建出来的bug更有抵抗力。

10.3　小结

把自动化测试纳入开发过程可以极大降低代码中出现bug的几率，你在做开发时也能更有自信。

如果你刚接触单元测试，Mocha和nodeunit是非常优秀的入门框架：简单易学又灵活，如果你想运行BDD风格的断言，它们还能跟should.js捆绑使用。如果你喜欢BDD风格，并且想找一个能组织测试和控制流程的系统，Vows可能也是个不错的选择。

在验收测试领域，Tobi是非常棒的起点。设置和使用起来都很容易，如果你熟悉jQuery的话，应该能迅速掌握它。如果你在做验收测试时需要考虑不同浏览器的差异，Soda值得一试，但用它测试会比较慢，并且你还必须学习Selenium API。

你已经知道在Node中如何做自动化测试了，接下来我们要深入到Node的Web程序模板中，介绍一些可以提升你的开发效率和愉悦感的模板引擎。

第 11 章

Web程序模板

本章内容
- ❏ 如何用模板保持程序的可组织性
- ❏ 用Embedded JavaScript创建模板
- ❏ 学习极简主义的Hogan模板
- ❏ 用Jade创建模板

在第8和第9章用Express框架创建视图时，我们已经介绍过一些模板的基础知识了。在这一章里，你将完全沉浸在模板之中，学习如何使用三个流行的模板引擎，如何用模板把显示层标记从逻辑中分离出来，保持Web程序代码的整洁性。

如果你对模板和模型–视图–控制器（MVC）模式并不陌生，可以直接进入11.2节，从那里开始学习我们要在本章中详细介绍的模板引擎，包括 Embedded JavaScript、Hogan和Jade。如果你对模板不太了解，请继续往下看——我们会在后续几节中探索它的概念。

11.1 用模板保持代码的整洁性

在Node中，你可以像其他所有Web技术一样，用模型–视图–控制器（MVC）模式开发传统的Web程序。MVC中的一个关键概念是逻辑、数据和展示层的分离。在遵循MVC模式的Web程序中，用户通常会从服务器中请求一个资源，这会让控制器从模型中请求程序数据，然后把数据传给视图，再由视图对数据做格式化后呈现给最终用户。MVC模式中的视图部分经常是用几种模板语言中的一种实现的。程序使用模板时，视图会将模型返回的数据传递给模板引擎，并指定用哪个模板文件展示这些数据。

图11-1展示了模板逻辑如何融入一个MVC程序的整体架构中。

模板文件中通常包含程序值的占位符，以及HTML、CSS，有时还会有一些客户端JavaScript，做些显示第三方小部件之类的事情，比如Facebook的点赞按钮，或者触发界面行为，比如隐藏或显示页面的某些部分。因为模板文件的重点是展示而不是逻辑，所以前端开发人员和服务器端开发人员可以一起工作，这有助于项目对人力资源的分配。

本节会分别在有和没有模板的两种情况下渲染HTML，让你看到两者之间的差异。但我们还是先看一个模板的实例吧。

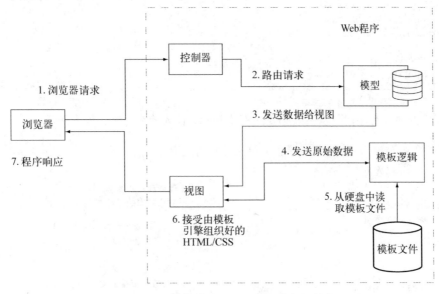

图11-1　MVC程序的流程以及它跟模板层的交互

模板实战

　　为了快速演示一下如何使用模板，我们以一个简单的博客程序为例，看它如何优雅地输出HTML。每篇博客文章都会有一个标题、发布日期以及主体文本。博客在浏览器中如图11-2所示。

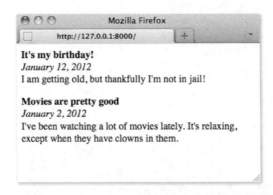

图11-2　博客程序示例在浏览器中的输出

　　博客文章是从文本文件entries.txt中读取出来的，格式如下所示。---表明一篇文章结束，另一篇文章开始。

代码清单11-1 博客文章文本文件

```
title: It's my birthday!
date: January 12, 2012
I am getting old, but thankfully I'm not in jail!
---
title: Movies are pretty good
date: January 2, 2012
I've been watching a lot of movies lately. It's relaxing,
except when they have clowns in them.
```

blog.js中的博客程序代码从引入必要的模块开始，读入博客文章，如下所示。

代码清单11-2 简单的博客程序的博客文章文件解析逻辑

```
var fs = require('fs');
var http = require('http');

function getEntries() {                          读取和解析博客
  var entries = [];                              文章文本的函数
  var entriesRaw = fs.readFileSync('./
    entries.txt', 'utf8');                       从文件中读取博客
                                                 文章的数据
  entriesRaw = entriesRaw.split("---");          解析文本，将它们
                                                 分成一篇篇的文章
  entriesRaw.map(function(entryRaw) {
    var entry = {};                              解析文章的文本，
    var lines = entryRaw.split("\n");            将它们按行分解

    lines.map(function(line) {                   逐行解析，提取
      if (line.indexOf('title: ') === 0) {       出文章的属性
        entry.title = line.replace('title: ', '');
      }
      else if (line.indexOf('date: ') === 0) {
        entry.date = line.replace('date: ', '');
      }
      else {
        entry.body = entry.body || '';
        entry.body += line;
      }
    });

    entries.push(entry);
  });

  return entries;
}

var entries = getEntries();
console.log(entries);
```

把下面这段代码添加到博客程序中，它定义了一个HTTP服务器。这个服务器收到HTTP请求
后，会返回一个包含所有博客文章的页面。这个页面是用函数blogPage定义的，我们过一会儿
定义它：

```
var server = http.createServer(function(req, res) {
  var output = blogPage(entries);

  res.writeHead(200, {'Content-Type': 'text/html'});
  res.end(output);
});

server.listen(8000);
```

接下来我们要定义blogPage函数，用它把博客文章渲染到HTML页面中，以便发送给用户的浏览器。我们会尝试两种不同的方式：

❑ 不用模板渲染HTML；

❑ 用模板渲染HTML。

我们先来看一下不用模板的渲染。

1. 不用模板渲染HTML

博客程序可以直接输出HTML，但在程序逻辑中引入HTML会导致混乱。在下面的代码清单中，blogPage函数阐明了如何用非模板的方式显示博客文章。

代码清单11-3　模板引擎把展示细节和程序逻辑分开

```
function blogPage(entries) {
    var output = '<html>'            ← 逻辑中穿插了太
                + '<head>'             多的HTML
                + '<style type="text/css">'
                + '.entry_title { font-weight: bold; }'
                + '.entry_date { font-style: italic; }'
                + '.entry_body { margin-bottom: 1em; }'
                + '</style>'
                + '</head>'

                + '<body>';
  entries.map(function(entry) {
    output += '<div class="entry_title">' + entry.title + "</div>\n"
            + '<div class="entry_date">' + entry.date + "</div>\n"
            + '<div class="entry_body">' + entry.body + "</div>\n";
  });

  output += '</body></html>';

  return output;
}
```

注意看，这些跟展示相关的内容、CSS定义和HTML给程序添了很多行代码。

2. 用模板渲染HTML

用模板渲染HTML可以把HTML从程序逻辑中挪走，大幅提升代码的整洁性。

本节中的演示程序需要在你的程序目录中安装Embedded JavaScript（EJS）模块。输入下面这条命令：

```
npm install ejs
```

下面的代码从文件中加载了一个模板，然后定义了一个新版的blogPage函数，这次它采用了EJS模板引擎，我们会在11.2节中介绍这个模板引擎的用法：

```
var ejs = require('ejs');
var template = fs.readFileSync('./template/blog_page.ejs', 'utf8');

  function blogPage(entries) {
    var values = {entries: entries};
    return ejs.render(template, {locals: values});
  }
```

EJS模板文件中有HTML标记（让它呆在程序逻辑之外），以及指出把传给模板引擎的数据放在哪里的占位符。展示博客文章的EJS模板文件中应该包含下面这样的HTML和占位符：

代码清单11-4　显示博客文章的EJS模板

```
    <html>
      <head>
        <style type="text/css">
          .entry_title { font-weight: bold; }
          .entry_date { font-style: italic; }
          .entry_body { margin-bottom: 1em; }
        </style>
      </head>

      <body>
        <% entries.map(function(entry) { %>
          <div class="entry_title"><%= entry.title %></div>
          <div class="entry_date"><%= entry.date %></div>

      <div class="entry_body"><%= entry.body %></div>
    <% }); %>
      </body>
    </html>
```

循环遍历博客文章的占位符

每篇博客文章中的各项数据的占位符

Node社区创建的模块中也有模板引擎，并且种类繁多。如果你觉得HTML和/或CSS不够优雅，因为HTML需要闭合标签，而CSS需要左右大括号，那么你可以认真研究一下模板引擎。它们可以用特殊的"语言"（比如Jade语言，我们后面会讲到）以更简洁的方式表示HTML或CSS，或者两者兼而有之。

这些模板引擎可以让你的模板更整洁，但你可能不想花时间去学另外一种表示HTML和CSS的办法。你决定用什么最终还是取决于你的个人喜好。

在本章的后续章节中，我们会介绍三个流行的模板引擎，以及如何通过它们把模板引入到你的Node程序中：

❑ Embedded JavaScript（EJS）引擎
❑ 遵循极简主义的Hogan引擎
❑ Jade模板引擎

这些引擎中的任何一个都允许你用另外一种方式编写HTML。我们先从EJS开始。

11.2　嵌入 JavaScript 的模板

Embedded JavaScript（https://github.com/visionmedia/ejs）处理模板的方式相当地简单直接，对于在其他语言中用过模板的人来说，它应该有种似曾相识的感觉，就像JSP（Java）、Smarty

（PHP）、ERB（Ruby）等等。EJS允许你把EJS标签当做给数据准备的占位符嵌入到HTML中。EJS还让你在模板中执行原始的JavaScript逻辑，完成条件分支和循环之类的任务，就像PHP做的那样。

本节会讲解如何：

❑ 创建EJS模板；

❑ 用EJS过滤器提供常用的、与展示相关的功能，比如文本处理、排序和循环；

❑ 在你的Node程序中集成EJS；

❑ 把EJS用在客户端程序中。

接下来我们要深入到EJS模板的世界中。

11.2.1 创建模板

在模板的世界中，发送给模板引擎做渲染数据有时被称为上下文。下面这个 简单的Node程序使用EJS把上下文渲染到一个简单的模板中：

```
var ejs = require('ejs');
var template = '<%= message %>';
var context = {message: 'Hello template!'};

console.log(ejs.render(template, {locals: context}));
```

注意render的第二个参数locals。第二个参数可以包含渲染选项以及上下文数据，也就是说是用locals可以确保上下文中的单项数据不会被当作EJS选项。但大多数情况下你都可以把上下文本身当作第二个参数，就像下面的render一样：

```
console.log(ejs.render(template, context));
```

如果你把给EJS的上下文直接当作render的第二个参数，一定不要给上下文中的值用这些名称：cache、client、close、compileDebug、debug、filename、open或scope。它们是可以修改模板引擎设定的保留字。

字符转义

在渲染时，EJS会转义上下文值中的所有特殊字符，将它们替换为HTML实体码。这是为了防止跨站脚本（XSS）攻击，恶意的用户会将JavaScript作为数据提交给Web程序，希望其他用户访问包含这些数据的页面时能在他们的浏览器中执行。下面的代码展示了EJS的转义处理：

```
var ejs = require('ejs');
var template = '<%= message %>';
var context = {message: "<script>alert('XSS attack!');</script>"};

console.log(ejs.render(template, context));
```

这段代码在显示时会输出下面这种代码：

```
&lt;script&gt;alert('XSS attack!');&lt;/script&gt;
```

如果你相信用在模板中的数据，不想转义出现在EJS模板中的上下文值，可以用<%-代替<%=，像下面的代码这样：

```
var ejs = require('ejs');
var template = '<%- message %>';
var context = {
  message: "<script>alert('Trusted JavaScript!');</script>"
};

console.log(ejs.render(template, context));
```

注意! 如果你不喜欢EJS的标签，可以定制它们，像这样：

```
var ejs = require('ejs');

ejs.open = '{{:'
ejs.close = '}}:'
var template = '{{= message }}';
var context = {message: 'Hello template!'};

console.log(ejs.render(template, context));
```

你已经掌握了EJS的基础知识，接下来我们要介绍一些东西，让你可以更容易地管理数据的展示。

11.2.2　用 EJS 过滤器处理模板数据

EJS支持过滤器——一个可以让你轻松完成数据转换的特性。为了表明你正在用过滤器，要在EJS的开始标签中添加一个冒号（:）。比如：

- ❑ <%=:是用在转义的EJS输出上的过滤器。
- ❑ <%-:是用在非转义的EJS输出上的过滤器。

过滤器也可以链起来，也就是说你可以把多个过滤器放在一个EJS标签上，显示所有过滤器的累加效果（类似于*UNIX中的"管道"）。在接下来的几节中，我们会介绍几个常用的过滤器。

1. 处理选择的过滤器

EJS过滤器是放在EJS标签里的。为了让你对过滤器的用处有个直观的认识，我们假定有个分享电影的程序，用户可以告诉人们他们看过哪些电影。其中最重要的信息可能是他们最近看过的一部电影。在下面这个例子中，模板中的EJS标签用last过滤器显示电影数组中的最后一部影片，而last过滤器的功能就是只取出数组的最后一项：

```
var ejs = require('ejs');
var template = '<%=: movies | last %>';
var context = {'movies': [
  'Bambi',
  'Babe: Pig in the City',
  'Enter the Void'
]};

console.log(ejs.render(template, context));
```

first也是个过滤器。如果你想得到列表中的指定条目，可以用过滤器get。EJS标签<%=: movies | get:1 %>会显示movies数组中的第二个条目（因为条目0才是第一个）。如果上下文值不是数组，而是一个对象，你也可以用get过滤器显示它的属性。

2. 处理大小写的过滤器

EJS过滤器还可以用来改变大小写。下面模板中的EJS标签中有一个过滤器，它可以把上下文值中的第一个字母变成大写的，在这个例子中是把"bob"显示成"Bob"：

```
var ejs = require('ejs');
var template = '<%=: name | capitalize %>';
var context = {name: 'bob'};

console.log(ejs.render(template, context));
```

如果你想把上下文值全部用大写显示，可以用upcase。相反，过滤器downcase会把值显示成小写。

3. 处理文本的过滤器

EJS过滤器可以切割文本。你可以截断文本，在文本上追加或前置内容，甚至替换其中的部分内容。把文本截断，只留下一定数量的字符可以防止长字符串破坏HTML布局。比如下面这段代码，会把标题截成只有20个字符的字符串，显示"The Hills are Alive"：

```
var ejs = require('ejs');
var template = '<%=: title | truncate:20 %>';
var context = {title: 'The Hills are Alive With the Sound of Critters'};

console.log(ejs.render(template, context));
```

如果你想把文本截成一定数量的单词，EJS过滤器也可以做到。你可以把前面那个例子中的EJS标签换成<%=: title | truncate_words:2 %>，把上下文值截成2个单词。然后输出会变成"The Hills"。

过滤器replace底层用的是String.prototype.replace(pattern)，所以它可以接受字符串或正则表达式。下面这段代码用EJS过滤器把单词替换成缩写词：

```
var ejs = require('ejs');
var template = "<%=: weight | replace:'kilogram','kg' %>";
var context = {weight: '40 kilogram'};

console.log(ejs.render(template, context));
```

你可以用过滤器追加文本，比如append:'some text'。同样，你也可以用过滤器在文本前面添加文本，比如prepend:'some text'。

4. 排序的过滤器

EJS过滤器还可以排序。我们还是回到前面用的那个电影标题的例子中，你可以用EJS过滤器按标题对电影进行排序，并按字母表的顺序显示第一部影片，如图11-3所示。

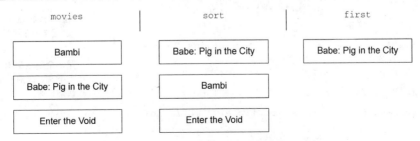

图11-3　用EJS过滤器处理文本数组的示意图

下面是实现这一处理的代码:

```
var ejs = require('ejs');
var template = '<%=: movies | sort | first %>';
var context = {'movies': [
  'Bambi',
  'Babe: Pig in the City',
  'Enter the Void'
]};

console.log(ejs.render(template, context));
```

如果你想对由对象组成的数组进行排序,而排序的标准是对象的属性,可以用过滤器这样做:

```
var ejs = require('ejs');
var template = "<%=: movies | sort_by:'name' | first | get:'name' %>";
var context = {'movies': [
  {name: 'Babe: Pig in the City'},
  {name: 'Bambi'},
  {name: 'Enter the Void'}
]};

console.log(ejs.render(template, context));
```

注意过滤器链最后的 get:'name'。因为 sort 返回的是对象,而你还要选择显示对象的哪个属性。

5. 过滤器map

你可以用 EJS 过滤器 map 指定要由后续过滤器处理的对象属性。对于前面那个例子而言,你也可以在过滤器链中使用 map。你不必非得用 sort_by 指定属性,然后再用 get 指定要显示的属性。你可以用 map 创建一个包含对象属性的数组。结果 EJS 标签会变成 `<%=: movies | map:'name' | sort | first %>`。

6. 创建定制的过滤器

尽管 EJS 提供了最常用的过滤器,但有时你需要的东西可能超出了 EJS 的范围。比如说,如果你需要一个对小数位做四舍五入的过滤器,你会发现没有内置的过滤器可以帮你做这个。不过 EJS 允许你添加自己定制的过滤器,并且很容易,就像下面这样:

代码清单11-5　定义你自己定制的EJS过滤器

```
var ejs = require('ejs');
var template = '<%=: price * 1.145 | round:2 %>';        在 ejs.filters 对象
var context = {price: 21};                                上定义一个函数

ejs.filters.round = function(number, decimalPlaces) {
number = isNaN(number) ? 0 : number;                      第一个参数是输入值、
  decimalPlaces = !decimalPlaces ? 0 : decimalPlaces;     上下文,或前一个过滤
                                                          器的结果
  var multiple = Math.pow(10, decimalPlaces);

  return Math.round(number * multiple) / multiple;
};

console.log(ejs.render(template, context));
```

如你所见,EJS 中的 filters 提供了一种非常棒的办法,可以减少你为显示准备数据所写的

代码。你不用在渲染模板之前手动转换这些数据，EJS提供了很棒的内置机制帮你实现它。

11.2.3 将 EJS 集成到你的程序中

因为把模板和代码放在同一个文件里很别扭，并且这样会把代码弄乱，所以我们会告诉你如何用Node的API从独立的文件中读取模板。

进入你的工作目录，创建一个名为app.js的文件，把下面的代码放在里面。

代码清单11-6 把模板代码放在文件中

```
var ejs = require('ejs');
var fs = require('fs');
var http = require('http');
var filename = './template/students.ejs';          ◁── 注意模板
                                                        文件的位置
var students = [                              ◁── 传给模板
  {name: 'Rick LaRue', age: 23},                  引擎的数据
  {name: 'Sarah Cathands', age: 25},
  {name: 'Bob Dobbs', age: 37}
];

var server = http.createServer(function(req, res) {    ◁── 创建HTTP服务器
  if (req.url == '/') {
    fs.readFile(filename, function(err, data) {    ◁── 从文件中读取模板
      var template = data.toString();
      var context = {students: students};
      var output = ejs.render(template, context);    ◁── 渲染模板
      res.setHeader('Content-type', 'text/html');
      res.end(output);                       ◁── 发送HTTP响应
    });
  } else {
    res.statusCode = 404;
    res.end('Not found');
  }
});

server.listen(8000);
```

接下来创建一个名为`template`的子目录。模板将会被放到这个目录下。在`template`目录下创建students.ejs文件，这样你的程序结构看起来应该像图11-4一样。

图11-4　EJS程序的结构

把下面的代码放到students.ejs中。

代码清单11-7   渲染学生数组的EJS模板

```
<% if (students.length) { %>
  <ul>
    <% students.forEach(function(student) { %>
      <li><%= student.name %> (<%= student.age %>)</li>
    <% }) %>
  </ul>
<% } %>
```

缓存EJS模板

EJS可以在内存中缓存模板函数，这是一个可选的特性。也就是说在EJS中，解析完模板文件后，可以把解析得到的函数存下来。因为可以跳过解析步骤，所以渲染缓存的模板速度更快。

如果是Node程序的初步开发，并且你想马上看到修改的效果，可以不启用缓存。但在把程序部署到生产环境中时，启用缓存是一种简单快捷的制胜之道。你可以通过环境变量NODE_ENV设定是否启用缓存的条件。

如果你想尝试一下缓存机制，将前面的render函数调用改成下面这样：

```
var cache = process.env.NODE_ENV === 'production';
var output = ejs.render(
  template,
  {students: students, cache: cache, filename: filename}
);
```

注意，其中的选项filename不一定必须是文件——你可以用你要渲染的模板的唯一标识。

看过如何把EJS集成到Node程序中之后，我们去看看EJS的另一种使用方式：在浏览器中。

11.2.4   在客户端程序中使用 EJS

我们已经给出了一个在Node中使用EJS的例子；现在要快速浏览一下如何在浏览器中使用EJS。要在客户端使用EJS，首先要把EJS引擎下载到你的工作目录中，命令如下所示：

```
cd /your/working/directory
curl https://raw.github.com/visionmedia/ejs/master/ejs.js -o ejs.js
```

下载完ejs.js文件，你就可以在客户端代码中使用EJS了。下面是一个简单的EJS客户端程序。

代码清单11-8   用EJS给客户端增加使用模板的能力

```
      <html>
        <head>
        <title>EJS example</title>
          <script src="ejs.js"></script>
          <script
          ➡src="http://ajax.googleapis.com/ajax/libs/jquery/1.8/jquery.js">
          </script>
        </head>
        <body>

          <div id='output'></div>
```

引入jQuery库做DOM处理

用来渲染模板输出的占位标签

```
            <script>
              var template = "<%= message %>";
              var context = {message: 'Hello template!'};

              $(document).ready(function() {
                $('#output').html(
                  ejs.render(template, context)
                );
              });
            </script>
          </body>
        </html>
```

渲染内容
用的模板

用在模板
中的数据

等着浏览器
加载数据

将模板渲染到ID为
"output"的div中

学完这个功能完备的Node模板引擎，该去看一下Hogan模板引擎了，它特意限制了模板代码
中可用的功能。

11.3　使用 Mustache 模板语言与 Hogan

Hogan.js（https://github.com/twitter/hogan.js）是Twitter为满足自己对模板的需求而创建的模
板引擎。Hogan实现了流行的Mustache（http://mustache.github.com/）模板语言标准，这一标准是
由GitHub的Chris Wanstrath创建的。

Mustache遵循极简主义的模板方式。跟EJS不同，Mustache标准特意去掉了条件逻辑，除了
为防止XSS攻击而保留的转义能力，Mustache也没有其他任何内置的内容过滤能力。Mustache主
张模板代码应该尽可能地简单。

本节将介绍
- ❏ 如何在程序中创建和实现Mustache模板；
- ❏ Mustache标准中的各种模板标签；
- ❏ 如何用"局部"组织模板；
- ❏ 如何用你自己的分隔符和其他选项对Hogan进行微调。

我们去看看Hogan提供的另一种使用模板的方式。

11.3.1　创建模板

在程序中使用Hogan，或尝试本节中的例子，需要在你的程序目录中安装 Hogan。因此请在
你的命令行中输入下面这条命令：

```
npm install hogan.js
```

下面是一个简单的Node程序示例，它用Hogan渲染一个使用了上下文的简单模板。运行它会
输出"Hello template!"。

```
var hogan = require('hogan.js');
var template = '{{message}}';
var context = {message: 'Hello template!'};
```

11

```
var template = hogan.compile(template);
console.log(template.render(context));
```

你已经知道如何用Hogan处理Mustache模板了，接下来我们去看看Mustache支持哪些标签。

11.3.2 Mustache 标签

Mustache标签在概念上跟EJS的标签类似。Mustache标签是变量值的占位符，指明哪里需要循环，并允许你增强Mustache的功能，在模板里添加注释。

1. 显示简单的值

在Mustache模板中显示上下文值需要把值的名称放在双大括号中。大括号在 Mustache社区里被称为"胡须"。比如说，如果你想显示上下文项name的值，应该用Hogan标签{{name}}。

跟大多数模板引擎一样，Hogan默认也会对内容进行转义以防止XSS攻击。如果要在Hogan中显示未转义的值，既可以把上下文项的名称放在三条胡须中，也可以在前面添加一个&符号。还是用前面那个例子，你可以用{{{name}}}显示不做转义处理的上下文值，也可以用{{&name}}这种格式的标签。

如果你想在Mustache模板中添加注释，可以用这种格式：{{! This is a comment }}。

2. 区块：多个值的循环遍历

尽管Hogan不允许在模板中使用逻辑，但它确实引入了一种优雅的办法，可以用Mustache分节对上下文项中的多个值做循环遍历。

比如下面这个上下文中，有一项的值是一个数组：

```
var context = {
  students: [
    { name: 'Jane Narwhal', age: 21 },
    { name: 'Rick LaRue', age: 26 }
  ]
};
```

如果你想创建一个模板，让每个学生都显示在一个单独的HTML段落中，给出下面这种输出，这对Hogan模板来说应该是个很简单的任务：

```
<p>Name: Jane Narwhal, Age: 21 years old</p>
<p>Name: Rick LaRue, Age: 26 years old</p>
```

下面这个模板应该能生成你想要的HTML：

```
{{#students}}
  <p>Name: {{name}}, Age: {{age}} years old</p>
{{/students}}
```

3. 反向区块：值不存在时的默认HTML

如果上下文数据中的students不是数组会怎么样？比如说，如果它的值是单个对象，模板会显示它。但如果相应上下文项的值是undefined或false，或者空数组，则分节不会显示。

如果你想让模板输出一条消息，指明该区块的值不存在，Hogan支持 Mustache的反向区块。如果把下面的模板代码添加到前面那个显示学生的模板上，在上下文中没有学生数据时，则会显示一条消息：

```
{{^students}}
  <p>No students found.</p>
{{/students}}
```

4. 区块lambdas：区块内的定制功能

为了给开发人员提供增强Mustache功能的机会，Mustache标准允许你定义的区块标签通过函数调用处理模板内容，不用循环遍历数组。这被称为区块lambda。

代码清单11-9是一个使用区块lambda的示例，展示了在渲染模板时如何用它实现对Markdown的支持。这个例子中用到了github-flavored-markdown模块，需要你在命令行中输入npm install github-flavored-markdown安装。

在下面这段代码中，模板中的**Name**传给由区块lambda调用的Markdown解析器，生成了Name。

代码清单11-9　在Hogan中使用lambda

```
var hogan = require('hogan.js');
var md = require('github-flavored-markdown');    ◁── 引入Markdown解析器

var template = '{{#markdown}}'
              + '**Name**: {{name}}'             Mustache 模 板 中 Markdown
              + '{{/markdown}}';                 格式的内容

var context = {
  name:      'Rick LaRue',
  markdown: function() {
    return function(text) {
      return md.parse(text);
    };                                           模板上下文中包含一个解析
  }                                              Markdown的区块lambda
};

var template = hogan.compile(template);
console.log(template.render(context));
```

使用区块lambda可以在模板中轻松实现缓存和转换机制等功能。

5. 子模板：在其他模板中重用模板

在编写模板时，要避免在多个模板中不必要地重复编写代码。一种解决办法是创建子模板（partials）。子模板是包含在其他模板内的构件。它的另一个用途是把复杂的模板分解成简单模板。

比如下面这个例子，用子模板将显示学生数据的模板代码从主模板中分离出来。

代码清单11-10　在Hogan中使用子模板

```
var hogan = require('hogan.js');

var studentTemplate = '<p>Name: {{name}}, '         用于子模
                     + 'Age: {{age}} years old</p>'; 板的代码
var mainTemplate = '{{#students}}'                  ◁── 主模板代码
                  + '{{>student}}'
                  + '{{/students}}';
```

```
var context = {
  students: [{
      name: 'Jane Narwhal',
      age: 21
  },{
      name: 'Rick LaRue',
      age: 26
  }]
};

var template = hogan.compile(mainTemplate);          ◁── 编译主模板
var partial = hogan.compile(studentTemplate);            和子模板

var html = template.render(context, {student: partial});  ◁── 渲染主模板
console.log(html);                                            和子模板
```

11.3.3   微调 Hogan

Hogan用起来相当简单———旦掌握了它的标签汇总表，你就可以开动了。在使用时可能只需要调整其中的一两个地方。

如果你不喜欢Mustache风格的大括号，可以给compile方法传入一个参数覆盖Hogan所用的分隔符。下面的例子把EJS风格的分隔符编译在Hogan中：

```
hogan.compile(text, {delimiters: '<% %>'});
```

如果你不想在开始胡须中使用以#开头的区块标签，可以用compile方法的另一个参数：sectionTags。比如说，你可能想让采用了lambda的区块标签使用不同的标签格式。下面的代码清单对前面11-9中的例子做了改动，用下划线前缀把区块标签markdown跟后续没有采用lambda的循环区块标签区别开。

代码清单11-11   在Hogan中使用定制的区块标签

```
var hogan = require('hogan.js');
var md = require('github-flavored-markdown');      ◁── 引入Markdown解析器

var template = '{{_markdown}}'                   ◁── 在模板中使用定制标签
            + '**Name**: {{name}}'
            + '{{/markdown}}';

var context = {
  name:      'Rick LaRue',
  _markdown: function(text) {                      ◁── 定制标签的Lambda
    return md.parse(text);
  }
};

var template = hogan.compile(
  template,
  {sectionTags: [{o: '_markdown', c: 'markdown'}]}   ◁── 定制开始和结束标签
);
console.log(template.render(context));
```

在使用Hogan时，你无需修改任何参数来启用缓存。缓存是内置在`compile`函数中的，并且是默认启用的。

学完这两个相当简单直接的Node模板引擎，接下来我们要去看一下Jade模板引擎，它处理展示标记的方式跟EJS和Hogan不同。

11.4　用 Jade 做模板

Jade（http://jade-lang.com）给出了另外一种表示 HTML的方式。Jade和其他主流模板系统的差别主要在于它的空格的作用。

Jade模板用缩进表示HTML标签的嵌入关系。HTML标签也不必明确给出关闭标签，从而避免了过早关闭，或根本就不关闭标签所产生的问题。用缩进还使得模板看起来不那么密集，并且更易于维护。

我们用一个简短的示例演示一下，看它如何表示这段HTML：

```
<html>
  <head>
    <title>Welcome</title>
  </head>
  <body>
    <div id="main" class="content">
      <strong>"Hello world!"</strong>
    </div>
  </body>
</html>
```

这段HTML可以表示成下面这段Jade模板：

```
html
  head
    title Welcome
  body
    div.content#main
      strong "Hello world!"
```

Jade像EJS一样，可以嵌入JavaScript，可以用在服务器端或客户端。但 Jade还有其他特性，比如模板继承和mixins。用mixins可以定义易于重用的小型模板，用来表示常用视觉元素的HTML，比如条目列表和盒子。Mixins很像我们上一节介绍的Hogan.js子模板。有了模板继承，那些把一个HTML页面渲染到多个文件中的Jade模板组织起来就更容易了。我们稍后会详细介绍这些特性。

要在Node程序目录下安装Jade，请输入下面这条命令：

```
npm install jade
```

在安装Jade时，你也可以带上全局标志-g，因为这样可以使用jade命令行工具，用它将模板渲染为HTML更快捷。下面这条命令会渲染template/sidebar.jade文件，在template目录下生成sidebar.html文件。有了Jade命令行工具，做Jade语法试验就更容易了：

```
jade template/sidebar.jade
```

本节将会介绍:

❏ Jade基础知识,比如说明类名、属性和块扩展;

❏ 如何用内置的关键字往Jade模板里添加逻辑;

❏ 如何用继承、块和mixins组织模板。

作为开始,我们先看看Jade用法和语法的基础知识。

11.4.1　Jade 基础知识

Jade的标签名跟HTML一样,但抛弃了起始的<和结束的>字符,并用缩进表示标签的嵌套。

标签可以用.<classname>关联一或多个CSS类。应用了content和sidebar类的div元素表示为:

```
div.content.sidebar
```

向标签上添加#<ID>可以赋予它CSS ID。下面这段Jade给前面那个例子加上了CSS ID featured_content:

```
div.content.sidebar#featured_content
```

div标签的快捷表示法

因为HTML中经常使用div,Jade定义了它的快捷表示法。下面这个例子渲染出来的HTML和前面那个例子一样:

```
.content.sidebar#featured_content
```

你已经知道如何表示HTML标签、它们的CSS类和ID了,接下来我们看看如何指定HTML标签的属性。

1. 指定标签的属性

标签的属性放在括号中,每个属性之间用逗号分开。下面的Jade表示一个会在新的浏览器标签中打开的链接:

```
a(href='http://nodejs.org', target='_blank')
```

因为指定标签的属性可能会使Jade代码很长,所以模板引擎有一定的灵活性。下面这个Jade也是有效的,并且跟前面那个效果一样:

```
a(href='http://nodejs.org',
  target='_blank')
```

你也可以指定不需要值的属性。接下来这段Jade示例是一个HTML表单,其中包含一个select元素,有预先选定option:

```
strong Select your favorite food:
form
  select
    option(value='Cheese') Cheese
    option(value='Tofu', selected) Tofu
```

2. 指定标签的内容

在前面那段代码中还有标签内容的示例：strong标签后面的"Select your favorite food:"；第一个option后面的"Cheese"；以及第二个option后面的"Tofu"。

这是Jade中指定标签内容的常用办法，但不是唯一的。尽管这种风格在指定比较短的内容时很出色，但如果标签的内容很长，却会导致Jade模板中出现超长的代码行。不过，就像下面这个例子一样，在Jade中可以用 | 指定标签的内容：

```
textarea
  | This is some default text
  | that the user should be
  | provided with.
```

如果HTML标签，比如style和script，只接受文本（意思是说它不能嵌入 HTML元素），那么 | 字符完全可以去掉，像下面这个例子这样：

```
style
  h1 {
    font-size: 6em;
    color: #9DFF0C;
  }
```

用两种办法分别表示长短两种内容可以让Jade模板看起来更优雅。Jade还支持另一种表示嵌入的办法，块扩展。

3. 用块扩展把它组织好

Jade一般用缩进表示嵌套，但有时缩进会形成过多的空格。

比如说，这里有个用缩进定义链接列表的Jade模板：

```
ul
  li
    a(href='http://nodejs.org/') Node.js homepage
  li
    a(href='http://npmjs.org/') NPM homepage
  li
    a(href='http://nodebits.org/') Nodebits blog
```

如果用Jade块扩展表示，前面这个例子可以变得更紧凑。有了块扩展，你可以在标签后面用冒号表示嵌套。下面这段代码生成的输出跟前面的一样，但只有四行代码，而前面那段代码有七行：

```
ul
  li: a(href='http://nodejs.org/') Node.js homepage
  li: a(href='http://npmjs.org/') NPM homepage
  li: a(href='http://nodebits.org/') Nodebits blog
```

对于如何用Jade表示标记，现在你已经有了充分的认识，接下来我们要看一下如何把Jade集成到你的程序中。

4. 将数据纳入到Jade模板中

数据传给Jade引擎的方式跟EJS一样。模板先被编译成函数，然后带着上下文调用它，以便渲染HTML输出。下面是一个例子：

11

```
var jade = require('jade');
var template = 'strong #{message}';
var context = {message: 'Hello template!'};

var fn = jade.compile(template);
console.log(fn(context));
```

在前面那个例子中，模板中的#{message}是要被上下文值替换掉的占位符。

上下文值也可以作为属性的值。下面这个例子会渲染出<a href="http://google.com"></a>:

```
var jade = require('jade');
var template = 'a(href = url)';
var context = {url: 'http://google.com'};

var fn = jade.compile(template);
console.log(fn(context));
```

现在你已经知道如何用Jade表示HTML了，以及如何给Jade模板提供程序数据，接下来我们去看一下如何把逻辑放到Jade中。

11.4.2 Jade 模板中的逻辑

在把程序数据交给模板后，你还需要定义处理数据的逻辑。在Jade中，你可以把JavaScript代码直接嵌入到模板中，从而定义出数据处理逻辑。像if语句、for循环、var声明这样的代码都很常见。在深入到具体细节中去之前，我们先来看个例子，用Jade模板渲染通讯录，让你对如何使用Jade逻辑有个直观的感受：

```
h3.contacts-header My Contacts

if contacts.length
  each contact in contacts
    - var fullName = contact.firstName + ' ' + contact.lastName
    .contact-box
      p fullName
      if contact.isEditable
        p: a(href='/edit/'+contact.id) Edit Record
      p
        case contact.status
          when 'Active'
            strong User is active in the system
          when 'Inactive'
            em User is inactive
          when 'Pending'
            | User has a pending invitation
else
  p You currently do not have any contacts
```

我们先看一下嵌入到Jade模板中的JavaScript代码如何处理输出。

1. 在Jade模板中使用JavaScript

带有-前缀的JavaScript代码在执行时不会输出任何值。带有=前缀的JavaScript代码会把值输出，但为了防止XSS攻击做了转义处理。但如果你的JavaScript代码生成的内容不应该转义，可以用前缀!=。表11-1是这些前缀的汇总。

表11-1　在Jade中嵌入JavaScript的前缀

前　缀	输　出
=	转义的输出（用于不可信任或不可预测的值，免受XSS攻击）
!=	不做转义处理的输出（用于可信或可预测的值）
-	没有输出

在Jade中，有些常用的条件判断和循环语句可以不带前缀：if、else if、else、case、when、default、until、while、each和unless。

Jade还允许你定义变量。下面两种赋值方式效果是一样的：

```
- var count = 0
count = 0
```

没有前缀的语句没有输出，就像前面说的-前缀一样。

2. 循环遍历对象和数组

Jade中的JavaScript可以访问上下文中的值。在下面这个例子中，我们会从文件中读取一个Jade模板，并给模板传递一个包含俩条消息的上下文数组让它显示：

```
var jade = require('jade');
var fs = require('fs');
var template = fs.readFileSync('./template.jade');
var context = { messages: [
  'You have logged in successfully.',
  'Welcome back!'
]};

var fn = jade.compile(template);
console.log(fn(context));
```

Jade模板中的内容如下：

```
- messages.forEach(function(message) {
  p= message
- })
```

最终输出的HTML是：

```
<p>You have logged in successfully.</p><p>Welcome back!</p>
```

Jade中还有一个非JavaScript形式的循环：each语句。用each语句很容易实现数组和对象属性的循环遍历。

下面这段代码跟前面的例子效果一样，但用的是each：

```
each message in messages
  p= message
```

对象属性的循环遍历可以稍有不同，像这样：

```
each value, key in post
  div
    strong #{key}
    p value
```

3. 条件化渲染的模板代码

模板有时要根据数据的取值决定如何显示它们。下面是个条件判断的例子，几乎有一半的可能会输出script标签：

```
- var n = Math.round(Math.random() * 1) + 1
- if (n == 1) {
  script
    alert('You win!');
- }
```

条件判断在Jade中还有一种更简洁的写法：

```
- var n = Math.round(Math.random() * 1) + 1
  if n == 1
    script
      alert('You win!');
```

如果你的条件判断是取反的，比如if (n != 1)，可以用Jade的unless关键字：

```
- var n = Math.round(Math.random() * 1) + 1
  unless n == 1
    script
      alert('You win!');
```

4. 在Jade中使用case语句

Jade中还有类似于switch的非JavaScript条件判断：case语句。借助case语句，你可以根据模板的场景指定输出。

在下面这个例子的模板中，我们用case语句以三种不同的方式显示博客的搜索结果。如果没有结果，则显示一条相应的消息。如果找到一篇博客文章，则显示它的详细信息。如果找到的博客文章有很多篇，则用each语句循环遍历所有文章，显示它们的标题：

```
case results.length
  when 0
    p No results found.
  when 1
    p= results[0].content
  default
    each result in results
      p= result.title
```

11.4.3　组织 Jade 模板

模板定义好了，接下来你得知道该如何组织它们。跟程序逻辑一样，你肯定也不想让模板文件过大。一个模板文件应该对应一个构件：比如一个页面，一个边栏，或者一篇博客文章中的内容。

本节会介绍几种机制，让几个不同的模板文件一起渲染内容：

❑ 用模板继承组织多个模板文件；

❑ 用块前缀/追加实现布局；

❑ 模板包含；

❑ 借助mixins重用模板逻辑。

我们先从Jade的模板继承开始。

1. 用模板继承组织多个模板文件

模板继承是多个模板文件的组织办法之一。从概念上来讲，模板就像面向对象编程中的类。一个模板可以扩展另一个，然后这个再扩展另一个。你可以在合理的范围内使用尽可能多层次的继承。

这里有个小例子，我们用模板继承提供一个简单的HTML包装器，你可以用它包装页面内容。进入工作目录，创建文件夹template，把例子中的Jade文件放在里面。你会给页面模板创建一个名为layout.jade的文件，其中的Jade代码如下所示：

```
html
  head
    block title
  body
    block content
```

layout.jade中有HTML页面的基本定义和两个模板块。模板继承用模板块定义由后裔模板提供内容的位置。在layout.jade中有一个title模板块，让后裔模板设定标题，一个content模板块，让后裔模板设定页面上显示什么。

接下来在template目录下创建一个名为page.jade的文件。这个模板会组装title和content模板块：

```
extends layout

block title
  title Messages

block content
  each message in messages
    p= message
```

最后演示一下继承的用法，添加下面的代码（修改了本节前面的一个例子），它会显示模板的结果。

代码清单11-12　模板继承实战

```
var jade = require('jade');
var fs = require('fs');
var templateFile = './template/page.jade';
var iterTemplate = fs.readFileSync(templateFile);
var context = {messages: [
  'You have logged in successfully.',
  'Welcome back!'
]};

var iterFn = jade.compile(
  iterTemplate,
  {filename: templateFile}
);

console.log(iterFn(context));
```

接下来我们要介绍模板继承的另一个特性：块前缀和块追加。

2. 用块前缀/块追加实现布局

在前面那个例子中，layout.jade中的模板块没有内容，因此在page.jade模板中设定内容简单直接。但如果被继承的模板中有内容，你也可以用块前缀和块追加，在原有内容基础上构建新内容，而不是替换它。

下面的layout.jade模板中增加了一个模板块scripts，其中的内容是一个加载jQuery的script标签：

```
html
  head
    block title
    block scripts
      script(src='//ajax.googleapis.com/ajax/libs/jquery/1.8/jquery.js')
  body
    block content
```

如果你还想让page.jade模板额外加载jQuery UI库，可以用下面代码清单中的模板。

代码清单11-13　用块追加再加载一个JavaScript文件

```
extends layout                                      ◁── 这个模板扩展了layout模板
baseUrl = "http://ajax.googleapis.com/ajax/libs/jqueryui/1.8/"

block title
  title Messages

block style                                          ◁── 定义style块

  link(rel="stylesheet", href= baseUrl+"themes/flick/jquery-ui.css")

block append scripts                                 ◁── 把这个scripts块追加到
  script(src= baseUrl+"jquery-ui.js")                    layout中定义的那个上

block content
  count = 0
  each message in messages
    - count = count + 1
    script
      $(function() {
        $("#message_#{count}").dialog({
          height: 140,
          modal: true
        });
      });
    != '<div id="message_' + count + '">' + message + '</div>'
```

但模板继承不是唯一一种集成多个模板的办法。也可以用include命令。

3. 模板包含

Jade中的include命令是另一个组织模板的工具。这个命令会引入另一个模板中的内容。如果你往前面那个layout.jade里添加一行include footer，最终就会得到下面这个模板：

```
html
  head
    block title
    block style
    block scripts
      script(src='//ajax.googleapis.com/ajax/libs/jquery/1.8/jquery.js')
  body
    block content
    include footer
```

这个模板会在layout.jade的渲染输出中引入footer.jade中的内容，如图11-5所示。

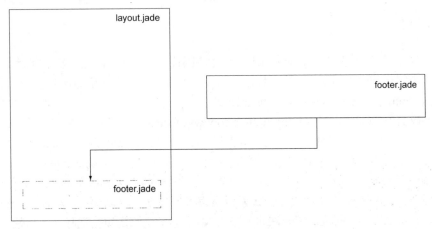

图11-5　Jade的include机制是在渲染一个模板时包含另一个模板内容的简单办法

比如说，可以用它往layout.jade中添加关于网站的信息，或设计元素。你也可以指定文件的扩展名，包含非Jade文件（比如`include twitter_widget.html`）。

4. 借助mixin重用模板逻辑

尽管Jade的`include`命令能帮我们引入之前创建的代码块，但还不能靠它构建可以在页面和程序之间共享的可重用功能库。Jade为此提供了专门的`mixin`命令，你可以用它定义可重用的Jade代码块。

`mixin`模拟的是JavaScript函数。它跟函数一样，可以带参数，并且这些参数可以用来生成Jade代码。

比如说吧，你的程序要处理下面这种数据结构：

```
var students = [
  {name: 'Rick LaRue', age: 23},
  {name: 'Sarah Cathands', age: 25},
  {name: 'Bob Dobbs', age: 37}
];
```

如果你要定义一种办法，把从对象中提取出来的属性输出到HTML列表里，可以像下面这样定义一个mixin：

```
mixin list_object_property(objects, property)
  ul
    each object in objects
      li= object[property]
```

然后你就可以用下面这行Jade代码借助mixin显示这些数据：

```
mixin list_object_property(students, 'name')
```

借助模板继承、`include`语句和mixin，你可以轻松地重用展示标记，防止模板文件大的超出实际需要。

11.5　小结

你已经掌握了三个主流HTML模板引擎的工作机制，能用模板技术把程序逻辑和展示层组织好。Node社区创建的模板引擎很多，也就是说如果你不喜欢本章中介绍的这三个，也可以看看其他的：https://npmjs.org/browse/keyword/template。

比如模板引擎Handlebars.js（https://github.com/wycats/handlebars.js/），它扩展了Mustache模板语言，添加了条件标签和全局lambda之类的特性。Dustjs（https://github.com/akdubya/dustjs）优先考虑性能和流之类的特性。consolidate.js项目（https://github.com/visionmedia/consolidate.js）支持很多种Node模板引擎，它提供了一个API，对这些模板引擎的用法进行抽象，让你可以在程序中轻松地使用多个模板引擎。但如果你什么模板语言都不想学，可以看一下Plates（https://github.com/flatiron/plates），这个模板引擎允许你坚守HTML，它的引擎逻辑会把程序数据映射到标签里的CSS ID和类上。

如果你觉得Jade处理展示层和程序逻辑分离的方式很吸引你，那我们建议你看一下Stylus（https://github.com/LearnBoost/stylus），这是一个采用相似方式创建CSS的项目。

你已经集齐了创建专业Web程序所需的全部知识。下一章我们要看一看部署：如何把你的程序开放给全世界。

Part 3

第三部分

在 Node 中更进一步

在本书的最后一部分中，我们将会介绍一下如何用Node做些传统Web程序之外的东西，以及如何用Socket.io给Web程序添加实时组件。还会讲到如何用Node创建非HTTP的TCP/IP服务器，甚至是命令行工具。

除了这些新用法，我们还会介绍Node社区体系的运行机制，你如何在Node社区寻求帮助，如何用自己的作品回馈Node社区，一般是通过Node包管理器存储库。

第 12 章

部署Node程序并维持正常运行时间

本章内容
- 选择在哪里安置你的Node程序
- 部署一个典型的程序
- 维持正常运行时间以及性能最大化

开发Web程序是一码事儿，而把它放到生产环境中是另一码事儿。在每个Web平台上都有各种增强稳定以及提高性能的技巧和窍门，Node也不例外。

在部署Web程序时，你首先要考虑好把它放在哪里。你还要考虑好如何监测并让它保持正常运行。你可能也在想要做什么才能让它尽可能地快。本章会让你对如何解决这些问题有个大体的认识。

我们先从选择在哪里安置你的Node程序开始。

12.1 安置 Node 程序

大多数Web程序开发人员都熟悉PHP程序。支持PHP的Apache服务器收到 HTTP请求时，它会把请求URL的路径映射到特定的文件上，PHP会执行那个文件。这一特性使得PHP程序部署起来很容易：把PHP文件上传到文件系统中的指定路径，浏览器就能访问了。PHP程序不仅易于部署，安置也便宜，因为服务器通常都是由几个用户共享的。

Joyent、Heroku、Nodejitsu、VMware和Microsoft等公司都有专供Node的云主机服务，在上面部署Node程序不再困难。如果你不想费事管理自己的服务器，或者想从专供Node的诊断中受益，比如Joyent SmartOS能测量出程序中哪段逻辑执行最慢，可以研究下专供Node的云主机服务。Cloud9网站就是用Node.js构建的，它甚至提供了一个基于浏览器的集成开发环境（Integrated Development Environment，IDE），你可以在其中从GitHub上克隆项目，通过浏览器进行开发，然后把它部署到一些专供Node的云主机服务上，如表12-1所示。

表12-1 专供Node的云主机和IDE服务

名　　称	网　　站
Heroku	www.heroku.com/
Nodejitsu	www.nodejitsu.com/
VMware的Cloud Foundry	www.cloudfoundry.com/
Microsoft的Node.js Azure SDK	www.windowsazure.com/en-us/develop/nodejs/
Cloud9 IDE	http://c9.io/

除了专供Node的云主机，你也可以选择使用自己的服务器。大多数人一般会选择Linux作为Node服务器，它要比专供Node的云主机更灵活，因为你可以安装你所需的任何相关程序，比如数据库服务器。专供Node的云主机所提供的相关程序通常都比较有限。

然而Linux服务器的管理是一个专业领域。如果你选择自己处理部署，那就要在你所选择的Linux变种上做足功课，确保熟练掌握其上的设置和维护规程。

> **VIRTUALBOX**　如果你在服务器管理方面是个新手，可以通过VirtualBox（www.virtualbox.org/）这样的软件练练手，不管你的机器上运行的是什么操作系统，它都可以在上面运行一个虚拟的Linux主机。

如果你熟悉关于服务器的各种选择，可以直接跳到第12.2节，我们会在那里开始介绍部署的基础知识。不过在这里先看看可用的选择：

❑ 专用服务器；
❑ 虚拟私有服务器；
❑ 通用的云服务器。

接下来我们讨论下你安置Node程序时的一些选择项吧。

12.1.1　专用的和虚拟私有服务器

你的服务器可以是物理服务器，通常被称为专用服务器，或者是虚拟的。虚拟服务器运行在物理服务器上，并得到了物理服务器一部分RAM、处理能力和硬盘空间。虚拟服务器模拟物理服务器，你可以用相同的方式管理它们。一台物理服务器上可以运行多台虚拟服务器。

专用服务器通常要比虚拟服务器贵，因为其中的组件可能需要采购、组装和配置，一般所需的设置时间也会更长。从另一方面来看，因为虚拟私有服务器（Virtual Private Servers，VPS）是在已有的物理服务器内创建的，所以设置起来更迅速。

对于Web程序而言，如果你不急着扩张，VPS是很好的搭建服务器的方案。VPS价格不高，在有需要时，分配额外的资源也容易，比如硬盘空间和RAM。这些技术已经成熟了，并且有很多公司，比如Linode（www.linode.com/）和 Prgmr（http://prgmr.com/xen/）让它的启动和运行都很容易。

VPS跟专用服务器一样，一般不能按需创建。也不能应对快速扩张的使用情况，因为那需要具备无需人工干预就可以迅速添加更多服务器的能力。要应对这样的需求，你应该使用云主机。

12

12.1.2 云主机

云服务器跟VPS有个共同点，它们都是专用服务器的虚拟模拟。但跟专用服务器和VPS相比，云服务器的优势在于它们的管理几乎是完全自动化的。你可以用一个远程接口或API创建、停止、启动和销毁云服务器。

你为什么需要这个呢？这么说吧，假定你创办了一个公司，你们有一套企业内网软件。你希望客户可以注册申请你的服务，并在注册后不久就能访问运行这套软件的自有服务器。你可以雇佣技术人员一天二十四小时帮这些客户设置和部署服务器，但除非你有自己的数据中心，否则还是要跟专用或VPS服务器提供商打交道，以便可以及时提供所需资源。而云服务器不一样，在你需要新的服务器时，可以用管理服务器通过主机提供商开放给你的API向新服务器发送指令。有了这种自动化水平，在你向客户提供服务时就不再需要人工干预，可以迅速完成。图12-1阐明了如何用云主机自动化地实现应用服务器的创建和销毁。

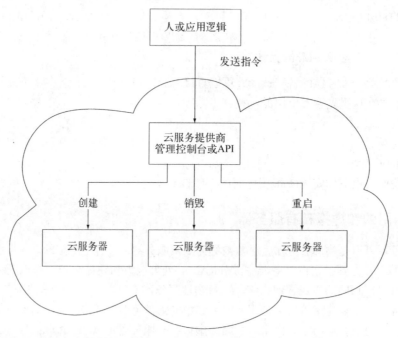

图12-1　云服务器的创建、启动、停止和销毁都可以完全自动化

云服务器的不足之处在于它们一般都比VPS贵，并且要求你掌握特定云平台的相关知识。

1. AMAZON WEB服务

Amazon Web服务（AWS http://aws.amazon.com/）是资格最老也是最流行的云平台。AWS包含各种不同的宿主相关服务，比如email交付、内容交付网络等等很多服务。Amazon的 Elastic Compute Cloud（EC2）是AWS的核心服务之一，让你可以随需创建云中的服务器。

EC2虚拟服务器被称为实例，可以通过命令行或基于Web的控制台进行管理，如图12-2所示。

因为适应AWS的命令行需要花些时间，所以对新用户来说基于Web的控制台更适合。

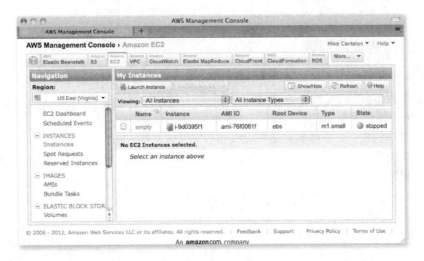

图12-2　对新用户来说，用AWS Web控制台管理Amazon云服务器比用命令行简单

好在AWS的普及程度很高，在网上很容易得到帮助，相关教程也有很多，比如Amazon的"Amazon EC2 Linux实例入门"（http://mng.bz/cw8n）。

2. RACKSPACE云

Rackspace云（www.rackspace.com/cloud/）是一个更基础，更易于使用的云平台。它的学习曲线比较平缓，可能会有些吸引力，但Rackspace云提供的与云相关的产品和功能比ASW范围窄，并且它的Web界面有些笨重。你可以通过Web界面，或者社区创建的命令行工具管理Rackspace云服务器。

表12-2中是我们本节讨论的可选择宿主的汇总。

表12-2　可选择宿主汇总

适合的流量增长	可选择宿主	相对成本
缓慢	专用	$$
线性	虚拟私有服务器	$
不可预测	云	$$$

你对把Node程序安置到哪里已经有了总体的认识，接下来我们要看一下如何才能让Node程序在服务器上跑起来。

12.2　部署的基础知识

假定你创建了一个想要展示的Web程序，或者创建了一个商业应用，在把它放到生产环境中之前需要测试一下。你很可能会从一个简单的部署开始，然后再做些工作让它的正常运行时间和性能达到最优。本节会带着你经历一次简单、临时的Git部署，并教你如何用Forever把程序跑起来。临时性部署在重启后会丢失，但它们的优势是设置起来很迅速。

12.2.1 从 Git 存储库部署

我们快速过一下使用Git存储库的基本部署，让你对主要步骤有个直观的认识。

大多数部署都需要完成下面这些步骤：

(1) 用SSH连接到服务器上；

(2) 如果需要的话，在服务器上安装Node和版本控制工具（比如Git和Subversion）；

(3) 从版本控制存储库中下载程序文件，包括Node脚本、图片和CSS样式表，放到服务器上；

(4) 启动程序。

这里有个例子，用Git下载完程序文件后启动它：

```
git clone https://github.com/Marak/hellonode.git
cd hellonode
node server.js
```

像PHP一样，Node也不是后台任务。因此我们列出来的这个基本部署不能断开SSH连接。SSH连接一旦断开，程序就会终止。不过用一个简单的工具就可以轻松地让程序保持运行状态。

> **自动部署** 有几种可以自动部署Node程序的办法。其中一种是使用 Fleet（https://github.com/substack/fleet）这样的工具，可以用git push部署到一或多个服务器上。更传统的方式是用Capistrano，Evan Tahler的博客 Bricolage上发表了一篇详细介绍文章"用Capistrano部署node.js程序"（http://mng.bz/3K9H）。

12.2.2 让 Node 保持运行

比如说你用Cloud9 Nog博客程序（https://github.com/c9/nog）创建了一个个人博客，现在你想要部署它，并要确保在你断开SSH连接后它仍能运行。

在Node社区中，针对这个问题最常用的处理工具是Nodejitsu的Forever（https://github.com/nodejitsu/forever）。它能在你断开SSH连接后让程序保持运行状态，在程序崩溃退出后还能重启它。图12-3是Forever工作机制的概念图。

你可以用sudo命令做Forever的全局安装。

> **SUDO命令** 在做npm模块的全局安装时（带-g选项），经常需要在npm命令前面加上sudo（www.sudo.ws/），以超级管理员的权限运行npm命令。在你第一次使用sudo命令时，系统会提示你输入密码。然后再运行跟在sudo后面的命令。

如果你一直跟着我们，现在用下面的命令安装Forever：

```
sudo npm install -g forever
```

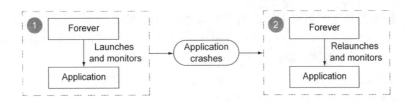

① Forever启动你的服务器程序
　并对它进行监测

② 在程序崩溃后，Forever会采取行动
　并重新启动这个程序

图12-3　让程序保持运行的Forever，即便程序崩溃也可以

Forever装好之后，你可以用下面这条命令启动你的博客，并让它一直运行下去：

```
forever start server.js
```

如果出于某些原因你想停止这个博客，可以用Forever的stop命令：

```
forever stop server.js
```

使用Forever时，你可以用它的list命令获取它所管理的程序清单：

```
forever list
```

Forever还有一个比较实用的功能，当有源码文件发生变化时，可以让它重启程序。这样每次添加新特性或修订bug时，你就不用再手动重启了。

要在这种模式下启动Forever，请用-w选项：

```
forever -w start server.js
```

尽管Forever在程序部署上是一个极其实用的工具，但你可能想要一些功能更完备的东西做长期部署。下一节我们会看一些工业级强度的监测方案，并看看如何让程序的性能达到最优。

12.3　让正常运行时间和性能达到最优

Node程序准备就绪可以发布后，你会想让它跟着服务器的启动而启动，服务器的停止而停止，并在服务器崩溃时能自动重启。我们很容易忘掉在重启之前停掉应用程序，重启后也会忘掉启动程序。

还想确保你采取了能让性能达到最优的措施。比如说，当程序运行在一台有四核 CPU 的服务器上时，就不应该只用一个核。如果只用一个核，并且Web程序流量增长显著，单核可能没有足够的能力来处理这些流量，Web程序也不能做出稳定的响应。

除了用上所有的CPU内核，对于高容量的生产型站点而言，还要避免用Node传送静态文件。Node主要是面向交互性程序的，比如Web程序和TCP/IP协议，它提供静态文件服务的效率不如那些专门为此进行优化的软件。提供静态文件服务应该用Nginx（http://nginx.org/en/）之类的技术，那些专门用来提供静态文件服务的。或者也可以把所有静态文件都上传到一个内容交付网络（CDN）上去，比如Amazon S3（http://aws.amazon.com/s3/），并在你的程序中引用那些文件。

本节会讨论一些跟服务器正常运行时间和性能有关的技巧：

❑ 用Upstart保持程序的运行状态，能跨越服务器的重启和崩溃；
❑ 借助Node的集群API利用多核处理器；
❑ 借助Nginx提供Node程序的静态文件服务。

我们先来看一个非常强大、易于使用的正常运行时间维护工具：Upstart。

12.3.1　用 Upstart 维护正常运行时间

假定你对手头的程序很满意，想把它推向外面的世界。你无论如何也不想在重启服务器后忘了启动你的程序。如果程序崩溃了，你也希望它不仅能重新启动，还要能在日志中把这次崩溃记录下来，并通知你，让你可以对所有相关问题进行诊断。

Upstart（http://upstart.ubuntu.com）可以优雅地管理所有Linux程序的启动和停止，包括Node程序。Upstart支持现代版的Ubuntu和 CentOS。

如果还没安装，你可以用下面的命令在Ubuntu上安装Upstart：

```
sudo apt-get install upstart
```

在CentOS上安装Upstart的命令是：

```
sudo yum install upstart
```

装好Upstart后，需要给你的每个程序添加一个Upstart配置文件。这些文件要放在/etc/init目录下，文件名类似于my_application_name.conf。这些配置文件不必标记为可执行的。

下面这条命令会给本章的示例程序创建一个空白的Upstart配置文件：

```
sudo touch /etc/init/hellonode.conf
```

把下面代码清单中的内容添加到你的配置文件中。这个设置会在你的服务器启动时运行你的程序，并在服务器关闭前停止它。其中的exec部分由 Upstart执行。

代码清单12-1　典型的Upstart配置文件

将 stdin 和 st-
derr 输出到 /
var/log/upst
art/yourapp.
log

```
respawn                          ← 在程序崩溃时重启程序
console log
env NODE_ENV=production          ← 为程序设定必要
                                    的环境变量
exec /usr/bin/node /path/to/server.js   ← 指定执行程
                                          序的命令
```

这个配置可以保证你的进程在服务器重启，甚至是在它意外崩溃之后还能运行起来。程序生成的所有输出会发送到/var/log/upstart/hellonode.log中，并且Upstart会帮你管理日志的循环使用。

Upstart配置文件已经创建好了，你可以用下面的命令启动程序：

```
sudo service hellonode
```

如果程序启动成功，你会看到下面这种输出：

```
hellonode start/running, process 6770
```

Upstart的可配置性很强。请参考在线cookbook（http://upstart.ubuntu.com/cookbook/）查看所有可用选项。

Upstart和重生

当使用了respawn选项时，在程序崩溃时，Upstart默认会一直重新加载你的程序，除非它在5秒之内重启了10次。你可以用respawn limit COUNT INTERVAL选项修改这一限制，其中COUNT是在INTERVAL之内的次数，而INTERVAL是指定的秒数。比如说你想限定为5秒内20次，则配置为：

```
respawn
respawn limit 20 5
```

如果你的程序在5秒内重新加载了10次（默认限制），通常是因为在代码或配置中有错误，并且它永远不能成功启动。在达到限定值后，Upstart会停止启动尝试，以便为其他进程节省资源。

你还应该在Upstart之外做健康检查，可以通过email或其他快捷通信方式向开发团队发出警告。对Web程序而言，健康检查只需访问网站，看能否得到有效的响应。你可以用自己的方法，或者用Monit（http://mmonit.com/monit/）或Zabbix（www.zabbix.com/）之类的工具完成这项任务。

现在你已经知道了，无论崩溃还是服务器重启，都有办法保证程序的运行，接下来要解决的自然是性能问题。Node的集群API可以帮到我们。

12.3.2 集群 API：利用多核的优势

现代的计算机CPU大多数都是多核的，但单个Node进程在运行时只能使用其中的一个内核。

如果你想让Node程序最大限度地利用服务器，可以在不同的TCP/IP端口上启动多个程序实例，并通过负载均衡把Web流量分发到不同的实例上，但这种方式设置起来很费劲。

为了让单个程序使用多核实现起来更容易，Node增加了集群（cluster）API。借助这个API，程序可以在不同的内核上同时运行多个"工人"，每个"工人"做的都是相同的事情，并且是在同一个TCP/IP端口上返回响应。图12-4展示了如何用集群API在一个四核处理器上组织应用程序的处理工作。

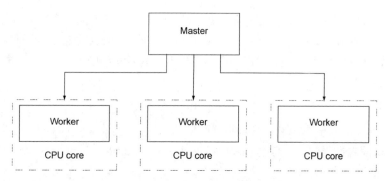

图12-4　一个主进程在四核处理器上繁衍出三个工人

下面的代码清单自动繁衍一个主进程，并且每个内核一个工人。

代码清单12-2　Node集群API演示

```
var cluster = require('cluster');
var http = require('http');
var numCPUs = require('os').cpus().length;        确定服务器
                                                  的内核数
if (cluster.isMaster) {
  for (var i = 0; i < numCPUs; i++) {             每个内核创建
    cluster.fork();                               一个fork
  }

  cluster.on('exit', function(worker, code, signal) {
    console.log('Worker ' + worker.process.pid + ' died.');
  });
} else {                                          定义每个工
  http.Server(function(req, res) {                人的工作
    res.writeHead(200);
    res.end('I am a worker running in process ' + process.pid);
  }).listen(8000);
}
```

因为主进程和工人运行在各自的操作系统进程内（这样它们才有可能运行在各自的内核上），所以它们不能通过全局变量共享状态。但集群API提供了一种让主进程和工人彼此相互通信的办法。

下面的代码清单是一个在主进程和工人之间传送消息的例子。主进程会持有所有请求的计数，并且只要有工人报告处理了请求，它就会被传递给所有工人。

代码清单12-3　Node集群API演示

```
var cluster = require('cluster');
var http = require('http');
var numCPUs = require('os').cpus().length;
var workers = {};
var requests = 0;

if (cluster.isMaster) {
  for (var i = 0; i < numCPUs; i++) {
    workers[i] = cluster.fork();

    (function (i) {
      workers[i].on('message', function(message) {           监听来自工
        if (message.cmd == 'incrementRequestTotal') {        人的消息
          requests++;
          for (var j = 0; j < numCPUs; j++) {                将新的请求总数
            workers[j].send({                                发送给所有工人
              cmd:      'updateOfRequestTotal',
              requests: requests
            });
          }
        }
      });
    })(i);                                                   用闭包保留
  }                                                          工人的值

  cluster.on('exit', function(worker, code, signal) {
    console.log('Worker ' + worker.process.pid + ' died.');
  });
} else {                                                     监听来自主
  process.on('message', function(message) {                  进程的消息
    if (message.cmd == 'updateOfRequestTotal') {
      requests = message.requests;                           用主进程的消息
    }                                                        更新请求计数
  });

  http.Server(function(req, res) {
    res.writeHead(200);
    res.end('Worker in process ' + process.pid
      + ' says cluster has responded to ' + requests   让主进程知道请求
      + ' requests.');                                  总数应该增加了
    process.send({cmd: 'incrementRequestTotal'});
  }).listen(8000);
}
```

（增加请求总数）

使用Node的集群API可以轻松创建出能发挥现代硬件优势的程序。

12.3.3　静态文件及代理

尽管Node在提供动态内容服务时很高效，但在提供图片、CSS样式表或客户端JavaScript等静态文件服务时并不是最有效的办法。通过HTTP提供静态文件的服务应该交给专门针对这个特定任务优化过的特定软件项目，因为它们多年以来主要专注于这项任务。

Nginx（http://nginx.org/en/）是一个专门针对静态文件服务做过优化的开源Web服务器，很容

易设置成跟Node一起提供那些文件服务。在典型的Nginx/Node配置中，一般由Nginx先处理所有Web请求，再将非静态文件的请求转给Node。这种配置如图12-5所示。

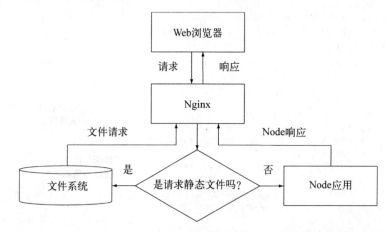

图12-5　你可以用Nginx作为代理将静态资源快速返回给Web客户端

下面的配置代码实现了这种设置，它应该被放在Nginx配置文件的`http`部分。按照传统，这个配置文件应该是Linux /etc目录下的/etc/nginx/nginx.conf文件。

代码清单12-4　用Nginx做Node.js的代理并提供静态文件服务的配置文件

```
http {

  upstream my_node_app {                                  Node程序的IP地址
    server 127.0.0.1:8000;                                和端口
  }

  server {                                                代理接收请求
    listen 80;                                            的端口
    server_name localhost domain.com;
    access_log /var/log/nginx/my_node_app.log;

    location ~ /static/ {                                 处理URL路径以
      root /home/node/my_node_app;                        /static/开头的文
      if (!-f $request_filename) {                        件请求
        return 404;
      }
    }

    location / {                                          定义由代理响应
      proxy_pass http://my_node_app;                      的URL路径
      proxy_redirect off;

      proxy_set_header X-Real-IP $remote_addr;
      proxy_set_header X-Forwarded-For $proxy_add_x_forwarded_for;
      proxy_set_header Host $http_host;
      proxy_set_header X-NginX-Proxy true;
```

```
      }
    }
  }
```

用Nginx处理你的静态Web资源，你可以确信Node在做它最擅长的事情。

12.4　小结

本章介绍了几种可选择的Node宿主，包括专供Node的宿主、专用服务器、虚拟私有服务器以及云主机。每种选择都有各自适用的场景。

在你准备部署的Node程序受众有限时，可以用Forever管理你的程序，启动运行迅速。而对于长期部署而言，你可能想用Upstart实现程序启动和停止的自动化。

为了充分利用服务器的资源，你可以借助Node的集群API同时在多个内核上运行程序的实例。如果你的Web程序需要提供图片和PDF文档之类的静态资源服务，可能还想让Nginx给你的Node程序做代理服务器。

你对Node Web程序的里里外外都有了良好的认识，可以去看看Node还能做哪些事情了。我们会在下一章里介绍一下Node的其他用途：从构建命令行工具到从网站上扒数据无所不包。

12

第 13 章

超越Web服务器

13

本章内容

❏ 用Socket.IO实现实时的跨浏览器通信
❏ 实现TCP/ IP网络
❏ 用Node的API跟操作系统交互
❏ 开发和使用命令行工具

由于Node的异步天性，它很适合用来执行那些在同步环境中比较困难或效率低下的I/O密集型任务。本书大部分内容都在讨论HTTP程序，但其他程序是什么情况呢？Node还能用来做什么？

真相是Node不仅仅是为HTTP而生的，它还可以处理各种通用的I/O。也就是说实际上你可以用Node构建各种程序，比如命令行程序，系统管理脚本，以及实时的Web应用程序。

本章会教你构建超越传统HTTP服务器模型的实时Web服务器。还会向你介绍一些其他的Node API，可以用来创建其他类型程序，比如TCP服务器或命令行程序。

我们会从Socket.IO开始，它能实现浏览器和服务器之间的实时通讯。

13.1 Socket.IO

Socket.IO（http://socket.io）可以说是Node社区中最著名的模块。那些对创建实时Web程序感兴趣，但从没听说过Node的人，一般迟早会听说 Socket.IO，然后他们会被它带到Node中。Socket.IO允许你用服务器和客户端之间的双向通讯通道编写实时的Web程序。

最简单的，Socket.IO有一个API跟WebSocket API（http://www.websocket.org）很像，但给那些还没有这种特性的较老浏览器准备了一个内置的备选方案。Socket.IO还为广播、易失性消息，以及很多特性提供了便利的API。这些特性使得Socket.IO在基于Web的浏览器游戏、聊天程序和流媒体应用中非常流行。

HTTP是无状态协议，也就是说客户端只能向服务器发起单个的、短命的请求，并且服务器也没有真正意义上的已连接的或断开连接的用户。这些限制推动了WebSocket协议的标准化工作，为浏览器指定了一种维持到服务器的全双工连接的办法，允许双方同时发送和接受数据。借助WebSocket API可以创建一种全新的，利用客户端和服务器之间的实时通讯的Web程序。

WebSocket协议的问题是它还没最终定稿，尽管有些浏览器已经开始装备WebSocket了，但外面还有很多老版浏览器，特别是IE。为了解决这个问题，当浏览器可以使用 WebSocket时，Socket.IO就使用它，而在老版的浏览器中，则借助其他特定的浏览器技巧模拟WebSocket的行为。

本节会用Socket.IO构建两个样本程序：

❑ 一个非常简单的Socket.IO程序，会把服务器上的时间推送给所有连接上来的客户端；

❑ 一个在CSS文件被编辑后触发页面刷新的Socket.IO程序。

在你构建完示例程序之后，我们会简单地重温一下第4章的上传进度程序，再展示几种Socket.IO的用法。接下来我们先从基础知识开始吧。

13.1.1 创建一个最小的 Socket.IO 程序

假定你想构建一个小型的Web程序，用服务器端的UTC时间持续更新浏览器。这样的程序可以帮我们找出客户端和服务器端的时间差异。你先想想用之前学的http模块或框架如何构建这个程序。尽管用长轮询之类的技术也有可能做出能用的东西，但Socket.IO有更简洁的接口。用Socket.IO大概是你能找到的最简单的实现办法。

我们先从安装Socket.IO开始，执行下面这条npm命令：

```
npm install socket.io
```

下面的清单给出了服务器端代码，先把这个文件存下来，等你有客户端代码的时候可以试一下。

代码清单13-1 用自己的时间更新客户端的Socket.IO服务器

```
var app = require('http').createServer(handler);        将普通的HTTP服务器升级为
var io = require('socket.io').listen(app);              Socket.IO服务器
var fs = require('fs');
var html = fs.readFileSync('index.html', 'utf8');
                                                        HTTP服务器代码总会提供index.html
function handler (req, res) {
  res.setHeader('Content-Type', 'text/html');
  res.setHeader('Content-Length', Buffer.byteLength(html, 'utf8'));
  res.end(html);
}

function tick () {                                       取得当前时间的UTC表示
  var now = new Date().toUTCString();
  io.sockets.send(now);
}                                                       将时间发送给所有连接上来的客户端

setInterval(tick, 1000);                                每秒运行一次tick函数

app.listen(8080);
```

如你所见，Socket.IO将需要额外添加到基本HTTP服务器上所需的代码量降到了最低。为了在服务器和客户端之间实现实时消息，跟io变量（它就是你的Socket.IO服务器实例）有关的代码只有两行。这个时钟服务器每隔一秒调用一次tick()函数，把服务器的时间发给所有连接上来

13

的客户端。

服务器代码先把index.html文件读到内存中，就是你马上要实现的那个文件。下面的代码清单中是这个程序的客户端代码。

代码清单13-2　显示服务器广播时间的Socket.IO客户端

```
<!DOCTYPE html>
<html>
  <head>
    <script type="text/javascript" src="/socket.io/socket.io.js">
    </script>
    <script type="text/javascript">
      var socket = io.connect();
      socket.on('message', function (time) {
        document.getElementById('time').innerHTML = time;

      });
    </script>
  </head>
  <body>Current server time is: <b><span id="time"></span></b>
  </body>
</html>
```

用服务器时间更新time span元素

连接Socket.IO服务器

收到**message**事件时，服务器已经把时间发送过来了

试一下

服务器准备就绪了。用node clock-server.js启动它，你应该能看到日志输出"info - socket.io started"。 这就意味这Socket.IO设置好了，准备接受连接，所以你可以打开浏览器访问URL http://localhost:8080/。运气好的话，你会看到如图13-1中所示的问候。时间每隔一秒就会用服务器发来的消息更新。打开另一个浏览器同时访问相同的URL，你会看到它们的值同步更新。

图13-1　运行在终端窗口中的时钟服务器和在浏览器中连接到服务器上的客户端

就这样，只用几行代码就实现了客户端和服务器端的实时通讯，感谢 Socket.IO。

Socket.IO发送消息的其他方式　给所有连接上了的socket发送消息只是Socket.IO让你给连接上来的用户进行交互的办法之一。你还可以给单个socket发送消息，向除某个socket之外的所有socket广播，发送易失性（可选）消息，等等。你一定要看一看Socket.IO的文档了解更多信息（http://socket.io/#how-to-use）。

现在你已经认识到使用Socket.IO事情可能有多简单了，接下来我们再看一个例子，看看服务器发送的事件如何帮到开发人员。

13.1.2 用 Socket.IO 触发页面和 CSS 的重新加载

我们快速了解一下Web页面设计师的经典工作流程：

(1) 在多个浏览器中打开页面；

(2) 寻找页面上需要调整的样式；

(3) 修改一或多个样式表；

(4) 手动刷新浏览器中的页面；

(5) 回到第2步。

其中的第四步应该自动执行，即设计师到每个浏览器中手动点击刷新按钮那一步。当设计师需要在不同的电脑和各种移动设备上测试不同的浏览器时，这个特别耗时间。

但如果你能完全去掉手动刷新这一步呢？想象一下，当你在文本编辑器中保存样式表时，所有打开了那个页面的浏览器都会自动重新加载这个CSS样式表。这会帮开发人员和设计师节省大量时间，Socket.IO跟Node的fs.watchFile和fs.watch函数配合，只需几行代码就能让这个想法变成现实。

我们在这个例子中会用fs.watchFile()代替比较新的fs.watch()，因为我们要确保这段代码在所有平台上的表现都保持一致，但后面我们会更深入地探讨fs.watch()的表现。

> **fs.watchfile()与fs.watch()** Node.js中有两个监测文件的API：fs.watchFile()（http://mng.bz/v6dA）更耗资源，但它更可靠，而且是跨平台的。fs.watch()（http://mng.bz/5KSC）针对每个平台做了高度优化，但在每个平台上的表现是不同的。我们会在13.3.2节更详细地介绍这些函数。

在这个例子中，我们会让Express框架和Socket.IO结合在一起。它们的配合可以做到天衣无缝，就像前面那个例子中普通的http.Server一样。

我们先来看一下完整的服务器代码。如果你最后想运行一下这个例子，把下面的代码存为watch-server.js。

代码清单13-3　在文件改变时除非事件的Express/Socket.IO服务器

```
var fs = require('fs');
var url = require('url');
var http = require('http');
var path = require('path');
var express = require('express');          创建Express服务器
var app = express();
var server = http.createServer(app);        包装HTTP服务器创建
var io = require('socket.io').listen(server);  Socket.IO实例
var root = __dirname;

app.use(function (req, res, next) {
  req.on('static', function () {           注册由static()     用中间件开始监测
    var file = url.parse(req.url).pathname;  中间件发射的     由static中间件
    var mode = 'stylesheet';              static事件        返回的文件
    if (file[file.length - 1] == '/') {
      file += 'index.html';
      mode = 'reload';
    }
```

13

```
    createWatcher(file, mode);
  });
  next();
});

app.use(express.static(root));

var watchers = {};

function createWatcher (file, event) {
  var absolute = path.join(root, file);

  if (watchers[absolute]) {
    return;
  }

  fs.watchFile(absolute, function (curr, prev) {
    if (curr.mtime !== prev.mtime) {
      io.sockets.emit(event, file);
    }
  });

  watchers[absolute] = true;
}

server.listen(8080);
```

确定要提供的文件名并调
用 **createWatcher()**

将服务器设置为基本的静
态文件服务器

保存被监测的活动文件
清单

开始监测文件发生的所
有变化

检查**mtime**（最后修改时间)是否有
变化；如果变了，激发Socket.IO事件

将文件标记为监测对象

你有了功能完备的静态文件服务器，可以准备好用Socket.IO通过网络向客户端激发reload
和stylesheet事件。

现在我们来看一下基本的客户端代码。把这个保存为index.html，当你再一次启动服务器后，
访问根路径时就能得到这个文件了。

代码清单13-4   收到服务器端的事件后重新加载样式表的客户端代码

```html
<!DOCTYPE html>
<html>
  <head>
    <title>Socket.IO dynamically reloading CSS stylesheets</title>
    <link rel="stylesheet" type="text/css" href="/header.css" />
    <link rel="stylesheet" type="text/css" href="/styles.css" />
    <script type="text/javascript" src="/socket.io/socket.io.js">
    </script>
    <script type="text/javascript">
      window.onload = function () {
        var socket = io.connect();

        socket.on('reload', function () {
          window.location.reload();
        });

        socket.on('stylesheet', function (sheet) {
          var link = document.createElement('link');
          var head = document.getElementsByTagName('head')[0];
          link.setAttribute('rel', 'stylesheet');
          link.setAttribute('type', 'text/css');
          link.setAttribute('href', sheet);
          head.appendChild(link);
        });
```

连接服务器

接收服务器发来的**reload**事件

接收服务器发来的
stylesheet事件

```
      }
    </script>
  </head>
  <body>
    <h1>This is our Awesome Webpage!</h1>
    <div id="body">
      <p>If this file (<code>index.html</code>) is edited, then the
      server will send a message to the browser using Socket.IO telling
      it to refresh the page.</p>

      <p>If either of the stylesheets (<code>header.css</code> or
      <code>styles.css</code>) are edited, then the server will send a
      message to the browser using Socket.IO telling it to dynamically
      reload the CSS, without refreshing the page.</p>
    </div>
    <div id="event-log"></div>
  </body>
</html>
```

试一下

你还需要创建两个CSS文件这个才能用，因为在加载index.html文件时它会加载这两个样式表。

你已经有了服务器代码，浏览器用的index.html文件和CSS样式表，可以试一下了。启动服务器：

```
$ node watch-server.js
```

服务器启动后，打开浏览器访问http://localhost:8080，浏览器会收到简单的HTML页面并渲染它。现在试着修改其中一个CSS文件（可能是调整body标签的背景色），你会亲眼看到浏览器重新加载了样式表，甚至连页面都没有刷新。试着同时在多个浏览器中打开页面。

这个例子中的reload和stylesheet是你在程序中定义的定制事件，它们不是Socket.IO的API。这阐明了如何把socket对象当作双向EventEmitter，Socket.IO会通过网络帮你传输激发的事件。

13.1.3 Socket.IO 的其他用法

你知道的，HTTP最初从没考虑过任何形式的实时通讯。但随着浏览器技术的发展，比如WebSocket，以及像Socket.IO这样的模块，这一限制已经被解除了，它们为之前不可能出现在浏览器中的所有新型程序打开了一扇大门。

我们在第4章曾经讲过，用Socket.IO把上传进度事件传给浏览器让用户看应该会很棒。用一个定制的progress事件应该就可以很好地完成这个任务：

```
form.on('progress', function(bytesReceived, bytesExpected) {    ◁—— 更新4.4.3节的例子
  var percent = Math.floor(bytesReceived / bytesExpected * 100);

  socket.emit('progress', { percent: percent });    ◁—— 用Socket.IO传递已上传的百分比
});
```

13

为了实现这个消息传递，你要能访问到浏览器上传文件的socket实例。这超出了本书的范围，但网上有可以帮你解决这个问题的资源。建议初学者看看Daniel Baulig发表在他的博客上的文章"socket.io和Express: 把它们捆绑到一起"，www.danielbaulig.de/socket-ioexpress。

Socket.IO具有划时代的意义。就像之前说的，对开发实时Web程序感兴趣的开发人员经常是先听说Socket.IO，然后才知道有Node.js——足可见 Socket.IO的影响力和重要性。一直以来，它都得到了Web游戏社区的牵引，并且被用在了比我们想象中更多的创意游戏和应用程序中。它在Node.js竞赛中的出镜率也很高，比如在Node Knockout中（http://nodeknockout.com）。你会用它编写出什么精彩绝伦的作品呢？

13.2　深入 TCP/IP 网络

Node非常适合做网络程序，因为它们一般都会涉及到大量I/O。除了你已经学了很多东西的HTTP服务器，Node还可以支持任何以TCP为基础的网络程序。比如说，Email服务器，文件服务器，或者代理服务器都可以以Node为平台编写，并且它还可以作为这些服务的客户端。Node提供了一些工具，可以帮你编写出优质高效的I/O应用程序，我们这一节就会介绍它们。

有些网络协议要读取字节一级的值——char、int、float，以及其他包含二进制数据的数据类型。但JavaScript没有任何原生的二进制数据类型。最接近的东西也是用字符串疯狂黑出来的。Node勇挑重担，实现了它自己的Buffer数据类型，这是一块长度固定的二进制数据，有了它在实现其他协议时就可以访问底层二进制数据了。

本节会介绍下面这些主题：

❑ 使用缓冲区和二进制数据；

❑ 创建TCP服务器；

❑ 创建TCP客户端。

我们先深入探讨一下Node如何处理二进制数据。

13.2.1　处理缓冲区和二进制数据

Buffer是Node给开发者准备的特殊数据类型。它像是一块长度固定的原始二进制数据板坯。你可以把缓冲区看做C中的malloc()函数或C++中的关键字new。缓冲区既快又轻，广泛应用在Node的核心API中。比如说，所有的Stream类返回的data事件中默认都会包含它们。

在Node中全局都可以访问Buffer构造器，以鼓励你把它当做对常规JavaScript数据类型的扩展使用。从编程的角度来看，你可以把缓冲区看做数组，只是它们的大小是固定的，并且只能存放数字0到255。因此是存放二进制数据，好吧，一切值的理想选择。因为缓冲区能处理原始字节，所以你可以用它们实现任何底层的协议。

文本数据与二进制数据

假设你想用Buffer在内存中存放数值121234869。Node默认会假定你想在缓冲区中处理基于文本的数据，所以当你把字符串"121234869"传给Buffer的构造函数时，Node会分配一个新的

Buffer对象，并把那个字符串值写进去：

```
var b = new Buffer("121234869");

console.log(b.length);
9
console.log(b);
<Buffer 31 32 31 32 33 34 38 36 39>
```

这个例子返回的是一个9字节的Buffer。这是因为字符串是用默认的基于文本的人类可读编码（UTF-8）写到Buffer中的，这样字符串中的每个字符都会用一个字节表示。

Node中还有用来读写二进制（机器可读）整型数据的辅助函数。在你实现通过网络发送原始数据类型（比如整型、浮点型、双整型等等）的机器协议时需要它们的帮助。因为你想存储本例中的数值，用辅助函数writeInt32LE()将数值121234869作为机器可读的二进制整型（假定是小尾数处理器）写入一个四字节Buffer中可能效率更高。

Buffer的辅助函数还有一些，包括：

❑ writeInt16LE()用于较小的整型值；

❑ writeUInt32LE()用于无符号值；

❑ writeInt32BE()用于大尾数值。

此外还有很多，所以如果你对它们全都感兴趣，一定得看看Buffer的API文档（http://nodejs.org/docs/latest/api/buffer.html）。

下面的代码用二进制辅助函数writeInt32LE写入这个数值：

```
var b = new Buffer(4);
b.writeInt32LE(121234869, 0);

console.log(b.length);
4
console.log(b);
<Buffer b5 e5 39 07>
```

把值作为二进制整型而不是文本字符串存在内存中，数据的大小减了一半，从9个字节变成了4个。图13-2对这两个缓冲区进行了分解，并基本上阐明了人类可读（文本）协议和机器可读（二进制）协议之间的差异。

不管你处理的是哪种协议，Node的Buffer类都能应对正确的表示形式。

字节的字节顺序 术语"字节顺序"是指在多个字节序列中的字节顺序。当字节按小尾数排序时，最低有效字节（LSB）最先存放，字节序列按从右向左的顺序读取。相反，大尾数排序最先存放的是最高有效字节（MSB），字节序列按从左向右的顺序读取。Node.js给小尾数和大尾数的数据类型提供了同样的辅助函数。

是时候学以致用了，我们要用这些Buffer对象创建一个TCP服务器并跟它交互。

13

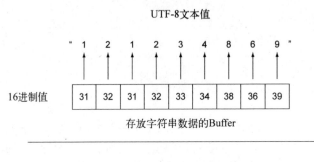

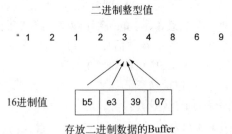

图13-2   将121234869表示为文本字符串和小尾数二进制整型在字节上的差异

13.2.2   创建 TCP 服务器

Node的核心API一直坚持走底层路线，只对外提供最基本的模块构建基础。Node的http模块就是其中的典范，它在net模块基础之上实现了HTTP协议。其他协议，比如email用的SMTP或传输文件用的FTP，也需要以net为基础实现，因为Node的核心API没有实现任何其他高层协议。

1. 写数据

net模块提供了一个原始的TCP/IP socket接口，你可以用在自己的程序中。创建TCP服务器的API跟创建HTTP服务器的很像：调用net.createServer()并给它传入一个回调函数，每建立一个连接都会调用它。主要区别在于创建TCP服务器时，回调函数只有一个参数（通常命名为socket），是一个Socket对象，而创建HTTP服务器时的参数是req和res。

Socket类   在Node中，Socket类同时用在net模块的客户端和服务器端。它是Stream的子类，既可读又可写（双向）。也就是说，当有输入数据要从socket中读取出来时它会发出data事件，当要发送输出数据时它有write()和end()函数。

我们来快速浏览一个基本的net.Server，它等待连接，连上后调用一个回调函数。这个例子中的回调函数只是向socket中写入"Hello World!"，然后干净地关闭连接：

```
var net = require('net');

net.createServer(function (socket) {
  socket.write('Hello World!\r\n');
  socket.end();
}).listen(1337);
console.log('listening on port 1337');
```

启动服务器测试一下：

```
$ node server.js
listening on port 1337
```

如果你试图通过浏览器连接这个服务器，那是连不上的，因为这个服务器不支持HTTP协议，只是原始的TCP。要连接这个服务器并看到它发回来的消息，需要用合适的TCP客户端连接，比如netcat(1)：

```
$ netcat localhost 1337
Hello World!
```

棒极了！再用telnet(1)试一下：

```
$ telnet localhost 1337
Trying 127.0.0.1...
Connected to localhost.
Escape character is '^]'.
Hello World!
Connection closed by foreign host.
```

telnet通常运行在交互模式下，所以它还会输出自己的内容，但"Hello World!"确实在连接之前输出出来了，和我们预期的一样。

如你所见，将数据写到socket中很容易。只要调用write()，然后在最后再调用end()。在HTTP服务器中，将响应写回到客户端的是res对象的API，这个API有意跟它相匹配。

2. 读取数据

服务器一般都遵循请求–响应范式，客户端连上后马上发送某种请求。服务器读取请求并进行处理，然后将响应写回到socket中。HTTP协议就是这样的，大部分其他网络协议也是这样，所以除了要知道如何写入数据，还要知道如何读取数据。

如果你还记得如何从HTTP req对象中读取请求主体，那么从TCP socket中读取数据对你来说就是小菜一碟。跟可读取的Stream接口一样，你只需要监听data事件，这个事件中就有从socket中读出来的数据：

```
socket.on('data', function (data) {
  console.log('got "data"', data);
});
```

socket上默认没有设定编码，所有参数data应该是Buffer的实例。通常这就是你想要的（所以是默认值），但你可以调用setEncoding()函数，让参数data变成被解码的字符串而不是缓冲区很方便。你还要监听end事件，以便知道客户端何时关闭了它们那一端的socket，不会再发送任何数据：

```
socket.on('end', function () {
  console.log('socket has ended');
});
```

你可以迅速写出一个TCP客户端，只需等着第一个data事件，就能看到给定SSH服务器的版本号：

```
var net = require('net');

var socket = net.connect({ host: process.argv[2], port: 22 });
socket.setEncoding('utf8');
```

```
socket.once('data', function (chunk) {
  console.log('SSH server version: %j', chunk.trim());
  socket.end();
});
```

试一下吧。注意，这个超级简化的例子假定整个版本字符串会在一个数据块中过来。大多数情况下这都没问题，但正确的做法应该是缓冲输入数据，直到见到字符\n。我们看一下github.com SSH服务器用的是什么：

```
$ node client.js github.com
SSH server version: "SSH-2.0-OpenSSH_5.5p1 Debian-6+squeeze1+github8"
```

3. 用 `socket.pipe()` 连接两个流

把pipe()（http://mng.bz/tuyo）跟可读或可写的Socket对象联合起来使用也是个好主意。实际上，如果你要写一个简单的TCP回声服务器，把所有发给它的东西返回给客户端，在回调函数里用一行代码就能搞定：

```
socket.pipe(socket);
```

这个例子用一行代码就实现了IETF Echo协议（http://tools.ietf.org/rfc/rfc862.txt），但更重要的是它阐明了pipe()既可以向socket对象输入，也可以接受socket对象的输出。当然，你通常会用更有意义的stream实例，比如文件系统或gzip流。

4. 处理不干净的断开

关于TCP服务器，最后要说的一点是你应该能预期到客户端断开连接却没有干净地关闭socket的情况。对于此例中的netcat(1)而言，当你按下Ctrl-C杀掉进程，而不是Ctrl-D干净地关闭连接时就会出现这种情况。为了检测这种情况，你需要监听close事件：

```
socket.on('close', function () {
  console.log('client disconnected');
});
```

如果你要在socket断开后打扫战场，应该在close事件中完成，而不是在end事件中，因为如果不是干净的关闭连接，不会激发end事件。

5. 全拼到一起

我们来把这些事件拼到一起创建一个简单的echo服务器，并在出现各种事件时在终端窗口中输出日志。服务器代码如下所示：

代码清单13-5 把收到的所有数据返回给客户端的简单TCP服务器

```
var net = require('net');

net.createServer(function (socket) {
  console.log('socket connected!');
  socket.on('data', function (data) {          ◁── data事件可能会出现多次
    console.log('"data" event', data);
  });
  socket.on('end', function () {               ◁── end事件在每个socket上只会出现一次
    console.log('"end" event');
  });
  socket.on('close', function () {             ◁── close事件也是在每个socket
                                                   上只会出现一次
```

```
    console.log('"close" event');
  });
  socket.on('error', function (e) {
    console.log('"error" event', e);
  });
  socket.pipe(socket);
}).listen(1337);
```

设定错误处理器以防止
出现未捕获的异常

启动服务器，用netcat或telnet连上去玩一玩。当你在客户端程序中敲键盘时，应该能在服务器的stdout中看到跟事件对应的console.log()输出。

你能在Node中构建底层的TCP服务器了，你应该还想知道在Node中如何做一个能跟这些服务器交互的客户端程序。我们现在就去做一个吧。

13.2.3　创建 TCP 客户端

Node不仅可以做服务器软件，创建客户端网络程序同样既实用又简便。

创建到TCP服务器的原始连接关键是net.connect()函数，它可以接受一个指定host和port值的配置项参数，并返回一个socket实例。net.connect()返回的socket开始并没有连到服务器上，所以一般在你用socket做什么事情之前要监听connect事件：

```
var net = require('net');

var socket = net.connect({ port: 1337, host: 'localhost' });
socket.on('connect', function () {
  // 开始编写你的"请求"
  socket.write('HELO local.domain.name\r\n');
  ...
});
```

socket实例连上服务器之后，它的表现就像之前你在net.Server回调函数中得到的socket实例一样。

为了演示一下，我们写一个netcat(1)命令的简单复制品，代码在下面的清单中。这个程序基本上就是连接到一个特定的远程服务器上，将程序的stdin送到socket中，然后再把socket的响应放到程序的stdout中。

代码清单13-6　用Node实现netcat(1)命令的简单复制品

```
var net = require('net');
var host = process.argv[2];
var port = Number(process.argv[3]);


var socket = net.connect(port, host);


socket.on('connect', function () {
  process.stdin.pipe(socket);
  socket.pipe(process.stdout);
  process.stdin.resume();
});
```

从命令行参数中解析出
主机和端口

创建socket实例并开
始连接服务器

到服务器的连接建立好
后处理connect事件

将进程的
stdin传给
socket

将socket的
数据传给进
程的stdout

在stdin上调用resume()，
开始读取数据

13

```
socket.on('end', function () {
  process.stdin.pause();
});
```

当发生**event**事件
时中断stdin

你可以用这个客户端连接你之前写的TCP服务器。或者如果你是星际迷的话，可以用下面这个参数调用这个netcat复制品的脚本看看复活节彩蛋：

```
$ node netcat.js towel.blinkenlights.nl 23
```

舒舒服服地坐好，享受图13-3中的输出吧。你应该休息一下了。

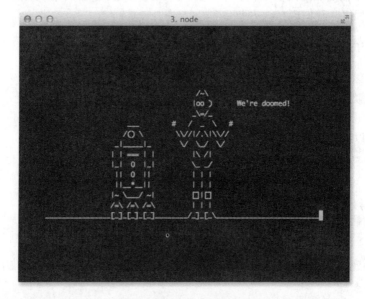

图13-3　用netcat.js脚本连接ASCII星战服务器

这就是用Node.js写底层TCP服务器和客户端所需要的一切。net模块提供了简单而又完备的API，Socket类就像你想的那样遵循了既可读又可写的Stream接口。net模块基本上就是Node核心基础的展示。

让我们再次启程，去看一看可以用来跟线程的环境进行交互，以及可以查询运行时和操作系统相关信息的Node核心API。

13.3　跟操作系统交互的工具

你会发现经常要跟Node所在的环境交互。比如检查环境变量启用debug模式的日志，用底层函数跟/dev/js0（游戏手柄的设备文件）交互实现Linux下的手柄驱动，或者启动一个像php这样的外部子进程编译PHP脚本。

所有这些动作都要用到Node的一些核心API，也就是我们在这一节中要介绍的内容：

- 全局的process对象——包含当前进程的相关信息，比如传给它的参数和当前设定的环境变量；
- fs模块——包含高层的ReadStream和WriteStream类，你现在应该已经掌握了，但还有我们即将介绍的底层函数；
- child_process模块——繁衍子进程的底层和高层接口，以及一种繁衍带有双向消息传递通道node实例的特殊办法。

在这些API中，process是一个大多数程序都会与之打交道的对象，所以我们先从它开始。

13.3.1 单例的全局 **process** 对象

每个Node进程都有一个单例的全局process对象，由所有模块共享访问。在这个对象中可以找到关于该进程及其所在的上下文的相关信息。比如说，可以用process.argv访问Node运行当前脚本时传入的参数，还可以用process.env对象获取或设定环境变量。但更有趣的是process对象并不是EventEmitter实例，它会发出非常特殊的事件，比如exit和uncaughtException。

process对象有很多花里胡哨的东西，有些本节没有涉及的API会在本章后续章节中讲到。本节的重点是：

- 用process.env获取和设定环境变量；
- 监听process发出的特殊事件，比如exit和uncaughtException；
- 监听process发出的单例事件，比如SIGUSR2和SIGKILL。

1. 用**process.env**获取和设定环境变量

环境变量对于改变程序或模块的工作方式很有帮助。比如用这些变量配置服务器，指定它监听的端口。或者操作设定TMPDIR变量指定程序应该把临时文件输出到哪个目录并在后面清理它们。

> **环境变量？** 如果你还不清楚什么是环境变量，我可以告诉你，它们是一组键/值对，任何进程都可以用它们调整自己的行为。比如说，所有操作系统都定义了一个文件路径清单的环境变量PATH，用来根据名称搜寻程序的位置（比如ls被解析为/bin/ls）。

假如你想在开发或调试模块时启用调试模式的日志输出，但在常规使用时不用，因为那样用户会觉得很烦。用环境变量可以很好地解决这个问题。你可以像下面的代码一样，检查process.env.DEBUG看变量DEBUG设定的是什么。

代码清单13-7 根据环境变量DEBUG定义debug函数

```
var debug;
if (process.env.DEBUG) {
  debug = function (data) {
    console.error(data);
  };
} else {
  debug = function () {};
}
```

根据环境变量DEBUG定义
debug函数

如果设定了DEBUG，**debug**函数
会将参数输出到**stderr**中

如果没设定DEBUG，**debug**
函数为空，什么也不做

13

```
debug('this is a debug call');
console.log('Hello World!');
debug('this another debug call');
```

在代码中各处调用**debug**函数

如果你按照常规方式运行这段脚本（不设定环境变量process.env.DEBUG），调用debug什么也不会做，因为调用的是空函数：

```
$ node debug-mode.js
Hello World!
```

要试一下调试模式，需要设定环境变量process.env.DEBUG。最简单的做法是在启动Node实例时在命令前加上DEBUG=1。当处于调试模式时，常规的输出，以及调用debug函数的输出都会显示在控制台中。在调试代码时，用这种办法获取问题的诊断报告很棒：

```
$ DEBUG=1 node debug-mode.js
this is a debug call
Hello World!
this is another debug call
```

T. J. Holowaychuk做得社区模块debug（https://github.com/visionmedia/debug）封装了这一功能，还有些其他特性。如果你喜欢这里介绍的调试技术，一定要看看这个模块。

2. 进程发出的特殊事件

process对象通常会发出两个特殊事件：

❑ 进程退出之前发出的exit；

❑ 有未处理的错误被抛出时发出的uncaughtException。

对于所有要在退出前完成某些任务（比如清理对象或向控制台输出最后一条消息）的程序来说，exit事件是必不可少的。有一点值得注意，exit事件是在事件循环（event loop）停止之后才激发的，所以你没有机会在exit事件期间启动任何异步任务。退出码是第一个参数，成功退出时为0。

我们来写一个监听exit事件的脚本，输出一条"Exiting..."消息：

```
process.on('exit', function (code) {
  console.log('Exiting...');
});
```

uncaughtException事件是进程发出的另一个特殊事件。完美的程序中不会出现未捕获的异常，但在现实中最好还是别冒险。uncaughtException事件只有一个参数，未捕获的Error对象。

如果没有"错误"事件的监听器，任何未捕获的错误都会搞垮进程（这是大多数程序的默认行为），但只要有一个监听器，就由监听器决定如何处理错误。Node不会自动退出，所以在你自己的回调中一定要这样做。Node.js文档明确指出，使用这个事件时应该在回调中包含process.exit()；否则会让程序处于不确定的状态中，这很糟糕。

我们动手写一个程序看一下对uncaughtException的监听，并抛出一个未捕获的错误：

```
process.on('uncaughtException', function (err) {
  console.error('got uncaught exception:', err.message);
  process.exit(1);
});

throw new Error('an uncaught exception');
```

这样当有不可预料的错误出现时，你就可以捕获这个错误，并在退出进程之前完成必要的清理工作。

3. 捕获发送给进程的信号

UNIX有信号的概念，是进程间通信（IPC）的基本形式。这些信号非常原始，只能使用一组固定的名称，并且不能传递参数。

Node提供了一些信号的默认行为，现在我们就过一下：

❑ SIGINT　在按下Ctrl-C时由shell发送。Node的默认行为是杀掉进程，但该行为可以由进程上SIGINT的单例监听器覆盖；

❑ SIGUSR1　收到这个信号时，Node会进入它内置的调试器；

❑ SIGWINCH　在调整终端大小时由shell发送。收到这个信号时，Node会重新设定process.stdout.rows和process.stdout.columns，并发出一个resize事件。

这是Node对这三个信号的默认处理，但你也可以在process对象上监听这些信号，调用回调函数。

假设你写了个服务器，但在你按下Ctrl-C要杀掉服务器时，这种关闭不干净，并且所有等待中的连接都会被丢掉。解决办法是捕获SIGINT信号并阻止服务器接受连接，并在结束进程之前完成所有已有连接的处理。监听process.on('SIGINT', ...)可以实现这一办法。事件名称就是信号名称：

```
process.on('SIGINT', function () {
  console.log('Got Ctrl-C!');
  server.close();
});
```

现在按Ctrl-C键，会从你的shell向Node进程发送SIGINT信号，从而调用你注册的回调而不是杀掉进程。因为大多数程序默认的行为是退出进程，所以在你自己的SIGINT处理器中最好也是这样，在做完所有必需的关闭动作之后。在这个例子中让服务器停止接受连接就可以了。在Windows下也是这样，尽管它缺乏恰当的信号，但Node会处理等同的Windows动作，并在Node中模拟了人造信号。

你可以用这个技术捕获发给Node进程的任何UNIX信号。这些信号列在了维基百科上关于UNIX信号的文章中：http://wikipedia.org/wiki/Unix_signal#POSIX_sign。很不幸，信号一般不能用在Windows上，只能用几个模拟的信号：SIGINT、SIGBREAK、SIGHUP和SIGWINCH。

13.3.2　使用文件系统模块

fs模块提供了跟文件系统交互的函数。其中的大多数都有一一对应的C函数，但也有像fs.readFile()、fs.writeFile()、fs.ReadStream和fs.WriteStream类这样的高层抽象，它们构建在open()、read()、write()和close()之上。

几乎所有底层函数的用法都跟对应的C函数用法一样。实际上，大部分Node文档都指向了对应man页面中的C函数解释上。你很容易找出这些底层函数，因为它们总会有一个对应的同步版本。比如fs.stat()和fs.statSync()是C函数stat(2)的底层绑定。

13

Node.js中的同步函数   如你所知，Node的API大部分是异步函数，从不阻塞事件循环，那么为什么还要大费周章地引入这些文件系统函数的同步版本呢？因为Node自己的require()函数是同步的，并且它的实现用到了fs模块的函数，所以必须有同步版。无论如何，同步函数只应该用在启动时，或者模块最初加载时，之后再也不要用了。

我们来看几个跟文件系统交互的例子。

1. 移动文件

一个看起来简单，并且非常常见的文件系统交互任务，是把文件从一个目录挪到另一个目录中。在UNIX平台上用mv命令，Windows上是move命令。在Node中做相同的事情是不是也应该同样简单？

好吧，如果你在REPL或文档中（http://nodejs.org/api/fs.html）浏览fs模块，会发现根本没有fs.move()函数。但有一个fs.rename()函数，如果你仔细想想，它们是一样的。完美！

但这里没那么快。fs.rename()直接对应C函数rename(2)，这个函数有个怪毛病，它不能跨越物理设备（比如两个硬盘）。也就是说下面的代码无法正常工作，并且会抛出一个EXDEV错误：

```
fs.rename('C:\\hello.txt', 'D:\\hello.txt', function (err) {
 // err.code === 'EXDEV'
});
```

现在怎么办？好吧，你仍然可以在D:\上创建一个新文件，并读取C:\上的文件，所以可以跨盘复制文件。了解了这一点，你可以创建一个经过优化的move()函数，可能时调用快速的fs.rename()，必要时用fs.ReadStream和fs.WriteStream把文件从一个设备复制到另一个设备中。下面的代码清单中就是这种实现。

代码清单13-8   可能时重命名，并以复制为后备手段的move()函数

```
var fs = require('fs');

module.exports = function move (oldPath, newPath, callback) {
  fs.rename(oldPath, newPath, function (err) {          ← 调用fs.rename()
    if (err) {                                            并希望它能用
      if (err.code === 'EXDEV') {      ← 如果出现EXDEV错误，
        copy();                          用备用的复制技术
      } else {
        callback(err);                 ← 如果有其他错误，失败
      }                                  并报告给调用者
      return;
    }
    callback();                        ← 如果fs.rename()能用，
  });                                    则工作已经完成了

  function copy () {
    var readStream = fs.createReadStream(oldPath);    ← 读取原来的文件并把它
    var writeStream = fs.createWriteStream(newPath);    输出到目标路径
    readStream.on('error', callback);
    writeStream.on('error', callback);
    readStream.on('close', function () {
```

```
        fs.unlink(oldPath, callback);
    });
    readStream.pipe(writeStream);
  }
}
```

◁ 复制完成后断链（删除）
原文件

如果你愿意，可以在node REPL中直接测试这个模块：

```
$ node
> var move = require('./copy')
> move('copy.js', 'copy.js.bak', function (err) { if (err) throw err })
```

注意，这个copy函数只能用在文件上，目录不行。要支持目录复制，你必须先检查给定的路径是否为目录，如果是，则调用fs.readdir()，必要时还要调用fs.mkdir()。你可以自己实现这个特性。

fs模块的错误码 fs模块为文件系统错误码返回的是标准的UNIX名称（ www.gnu. org/software/libc/manual/html_node/Error-Codes.htm），所以你要对那些名称有个大致的了解。甚至在Windows上，这些名称也被libuv规范化了，所以你的程序一次只需检查一个错误码。根据GNU的文档，当"检测到试图跨越文件系统做不正确连接时"，就会出现EXDEV错误。

2. 监测目录或文件的变化

fs.watchFile()很早就出现了。因为它用轮询的方式检查文件是否发生了变化，所以在某些平台上很耗资源。也就是说，它stat()文件，在短暂的等待之后再次stat()，就这样一直循环，在文件发生变化时就调用监测者函数。

假定你正在重写一个对系统日志文件的变化进行记录的模块。为此你想要一个在全局system.log文件被修改时可以调用的函数：

```
var fs = require('fs');

fs.watchFile('/var/log/system.log', function (curr, prev) {
  if (curr.mtime.getTime() !== prev.mtime.getTime()) {
    console.log('"system.log" has been modified');
  }
});
```

变量curr是当前的fs.Stat对象，prev是前一个fs.Stat对象，它俩应该有同一个文件上的不同时间戳。这个例子中比较了mtime的值，因为你只想在文件被修改时收到通知，而不是在它被访问时。

fs.watch()是在Node v0.6中引入的。就像我们之前说的，因为它用平台本地的文件修改通知API监测文件，所以它比fs.watchFile()性能更优。因此这个函数也能监测一个目录下任一文件的变化。实际上，fs.watch()不如fs.watchFile()可靠，因为各种平台底层的文件监测机制是不同的。比如说，在OS X上监测目录时不会报告参数filename，并且这要由苹果在以后发布的OS X上修改。Node的文档http://nodejs.org/api/fs.html#fs_caveats中列出了这些注意事项。

3. 使用社区模块：fstream和filed

如你所见，fs模块，像Node的所有核心API一样，绝对是底层的。那就是说有充足的创新空间，并且可以在其上创造很棒的抽象层。npm上的Node活跃模块每天都在增长，并且你可能猜到

13

了，其中有一些优质的fs扩展模块。

比如Isaac Schlueter的fstream模块（https://github.com/isaacs/fstream）是npm自身的一个核心组件。这个模块很有趣，因为它最开始是npm的一部分，后来因为它的通用功能可以用在很多命令行程序和系统管理脚本上，所以被剥离出来了。让fstream脱颖而出的优秀特性之一是它对许可权限和符号链接的处理，在复制文件和目录时是默认维护的。

借助fstream，只需将Reader实例接到Writer实例上，就可以达到执行cp -rp源目录 目标目录（递归地复制一个目录及其中的内容，并传送所有权和授权许可）的效果。在下面这个例子中，我们用fstream的过滤器功能基于回调函数按条件排除文件：

```
fstream
  .Reader("path/to/dir")
  .pipe(fstream.Writer({ path: "path/to/other/dir", filter: isValid )

// 检查即将写入的文件并返回它是否应该被复制
function isValid () {
  // 忽略TextMate之类的文本编辑器创建的临时文件
  return this.path[this.path.length - 1] !== '~';
}
```

Mikeal Rogers的filed模块（https://github.com/mikeal/filed）也是比较有影响力的模块，主要是因为它的作者就是极其流行的request模块的作者。这些模块让一种新的流程控制变得比Stream实例更流行：监听pipe事件，然后基于传给它的东西（或它传出去的东西）执行不同的动作。

为了演示这种方式的强大之处，我们来看一下filed如何将普通的HTTP服务器变成一个功能完备的静态文件服务器，只要一行代码：

```
http.createServer(function (req, res) {
  req.pipe(filed('path/to/static/files')).pipe(res);
});
```

这段代码会跟着正确的缓存头发送Content-Length。如果浏览器已经缓存了文件，field会用304未修改响应HTTP请求，不再从硬盘中打开文件读取它。这些优化就是基于pipe事件才能做的，因为filed实例能访问HTTP请求的req和res对象。

我们刚介绍了两个优秀的社区模块，它们以基本的fs模块为基础，提供了更棒的功能或漂亮的API，但实际上这样的模块还有很多。你可以用npm search命令为给定任务查找已发布的模块。比如你想再找一个可以简化文件复制的模块：执行npm search copy就能找到一些比较有用的结果。在你找到一个看起来有意思的模块时，可以执行npm info module-name获取关于模块的信息，比如它的描述、主页、发布版本等。不管你面临的是什么任务，很可能已经有人尝试过用npm模块解决那个问题了，所以在你从头开始编写什么东西之前，一定记得先去检查一下。

13.3.3   繁衍外部进程

Node提供了child_process模块，在Node服务器或脚本内创建子进程。这里有两个API：一个高层的exec()和一个底层的spawn()。这两个任何一个都可能适用，这取决于你需要什么。还有一种创建Node自身子进程的特殊办法，用内置的特殊IPC通道fork()。所有这些函数都有不同的用途：

❑ cp.exec()——在回调中繁衍命令并缓冲结果的高层API；

❑ cp.spawn()——将单例命令繁衍进Child-Process对象中的底层API；

❑ cp.fork()——用内置的IPC通道繁衍额外Node进程的特殊办法。

我们挨个看一下这些API。

子进程的好与坏 使用子进程既有好处，也有不足。一个明显的缺点是需要执行装在用户机器上的程序，你的应用要依赖于它。另一种选择是用 JavaScript完成子进程的工作。npm就是很好的例证，它原来用tar命令解开Node包。因为各个不兼容版本的tar会产生冲突，所以这样会出问题，并且Windows上几乎很少有安装tar的。正是因为这些问题，出现了完全用JavaScript写的node-tar（https://github.com/isaacs/node-tar），没有使用任何子进程。

另一方面，使用外部程序让开发者可以借用由其他语言编写的丰富应用。比如 gm（http://aheckmann.github.com/gm/）模块，用强大的GraphicsMagick和 ImageMagick库在Node程序中执行各种图片的处理和转换操作。

1. 用CP.EXEC()缓冲命令结果

在你想要调用一个命令，并且只关心最终结果，不想数据边到边从子进程的stdio流中访问数据时，可以使用高层API，cp.exec()。这个API允许你输入整串的命令，包括连接成管道的多个进程。

在你接受被执行的用户命令时就可以用exec() API。比如你要写一个IRC机器人，想在用户输入以句号(.)开头的东西时执行命令。比如用户输入.ls作为 IRC消息，机器人应该执行ls并在IRC房间中输出返回结果。代码如下所示，你需要设定超时选项，这样从来都不会结束的进程就会在经过一段时间后被自动杀掉。

代码清单13-9 用cp.exec()运行用户通过IRC机器人输入的命令

每条发送给IRC房间的消息都会发出 message 事件

检查消息是否用句号打头

```
var cp = require('child_process');

room.on('message', function (user, message) {
  if (message[0] === '.') {
    var command = message.substring(1);
    cp.exec(command, { timeout: 15000 },
      function (err, stdout, stderr) {
        if (err) {
          room.say(
            'Error executing command "' + command + '": ' + err.message
          );
          room.say(stderr);
        } else {
          room.say('Command completed: ' + command);
          room.say(stdout);
        }
      }
  }
```

room对象表示到IRC房间的连接（来自某个假想的IRC模块）

繁衍子进程，并让Node在回调中缓冲结果，15秒后超时

13

```
            );
        }
    });
```

npm注册中心里已经有一些实现了IRC协议的很好的模块了，所以如果你真的想写一个IRC机器人，肯定应该用一个现成的模块（npm注册中心里的irc和irc-js都很受欢迎）。

有时候你需要缓冲命令的输出，但希望Node可以自动帮你转义参数，这时可以用execFile()函数。这个函数有四个参数，不是三个，传入要运行的可执行命令，以及调用这个可执行命令时给出的参数数组。当你必须增量地构建子进程要用的参数时，这个很好用：

```
cp.execFile('ls', [ '-l', process.cwd() ],
            function (err, stdout, stderr) {
  if (err) throw err;
  console.error(stdout);
});
```

2. 用`cp.spawn()`繁衍带有流接口的命令

Node中繁衍子进程的底层API是`cp.spawn()`。这个函数跟`cp.exec()`不同，因为它返回你可以与之交互的`ChildProcess`对象。你不用给`cp.spawn()`一个进程完成时的回调函数，`cp.spawn()`允许你跟每个子进程的stdio流交互。

`cp.spawn()`最基本的用法看起来如下所示：

```
var child = cp.spawn('ls', [ '-l' ]);

// stdout是一个普通的Stream实例，会发出'data'、'end'等。
child.stdout.pipe(fs.createWriteStream('ls-result.txt'));

child.on('exit', function (code, signal) {
  // 在子进程退出时发出
});
```

第一个参数是你要执行的程序。这可能是单个程序名，可以在当前的PATH中查找它，或者是指向程序的绝对路径。第二个参数是调用进程的参数字符串数组。`ChildProcess`对象默认情况下包含三个内置的`Stream`实例，你的脚本可以与之交互：

❏ `child.stdin`是可写的`Stream`，表示子进程的stdin；

❏ `child.stdout`是可读的`Stream`，表示子进程的stdout；

❏ `child.stderr`是可读的`Stream`，表示子进程的stderr。

你可以对这些流做任何事，比如将它们转到文件或socket中，或其他可写流中。如果你想，甚至可以完全忽略它们。

`ChildProcess`对象上还有另外一个有趣的事件exit，在进程退出并且相关的流全部结束时激发。

node-cgi（https://github.com/TooTallNate/node-cgi）是一个将`cp.spawn()`的使用抽象成实用功能的优秀范例模块，它让你可以在Node HTTP服务器中重用遗留的通用网关接口（CGI）脚本。CGI实际上只是一种响应HTTP请求的标准，它将CGI脚本作为HTTP服务器的子进程调用，用特殊的环境变量描述请求。比如写这样一个CGI脚本将sh作为CGI接口：

```
#!/bin/sh
echo "Status: 200"
echo "Content-Type: text/plain"
echo
echo "Hello $QUERY_STRING"
```

如果你将那个文件命名为hello.cgi(不要忘了执行chmod +x hello.cgi让它变成可执行的)，只需一行代码就可以让它在你的HTTP服务器中响应HTTP请求：

```
var http = require('http');
var cgi = require('cgi');

var server = http.createServer( cgi('hello.cgi') );
server.listen(3000);
```

这个服务器设置好后，当有HTTP请求过来时，node-cgi会做两件事来处理这个请求：

❏ 用cp.spawn()将hello.cgi脚本作为新的子进程繁衍

❏ 用一组定制的环境变量传递与当前HTTP请求有关的新进程上下文信

hello.cgi用了一个CGI专用的环境变量，QUERY_STRING，其中包含请求 URL的查询字符串部分。这段脚本会在响应中使用它们，会写在脚本的 stdout中。如果你启动这个示例服务器，并用curl发送一个HTTP请求给它，会看到这样的东西：

```
$ curl http://localhost:3000/?nathan
Hello nathan
```

子进程在Node中有很多非常棒的用例，node-cgi是其中之一。随着服务器或应用程序的功能逐步完善，你会发现终究要和它们打交道。

3. 用cp.fork()分散工作负载

child_process模块提供的最后一个API是用一种特殊的方式繁衍额外的Node进程，用特殊的内置IPC通道。既然你总要繁衍Node，传给cp.fork()的第一个参数是要执行的Node.js模块的路径。

跟cp.spawn()一样，cp.fork()也会返回ChildProcess对象。主要区别是这个API是用IPC通道添加的：子进程现在有一个child.send(message)函数，并且用fork()调用的脚本能够监听process.on('message')事件。

假定你想写一个计算斐波那契数列的Node HTTP服务器。你可能像下面这个清单中一样幼稚地把整个服务器一次性写好。

代码清单13-10　用Node.js实现的非最优斐波那契数列HTTP服务器

```
var http = require('http');

function fib (n) {
  if (n < 2) {                        计算斐波那契数
    return 1;
  } else {
    return fib(n - 2) + fib(n - 1);
  }
}

var server = http.createServer(function (req, res) {
  var num = parseInt(req.url.substring(1), 10);
```

```
    res.writeHead(200);
    res.end(fib(num) + "\n");
  });
server.listen(8000);
```

如果你用node fibonacci-naive.js启动服务器，并发送一个HTTP请求给 http://localhost:8000，服务器也能如期工作，但计算给定数值的斐波那契数列是一个昂贵的、占用CPU的计算。在你的单线程Node服务器忙着计算结果时，它没办法处理额外的HTTP请求。此外，你只用了一个CPU内核，很可能还有其他内核呆在那里无所事事。这很差劲。

更好的解决方案是为每个HTTP请求复制Node进程，让子进程做昂贵的计算工作并返回报告。cp.fork()为此提供了一个简洁的接口。

这个方案涉及两个文件：

❑ fibonacci-server.js是服务器；

❑ fibonacci-calc.js负责计算。

首先是服务器：

```
var http = require('http');
var cp = require('child_process');

var server = http.createServer(function(req, res) {
  var child = cp.fork(__filename, [ req.url.substring(1) ]);
  child.on('message', function(m) {
    res.end(m.result + '\n');
  });
});
server.listen(8000);
```

服务器用cp.fork()把斐波那契的计算逻辑放在一个单独的Node进程中，它会用process.send()向父进程返回报告，就像下面的fibonacci-calc.js脚本那样：

```
function fib(n) {
  if (n < 2) {
    return 1;
  } else {
    return fib(n - 2) + fib(n - 1);
  }
}

var input = parseInt(process.argv[2], 10);
process.send({ result: fib(input) });
```

你可以用node fibonacci-server.js启动服务器，并再次发送HTTP请求到 http://localhost:8000。

这个例子完美地展示了将各种程序组件分解到多个进程中对你有什么样的好处。cp.fork()提供了child.send()和child.on('message')来向子进程发送和接受消息。在子进程中，你可以用process.send()和process.on('message')向父进程发送和接受消息。用起来吧！

我们接下来再去看看如何在Node中开发命令行工具。

13.4 开发命令行工具

Node脚本还经常用来构建命令行工具。现在你应该已经熟悉大部分用Node编写的命令行工具了：Node包管理器，即npm。作为一个包管理器，它要完成大量操作系统级的操作，并且要繁衍子进程，所有这些都是用Node和它的异步API完成的。这样npm可以并行安装包，比串行的总体进度更快。如果可以用Node写出复杂的命令行工具，那用它做什么都行。

大多数命令行程序都有相通的需求，比如解析命令行参数，读取stdin，写入stdout和stderr。本节会介绍编写完整的命令行程序的常见需求，包括：

❑ 解析命令行参数；
❑ 处理stdin和stdout流；
❑ 用ansi.js给输出加上漂亮的颜色。

构建优秀的命令行程序，要能够读取用户调用程序时提供的参数。我们先来看看这个。

13.4.1 解析命令行参数

解析参数是一个简单易行的过程。Node为你提供了`process.argv`属性，一个字符串数组，它是在Node被调用时使用的参数。数组中的第一项是可执行的Node，第二项是脚本的名称。解析和处理这些参数只需循环遍历数组项并逐一检查这些参数。

作为演示，我们来写一个名为args.js的脚本，让它输出`process.argv`的结果。大部分情况下你都不会关心数组的前两项，所以可以在处理之前把它们`slice()`掉：

```
var args = process.argv.slice(2);
console.log(args);
```

单独调用这个脚本时，你得到的是个空数组，因为没有传入额外的参数：

```
$ node args.js
[]
```

但在你将"hello"和"world"作为参数传入时，数组会像你预期的那样包含这些字符串：

```
$ node args.js hello world
[ 'hello', 'world' ]
```

跟所有终端程序一样，你可以用引号把中间有空格的参数合成一个参数。这不是Node的特性，是你所用的shell的（很可能时UNIX平台上的bash或Windows上的cmd.exe）：

```
$ node args.js "tobi is a ferret"
[ 'tobi is a ferret' ]
```

按照UNIX的惯例，对于选项-h和--help，每个命令行程序都应该输出使用指南作为响应然后退出。下面的代码清单是个例子，用`Array.forEach()`循环遍历参数并在回调中解析它们，当遇到期望的选项时输出使用指南。

13

代码清单13-11　用Array.forEach()和switch块解析process.argv

```
var args = process.argv.slice(2);                          切掉头两项，你不会对
                                                           它们感兴趣的
args.forEach(function (arg) {              循环遍历参数，
  switch (arg) {                           查找-h和--help
    case '-h':
    case '--help':
      printHelp();
      break;
  }                                    在这里添加必要的选项开关
});
                                                        输出帮助信息，然后退出
function printHelp () {
  console.log('  usage:');
  console.log('  $ AwesomeProgram <options> <file-to-awesomeify>');
  console.log('  example:');
  console.log('  $ AwesomeProgram --make-awesome not-yet.awesome');
  process.exit(0);
}
```

你可以轻松扩展那个switch块来解析额外的选项。像commander.js、nopt、optimist和nomnom（仅举几例）这些社区模块全都按它们自己的方式解决这个问题，所以不要觉得switch块是解析参数的唯一方式。跟很多编程中的问题一样，正确的解法并不是唯一的。

每个命令行程序都要处理的另一个任务是从stdin中读取输入，并将结构化的数据写到stdout中。我们来看一下在Node中怎么做。

13.4.2　处理 stdin 和 stdout

UNIX程序通常都是小型、自包含并专注于单一任务的。然后通过管道组合起来，将前一个处理结果交给下一个，直到命令链的末端。比如说，用标准的 UNIX 命令从给定的 Git 库中获取唯一作者的清单，可以将git log、sort和uniq命令像下面这样组合起来：

```
$ git log --format='%aN' | sort | uniq
Mike Cantelon
Nathan Rajlich
TJ Holowaychuk
```

这些命令是并行运行的，将第一个处理的结果交给下一个，然后继续这一过程直到最后。为了遵守这个管道的惯用法，Node提供了两个Stream对象供你的命令行程序处理：

❑ process.stdin——读输入数据的ReadStream；

❑ process.stdout——写输出数据的WriteStream。

这些对象就像你已经熟悉了的流接口一样。

1. 用process.stdout写输出数据

你每次调用console.log()时已经隐含着对process.stdout可写流的使用了。console.log()函数内部在格式化完输入参数后调用process.stdout.write()。但console函数更多是用来调试和检查对象用的。当你需要将结构化的数据写到stdout中时，可以直接调用process.stdout.write()。

假定你的程序连上一个HTTP URL，把响应写到stdout中。Stream.pipe()在这种情况下很好用，代码如下所示：

```
var http = require('http');
var url = require('url');

var target = url.parse(process.argv[2]);
var req = http.get(target, function (res) {
  res.pipe(process.stdout);
});
```

瞧！一个绝对微型的curl复制品只有七行代码。还不赖吧？接下来我们要介绍一下process.stdin。

2. 用process.in读取输入数据

在从stdin中读取数据之前，你必须调用process.stdin.resume()表明你的脚本想从stdin中读取数据。在那之后，stdin就会像其他可读流一样，在收到另外一个进程的输出，或用户在终端窗口中按键时发出data事件。

下面这段代码做的命令行程序提示用户输入年龄，然后再决定是否继续执行。

代码清单13-12   一个提示用户输入年龄的限制年龄的程序

```
var requiredAge = 18;          ◁—— 设定年龄限制

process.stdout.write('Please enter your age: ');   ← 指定用户要回答的问题

process.stdin.setEncoding('utf8');    ← 设置stdin，以便输出UTF-8编码的字符串，而不是直接输出缓冲区中的内容

process.stdin.on('data', function (data) {
  var age = parseInt(data, 10);      ← 将数据解析为数值
  if (isNaN(age)) {
    console.log('%s is not a valid number!', data);   ← 如果用户输入的不是有效的数值，输出一条消息提示
  } else if (age < requiredAge) {
    console.log('You must be at least %d to enter, ' +
                'come back in %d years',
                requiredAge, requiredAge - age);
  } else {                           ← 如果前面的条件满足了，继续执行
    enterTheSecretDungeon();
  }
  process.stdin.pause();             ← 关闭stdin之前，等待一个data事件
});

process.stdin.resume();              ← 因为process.stdin开始处于暂停状态，所以调用resume()开始读取输入

function enterTheSecretDungeon () {
    console.log('Welcome to The Program :)');
}
```

将数据解析为数值

如果用户给出的年龄不到18，输出一条消息说几年之后再回来

3. 用process.stderr诊断日志

在所有的Node进程中，还有一个可写流process.stderr，它的表现跟 process.stdout流一样，只是它是写到stderr中的。因为stderr通常是调试时用的，不会用来发送结构化数据，也不会构建管道，所以一般都不会直接访问process.stderr，而是使用console.error()。

13

现在你已经熟悉Node中内置的stdio流了，这是至关重要的构建命令行程序知识，接下来我们要看一些更加丰富多彩的东西（双关语）。

13.4.3 添加彩色的输出

很多命令行程序都会使用彩色文本，让屏幕上的内容更容易区分。Node自己的REPL就是这样做的，npm的各种日志级别也是这样的。这是一个所有命令行程序都能从中受益的奖励特性，并且给程序添加彩色输出相当容易，特别是在有社区模块的支持时。

1. 创建并编写ANSI转义码

终端中的颜色是由ANSI转义码（ANSI指美国国家标准委员会）产生的。这些转义码只是写到stdout中的简单文本序列，对终端有特殊的含义——它们可以改变文本的颜色，光标的位置，发出蜂鸣声等等。

我们先从简单的开始。在你的脚本中输出一个绿色的单词"hello"，只用一行console.log()就行了：

```
console.log('\033[32mhello\033[39m');
```

如果仔细看一下，你会发现单词"hello"两边都有一些看起来很奇怪的字符。这让人乍一看可能会比较迷糊，但实际上相当简单。图13-4把绿色的"hello"字符串分解成了三部分。

\033[32m hello \033[39m

ANSI转义码告诉终端 后续文本都是绿色的	中间的文本部分 会显示为绿色的	ANSI颜色"重置"码让 终端用回默认的文本颜色

图13-4 用ANSI转义码输出绿色的"hello"

终端可以识别的转义码有很多，并且大多数开发人员都不太有时间去把它们全记下来。感谢Node社区，又一次推出了很多模块来解救我们，比如 colors.js、clicolor和ansi.js，让颜色的使用变得简单又有趣。

> **Windows上的ANSI转义码** 从技术角度讲，Windows和它的命令提示符（cmd.exe）并不支持ANSI转义码。不过我们很幸运，当你的脚本在Windows上将转义码写到stdout中时，Node会帮你解释它们，并调用相应的Windows函数产生相同的结果。你知道就行了，在写Node程序时并不需要关心这个。

2. 用ansi.js格式化前景色

我们来看一下ansi.js（https://github.com/TooTallNate/ansi.js），你可以用npm install ansi安装。这个模块好在它只是在原始的ANSI代码上封了薄薄的一层，跟其他的颜色模块（它们一次只能处理一个字符串）相比给了你很大的灵活性。在ansi.js中，设定流的模式（比如"bold"），它们就会一直保持，直到被reset()调用清除。ansi.js还有一个额外的奖励特性，它是第一个支持256色终端的模块，并且它能把CSS颜色码（比如#FF0000）转换成ANSI 颜色码。

ansi.js模块使用了cursor的概念，实际上只是包装了一个可写流实例，提供了很多向流中写入ANSI码的便利函数，这些函数全都支持链式调用。要输出绿色的文本"hello"，用ansi.js的语法可以写成：

```
var ansi = require('ansi');
var cursor = ansi(process.stdout);

cursor
  .fg.green()
  .write('Hello')
  .fg.reset()
  .write('\n');
```

这里可以看到ansi.js的用法，首先要从可写流中创建一个cursor实例。因为你要对程序的输出着色，所以要将cursor用的process.stdout作为可写流传入。有了cursor之后，你可以调用它提供的所有方法来修改在终端中渲染文本的方式。这个例子中的结果跟前面那个console.log()的输出一样：

- ❑ cursor.fg.green()将前景色设为绿色；
- ❑ cursor.write('Hello')用绿色将文本"Hello"写到终端中；
- ❑ cursor.fg.reset()将前景色重置为默认值；
- ❑ cursor.write('\n')以一个新行结束。

用cursor编程调整输出是一种改变颜色的简洁接口。

3. 用ansi.js格式化背景色

ansi.js模块也支持背景色。要设定背景色，把前面调用中的fg换成bg。比如将背景色设定为红色，可以调用cursor.bg.red()。

我们来包装一个简单的程序，在终端中输出这本书的彩色标题，如图13-5所示。

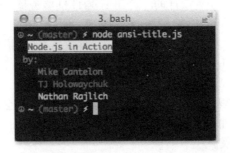

图13-5　ansi-title.js脚本用不同的颜色输出本书的名称和作者

输出这些漂亮颜色的代码很繁琐，但很直接，因为每个函数调用都直接对应到了写到流中的转义码上。下面清单中有两行初始化代码，然后是一个非常长的函数调用链，最后将颜色码和字符串写到process.stdout中。

代码清单13-13   这个简单的程序用漂亮的颜色输出本书的标题和作者

```
var ansi = require('ansi');
var cursor = ansi(process.stdout);

cursor
  .reset()
  .write('  ')
  .bold()
  .underline()
  .bg.white()
  .fg.black()
  .write('Node.js in Action')
  .fg.reset()
  .bg.reset()
  .resetUnderline()
  .resetBold()
  .write('  \n')
  .fg.green()
  .write('  by:\n')
  .fg.cyan()
  .write('    Mike Cantelon\n')
  .fg.magenta()
  .write('    TJ Holowaychuk\n')
  .fg.yellow()
  .write('    Nathan Rajlich\n')
  .reset()
```

颜色码只是ansi.js的关键特性之一。我们还没涉及光标定位代码，如何发出蜂鸣声，或者如何隐藏和显示光标。你可以参考ansi.js的文档及范例看看是怎么做的。

13.5   小结

Node主要是为I/O相关的任务设计的，比如创建HTTP服务器。但正如你在本章中所学的，Node可以用来完成很多种不同的任务，比如给你的应用服务器创建一个命令行接口，连接ASCII星战服务器的客户端程序，从股票市场服务器获取统计数据进行显示的服务器——可能性只会受限于你的想象力。npm和node-gyp就是用Node编写的复杂的命令行程序。你可以从中学到很多东西。

本章讨论了几个对你开发程序有帮助的社区模块。下一章我们会重点介绍如何在Node社区中找到这些优秀的模块，以及如何将你开发的模块贡献给社区，从而得到反馈，做出改进。 社交让人觉得心驰神往啊！

第 14 章

Node生态系统

本章内容

- ❑ 寻找Node的在线帮助
- ❑ 用GitHub协作Node开发
- ❑ 用Node包管理器发布你的作品

要从Node开发中获得最大收益，你得知道到哪里寻求帮助，以及如何跟社区中的其他人分享你的成果。

跟大多数开源社区一样，Node和相关项目的开发都是通过在线协作完成的。很多开发人员合作提交和审核代码，做项目文档，报告bug。当开发人员准备好发布Node的新版本时，会把它发布在Node的官网上。当一个值得发布的第三方模块被创建出来时，可以把它发布到npm库中，这样其他人安装起来更容易。在线资源为你提供了使用Node及相关项目所需的支持。

图14-1阐明了如何用在线资源做Node相关的开发、分发和支持。

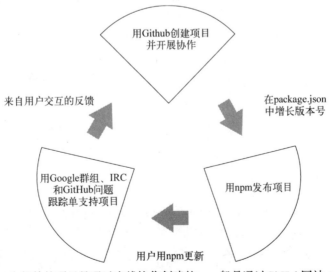

图14-1　Node相关的项目是通过在线协作创建的，一般是通过GitHub网站。然后发布到npm中，通过在线资源提供文档和支持

在协作之前，你很可能先需要支持，所以我们先来看一下网上有哪些地方可以为你提供帮助。

14.1　给 Node 开发人员的在线资源

Node的世界日新月异，所以只能在网上找到最新的参考资料。你将面对数不清的网站、在线讨论组和聊天室，并从中找到你需要的信息。

14.1.1　Node 和模块的参考资料

表14-1列出了一些与Node相关的在线参考资料和资源。学习Node API和了解可用的第三方模块最实用的网站分别是Node.js和npm的首页。

表14-1　实用的Node.js参考资料

资　　源	URL
Node.js首页	http://nodejs.org/
最新的Node.js核心文档	http://nodejs.org/api/
Node.js博客	http://blog.nodejs.org/
Node.js职位公告板	http://jobs.nodejs.org/
Node.js包管理器（npm）的首页	http://npmjs.org/

当你尝试用Node，或它的任何内置模块做些东西时，Node的首页是一个宝贵的资源。这个网站（如图14-2所示）有Node框架的完整文档，包括它的每个API。你总能在这个网站上找到最新版本的Node文档。官方博客还记录了Node的最新进展，分享重要的社区新闻。这里甚至还有个职位公告板。

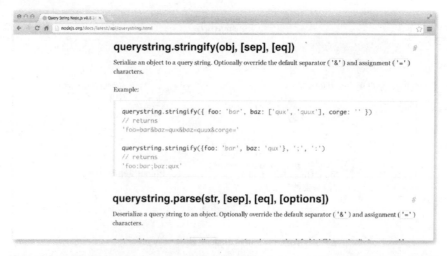

图14-2　除了提供与Node相关的实用资源的链接，nodejs.org还提供了Node各个版本
　　　　API的权威文档

　　如果你要选购第三方的功能，应该去npm库的搜索页面。你可以用关键字在npm中的上千个模块中进行搜索。如果你找到了一个你想要签出的模块，点击模块的名字进入它的详细页面，你会在那里看到指向模块项目主页的链接，如果有的话，以及依赖该模块的其他npm包，这个模块的依赖项，跟哪个版本的Node兼容，以及版权信息。

　　无论如何，这些网站可能无法回答你关于如何使用Node或其他第三方模块的所有问题。我们再去看一些可以给予你莫大帮助的其他地方。

14.1.2　Google 群组

　　Node和一些流行的第三方模块，包括npm、Express、node-mongodb-native和Mongoose已经有Google群组了。

　　Google群组适合讨论困难的，或有深度的问题。比如说，如果你不知道如何用node-mongodb-native模块删除MongoDB文档，可以到node-mongodb-native的Google群组（https://groups.google.com/forum/?fromgroups#!forum/node-mongodb-native）中搜一下，看看其他人有没有相同的问题。如果没有人解决过你遇到的问题，接下来你应该加入 Google群组提交你的问题。在Google群组上，你可以发长长的帖子，这对于复杂问题很有帮助，因为这样你才能充分地解释它。

　　这里没有包含与Node相关的所有Google群组的清单。可能会有些项目文档提到它们，但通常你只能在网上搜一下。比如说，你可以在Google上搜 "模块名称node.js google group"，看看有没有这个第三方模块的Google 群组。

　　Google群组的缺点时你通常要等上几个小时，或几天才能看到反馈，这取决于Google群组。对于需要快速回复的简单问题，你应该考虑找个在线聊天室，通常能很快得到答案。

14.1.3　IRC

　　互联网中继聊天（IRC）的创建可以回溯到1988年，尽管有人觉得这是个老古董，但它依然生机勃发，并且如果你想问开源软件方面的简单问题，它是得到答案的最佳在线途径。IRC聊天室被称为频道，Node和各种第三方模块都有自己的频道。你也找不到跟Node相关的IRC频道的清单，但第三方模块有时会在它们的文档中提到自己的IRC频道。

　　要在IRC上得到答案，先连接到IRC网络（http://chatzilla.hacksrus.com/faq/#connect），进入相应的频道，发送你的问题。出于对频道中那些朋友的尊重，你最好事先在网上搜一下，别问那种一下子就能找到答案的问题。

　　如果你刚接触IRC，最容易的连接办法是用基于Web的客户端。大部分与Node相关的IRC频道都在Freenode上，这个IRC网络有个Web客户端http://webchat.freenode.net/。要加入频道，在连接表单中填上相应的名称。你不需要注册，并且你可以输入任何想要的昵称。（如果你选的名字已经被其他人占用了，你的昵称后面会加上一个下划线（ _ ）以示区别。）

　　点击连接之后，你就能进入频道，跟房间中的其他用户一样出现在右侧栏的用户列表中。

14

14.1.4 GitHub 问题列表

如果是在GitHub上开发的项目，你还可以到项目的GitHub问题列表上找找问题和解决方案。要访问问题列表，先进入项目的GitHub主页，点击 Issues标签栏。你可以用搜索框查找跟你的问题相关的问题。图14-3中是一个问题列表的示例。

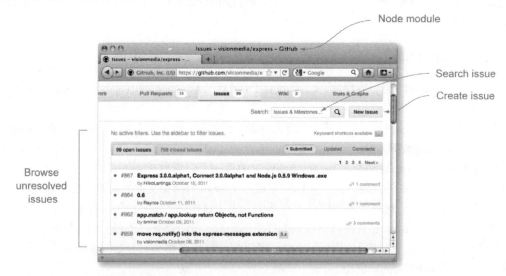

图14-3 对于GitHub上的项目而言，如果你觉得自己发现了项目代码中的问题，问题
         列表可以帮到你

如果找不到可以解决你的问题的问题，并且你认为是项目代码中的bug导致了问题的出现，可以点击问题列表页面上的New Issue按钮提交这个 bug，项目的维护者可以在那个问题页面上回复你，或者解决这个问题，或者提出一些疑问以便了解问题出现的原因。

问题跟踪单不是支持论坛 在项目的GitHub问题跟踪单开一个普通的支持性问题可能不太合适，当然，这取决于具体项目。如果项目为用户设置了获取一般性支持的途径，比如Google群组，则通常是这种情况。你最好先看一下项目的README文件，看看它是否有关于一般性支持或问题的偏好说明。

现在你知道到哪里去提交项目的问题了，接下来我们要讨论GitHub的非支持性角色——它是大部分Node开发协作所倚重的网站。

14.2 GitHub

GitHub称得上是开源世界的重心，对Node开发人员来说至关重要。 GitHub服务提供商提供了Git服务，这是一个强大的版本控制系统（VCS），你还可以通过Web界面轻松浏览Git库。开源项目可以免费使用GitHub。

Git　Git VCS很受开源项目的青睐。它是一个分布式的版本控制系统　（DVCS），跟Subversion和很多其他的VCS不同，你不一定非要连接到服务器上。Git是在2005年发布的，当时是受到了一个叫做BitKeeper的特有VCS的启发。BitKeeper的发布者授权Linux内核开发团队自由使用该软件，但因为怀疑该团队的成员试图探究BitKeeper的内部工作机制，随后又收回了授权。Linux的缔造者Linus Torvalds，决定创建一个功能相似的VCS，个把月后，Linux内核开发团队用上了Git。

除了提供Git访问，GitHub还为项目准备了问题跟踪、维基和Web页面服务等功能。因为npm库中的大多数Node项目都在GitHub上，所以了解GitHub的使用对你充分利用Node开发很有帮助。在GitHub上很多事情做起来都很方便，浏览代码、检查未解决的bug，如果你想，还可以贡献解决问题的办法，编写文档。

GitHub的另一个用途是监测项目。受到监测的项目发生变化时会给你发送通知。监测项目的人数经常被用来评判项目的普及程度。

GitHub可能很强大，但你要怎么用它呢？接下来我们就要深入研究一下。

14.2.1　GitHub 入门

当你有了一个基于Node的项目或第三方模块的想法时，很可能要在GitHub上设置个账号（如果你还没有），以便访问Git服务。设置好后可以添加项目，我们下一节再讲这个。

因为GitHub要用Git，在继续GitHub之前，需要先配置Git。谢天谢地，　GitHub分别为Mac、Windows和Linux准备了帮助页面（https://help.github.com/articles/set-up-git），帮你把Git配置好。Git配置好之后，你还需要配置GitHub，在它的网站上注册，并提供一个安全壳（SSH）公钥。SSH秘钥可以确保你跟GitHub交互的安全性。

这些步骤在下一节都有详细的介绍。注意，这些步骤只需要做一次，不是每次往GitHub中添加项目时都需要。

1. Git配置和GitHub注册

要用GitHub，得配置好你的Git工具。你需要用下面这两条命令提供你的姓名和邮箱地址：

```
git config --global user.name "Bob Dobbs"
git config --global user.email subgenius@example.com
```

接下来在GitHub网站上注册。访问注册页面（https://github.com/ signup/free），填好表单，点击创建账号。

2. 给GitHub一个SSH公钥

注册完之后，你需要给GitHub一个SSH公钥（ https://help.github.com/articles/generating-ssh-keys）。你将用这个公钥对Git事务进行验证。按照下面这些步骤操作：

(1) 在浏览器中访问https://github.com/settings/ssh；

(2) 点击添加SSH秘钥。

到这里后，你需要做什么就取决于你使用的操作系统了。GitHub会检测出你的操作系统，并给出相应的指令。

14

14.2.2　添加一个项目到 GitHub 中

在GitHub上安顿好之后，你就可以往自己的账号下添加项目，提交内容了。

为此你需要先为项目创建一个GitHub库，稍后详细介绍。之后在你的本地机器上创建一个Git库，在把作品推送到GitHub库之前你就在那里完成它。图14-4列出了这个过程。

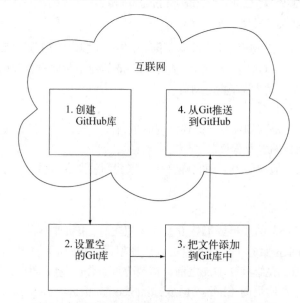

图14-4　把Node项目添加到GitHub中所需的步骤

你还可以用GitHub的Web界面查看项目文件。

1. 创建一个GitHub库

在GitHub上创建库需要下面这些步骤：

(1) 在Web浏览器中登入github.com；

(2) 访问https://github.com/new；

(3) 填好结果表单，描述你的库，然后点击创建库；

(4) GitHub为你的项目创建了一个空白的Git库和一个问题列表；

(5) GitHub会给出你用Git把代码推送到GitHub中所需的步骤。

理解这些步骤做了什么会对你有帮助的，所以我们会做一个例子来阐明Git最基本的用法。

2. 设置一个空白的Git库

要往GitHub中添加一个示例项目，需要先创建一个Node模块的例子。我们要创建一个能缩短URL的模块，node-elf。

先用下面的命令给项目创建一个临时目录：

```
mkdir -p ~/tmp/node-elf
cd ~/tmp/node-elf
```

为了把这个目录当作Git库，需要输入下面的命令（它会创建一个.git目录存放库的元数据）：

```
git init
```

3. 向Git库中添加一个文件

空白库设置好了，你可能想添加一些文件进去。作为例子，我们会添加一个包含URL缩短逻辑的文件。把下面的代码放到这个目录下名为index.js的文件里。

代码清单14-1　缩短URL的Node模块

```
exports.initPathData = function(pathData) {               由shorten()和expand()
  pathData = (pathData) ? pathData : {};                  隐含调用的初始化函数
  pathData.count = (pathData.count) ? pathData.count : 0;
  pathData.map   = (pathData.map) ? pathData.map : {};
}

exports.shorten = function(pathData, path) {              接受一个"path"字符串，并返回
  exports.initPathData(pathData);                         一个跟它对应的短化URL
  pathData.count++;
  pathData.map[pathData.count] = path;
  return pathData.count.toString(36);
}

exports.expand = function(pathData, shortened) {          接受之前短化的URL并
  exports.initPathData(pathData);                         返回展开的URL
  var pathIndex = parseInt(shortened, 36);
  return pathData.map[pathIndex];
}
```

接下来，让Git知道你想把这个文件放到库中。git的add命令跟其他的版本控制系统不一样。它不是把文件添加到库中，而是添加到Git的临时区。你可以把临时区看成是一个检查表，指明新添加的文件，或你修改过的文件，要把它们包含在库的下一次修订中：

```
git add index.js
```

这样Git就知道它应该跟踪这个文件。如果你想，还可以向临时区添加其他文件，但现在有这一个文件就够了。

要让Git知道你想在库中做个新修订，包含你放在临时区中修改过的文件，需要用commit命令。跟其他VCS中一样，commit命令可以用命令行选项-m指定一条消息，描述新修订所做的修改：

```
git commit -m "Added URL shortening functionality."
```

你本地机器中的库现在已经包含新的修订了。要查看库修改的清单，请输入下面的命令：

```
git log
```

4. 从Git推送到GitHub

如果这时候你的机器突然被雷劈了，那所有的工作就要丢了。为了防范这种突发性事件，并充分利用GitHub的Web界面提供的好处，你得把本地Git库中的修改送到你的GitHub账号下。但在做这件事情之前，要先让Git知道应该把修改送到哪里去。为此你需要添加一个Git远程库。它们被称为remotes。

14

下面这条命令就是往你的库上添加GitHub远程库的。用你的用户名替换掉 username，注意 node-elf.git，这是项目的名称：

```
git remote add origin git@github.com:username/node-elf.git
```

远程库添加好，现在你可以把修改发送给GitHub了。在Git的术语表中，发送修改被称为库推送。在下面的命令中，你告诉Git把你的工作推送到前面定义的远程库origin中。所有Git库都可以有一或多个分支，从概念上区分库中的不同工作区。你要把工作推送到分支master中：

```
git push -u origin master
```

推送命令中的选项-u告诉Git这个远程库是上游的远程库和分支。上游远程库是默认使用的远程库。

在做过一次带-u的推送后，将来再推送时用下面这条命令就行了，它更好记：

```
git push
```

如果到GitHub上去刷新你的库页面，应该能见到你的文件了。创建一个模块并把它放到GitHub上是重用它的快捷办法。比如说，如果你想在项目中使用你的样本模块，可以像下面这个例子一样输入这些命令：

```
mkdir ~/tmp/my_project/node_modules
cd ~/tmp/my_project/node_modules
git clone https://github.com/mcantelon/node-elf.git elf
cd ..
```

然后用require('elf')就可以使用这个模块了。注意，在克隆一个库时，命令行中的最后一个参数是你要把它克隆到哪里去的目录名。

你现在已经知道如何把项目添加到GitHub中了，包括如何在GitHub上创建一个库；如何在你的机器上创建Git库，并把文件添加到里面；以及如何把你的机器上的库推送到GitHub中。网上有很多优秀的资源可以支持你继续前行。如果你想寻求全面的Git使用指导，Scott Chacon，GitHub的创建者之一，写了一本非常全面的书，Pro Git，你可以买来看看，或者在线免费阅读（ http://progit.org/ ）。如果你更喜欢手把手教学的方式，Git官方网站的文档页里列出了帮你起步的教程（ http://git-scm.com/documentation ）。

14.2.3　用 GitHub 协作

现在你已经知道如何从头开始创建GitHub库了，接下来我们看看如何用GitHub跟其他人协作。

假定你正在用一个第三方模块，并且遇到了bug。你可能会去检查这个模块的源码并找出解决办法，然后你可能会给代码的作者发封邮件，介绍你的解决办法，并把修改过的文件作为附件。但这样那位作者还需要做些繁琐的工作。他/她只能比较你的文件和最新的代码，然后再把修订从你的文件中拿出来放到最新的代码中。但如果这位作者用了GitHub，你可以克隆这个项目库，做些修改，然后通过GitHub的bug修订通知作者。GitHub会在Web页面上展示你的代码和你复制的版本的差异，并且如果bug修订可以接受的话，只需点击一次鼠标就能把你的修订合并到最新的代码中。

　　按GitHub的说法，复制一个库被称为分叉（forking）。对项目分叉后，你可以在你的副本上做任何事情，不用担心对原始库造成影响。分叉不需要得到原作者的许可：任何人都可以分叉任何项目，并把他们的贡献提交回原始项目中。原作者可能不会认可你的贡献，但你仍然可以拥有你自己的修订版，继续独立地维护和增强它。如果你的分叉越来越受欢迎，其他人可能也会分叉你的分叉，并贡献他们自己的成果。

　　你对分叉做出修改后，可以用一个拉动（pull）请求把这些修改提交给原作者，这是一个询问库作者是否拉动变化进来的消息。拉动，按Git的说法，意是时从分支中引入工作，并合并到自己的工作中。图14-5描绘了GitHub协作的场景。

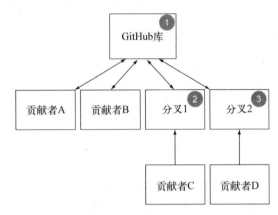

　① 一个贡献者A创建了一个GitHub库。贡献者A让朋友B参与到项目中来帮忙。

　② 贡献者C决定往项目中添加一个功能，创建了分支1。当原始库被更新时，分支的贡献者们可以"拉动"变化，更新他们分支的代码。贡献者C曾试着让贡献者A和B接受他的功能，但他们没有，因为他们对项目有不同的定位，所以贡献者C的功能只能留在他自己的分支里。

　③ 贡献者D在这个Web框架里发现了一个bug，她决定花些时间来修订它，所以创建了分叉2。贡献者D的bug修订被贡献者A和B接受了，无论如何，她提交了"拉动请求"到原始库，结果经过贡献者A和B的评审后，她的代码就被"拉到"原始库中了。

图14-5　典型的GitHub开发场景

现在我们来看一个为了协作对GitHub库进行分叉的例子。这个过程如图14-6所示。

图14-6　通过分叉在GitHub上进行协作的过程

14

分叉把GitHub上的库复制到你的账号下，开启了协作的过程（称为分叉）（A）。然后你把分叉库克隆到自己的机器上（B），对它进行修改，提交这些修改（C），把你的工作推送会GitHub（D），并给原始库的所有者发送一个拉动请求，让他们考虑下你的修改（E）。如果他们想把你的修改纳入他们的库中，他们就会认可你的拉动请求。

比如说你想分叉本章前面创建的node-elf库，添加代码输出模块的版本号。这样模块的用户就可以肯定他们用的是正确的版本了。

首先登入GitHub，进入这个库的主页：https://github.com/mcantelon/node-elf。点击页面上的分叉（Fork）按钮复制该库。结果页面跟原始库的页面类似，不过在库名下有类似"forked from mcantelon/node-elf"的说明。

分叉后，接下来是把库克隆到你的机器上，进行修改，把修改推送给 GitHub。下面的命令会对node-elf库做这些操作：

```
mkdir -p ~/tmp/forktest
cd ~/tmp/forktest
git clone git@github.com:chickentown/node-elf.git
cd node-elf
echo "exports.version = '0.0.2';" >> index.js
git add index.js
git commit -m "Added specification of module version."
git push origin master
```

完成修改的推送后，在分叉库的页面上点击拉动请求（Pull Request），输入标题和消息主体，描述你的修改。点击发送拉动请求（Send Pull Request）。图14-7是包含常见内容的截屏。

图14-7　GitHub拉动请求的细节

然后拉动请求会被添加到原始库的问题列表上。原始库的所有者可以评审你的修改，点击合并拉动请求（Merge Pull Request）引入它们，输入一条提交消息，点击确认合并（Confirm Merge）。然后这个问题就被自动关闭了。

在你跟别人合作创建出一个优秀的模块后，接下来就要把它推向全世界。最好的办法是把它添加到npm库中。

14.3　为 npm 库做贡献

假定你这个URL短化的模块已经做了一段时间了，你觉得其他Node用户应该也能用到它。为了推广它，你可以在Node相关的Google群组上发帖，介绍它的功能。但这样你的受众群只是有限的一部分Node用户，并且在人们开始用上你的模块后，他们没办法了解模块的更新情况。

为了解决可发现和提供更新的问题，你可以把它发布到npm上。有了npm，你可以轻松定义项目的依赖项，在安装你的模块时把那些依赖项也给自动安装上。如果你创建了一个专门保存内容（比如博客文章）评论的模块，可能会引入一个处理评论数据到MongoDB存储的模块作为依赖项。或者一个提供命令行工具的模块，会有一个解析命令行参数的辅助模块作为依赖项。

书看到这里，你已经用npm装过很多东西了，从测试框架到数据库驱动无所不包，但你还什么都没发布过。下一节我们要介绍把作品发布到npm上所需的步骤：

(1) 准备包；

(2) 编写包规范；

(3) 测试包；

(4) 发布包。

我们从准备包开始。

14.3.1 准备包

你想跟人分享的任何Node模块都应该搭配上相关资源，比如文档、例子、测试和相关的命令行工具。模块还应该有一个README文件，提供充足的信息让用户能够快速入门。

包目录应该用子目录组织起来。表14-2列出了常规的子目录——bin、docs、 example、lib和test——以及它们都用来做什么。

表14-2　Node项目中的常规子目录

目　　录	用　　途
bin	命令行脚本
docs	文档
example	程序的例子
lib	程序的核心功能
test	测试脚本及相关资源

包组织好之后，你应该写一个包规范以便准备好把它发布到npm上。

14.3.2 编写包规范

在把包发布到npm上时，需要包含一个机器可读的包规范文件。这个JSON文件的名称是package.json，其中有模块的相关信息，比如它的名称、描述、版本、依赖项，以及其他特性。Nodejitsu有一个很方便的网站，给出了一个package.json文件样本，当你把鼠标悬停在样本文件的任一部分上时还会显示对该部分内容的解释（http://package.json.nodejitsu.com/）。

在package.json文件中，只有名称和版本是必须的。其他都是可选内容，但有一些，如果定义了，会让你的模块可用性更强。比如说bin，如果定义了的话，npm就知道包中的哪些文件是命令行工具，并让它们全局可用。

14

下面是一个规范样本：

```
{
    "name": "elf"
  , "version": "0.0.1"
  , "description": "Toy URL shortener"
  , "author": "Mike Cantelon <mcantelon@example.com>"
  , "main": "index"
  , "engines": { "node": "0.4.x" }
}
```

要查看package.json可用选项的完整文档，可以用下面的命令：

```
npm help json
```

因为手工生成JSON并不比手工编码XML有趣多少，所以我们来看一些可以让这个过程更轻松的工具。ngen就是这样的工具，装上这个npm包后，会有一个名为ngen的命令行工具。问几个问题之后，ngen会生成一个 package.json文件。它还会生成npm包中通常会有的一些其他文件，比如 Readme.md文件。

你可以用下面的命令安装ngen：

```
npm install -g ngen
```

装上ngen后，你会有一个全局的ngen命令，如果你在项目的根目录下运行这个命令，它会问你一些与项目相关的问题，并生成一个package.json文件，以及编写Node包通常会有的其他文件。可能有些生成的文件你并不需要，可以删掉。生成的文件包括一个.gitignore文件，指定一些不应该添加到Git库中的文件和目录。还有一个.npmignore文件，它的作用跟.gitignore文件差不多，让npm知道将包发布到npm上时应该忽略哪些文件。

这里有一个运行ngen命令时的输出样例：

```
Project name: elf
Enter your name: Mike Cantelon
Enter your email: mcantelon@gmail.com
Project description: URL shortening library

create : /Users/mike/programming/js/shorten/node_modules/.gitignore
create : /Users/mike/programming/js/shorten/node_modules/.npmignore
create : /Users/mike/programming/js/shorten/node_modules/History.md
create : /Users/mike/programming/js/shorten/node_modules/index.js
...
```

生成package.json文件是向npm发布中最难的部分。这一步一完成，你就可以准备发布模块了。

14.3.3   测试和发布包

发布模块到npm上需要三步，本节会逐一介绍：

(1) 在本地测试包的安装；

(2) 如果你还没有，添加一个npm用户；

(3) 把包发布到npm上。

1. 测试包的安装

在模块的根目录下使用npm的link命令可以在本地测试包。这个命令让你的包可以在你的机器上全局使用，Node可以像使用由npm安装的包那样使用它。

```
sudo npm link
```

现在你的项目被全局链接了，你可以在link命令后面放上包名把它装在一个单独的测试目录中：

```
npm link elf
```

包装好之后，在Node REPL中执行require函数引入这个模块来测试一下，像下面的代码这样。你应该能在结果中看到模块提供的变量或函数：

```
node
> require('elf');
{ version: '0.0.1',
  initPathData: [Function],
  shorten: [Function],
  expand: [Function] }
```

如果你的包通过了测试，并且你已经结束了它的开发工作，在模块的根目录下执行npm的unlink命令：

```
sudo npm unlink
```

之后你的模块就不再是全局可用的了，但稍后，在你完成模块到npm上的发布之后，你还可以用install命令像平常那样安装它。

测试过npm包之后，接下来是创建npm发布账号，如果你之前没有设置过的话。

2. 添加npm用户

用下面的命令创建你自己的npm发布账号：

```
npm adduser
```

它会提示你输入用户名、邮箱地址和密码。如果账号添加成功，你不会看到错误消息。

3. 发布到npm上

接下来是发布。输入下面的命令把你的包发布到npm上：

```
npm publish
```

你可能会看到警告，“经不安全的通道发送授权”，但如果你没看到其他错误，说明模块已经成功发布了。你可以用npm的view命令验证你的发布是否成功：

```
npm view elf description
```

如果你想引入一或多个私有库作为npm包的依赖项，可以。可能你想用一个实用的辅助函数模块，但不把它公开发布到npm上。

要添加私有依赖项，在通常放依赖模块名称的地方，你可以放任何跟其他依赖项的名称不同的名称。在通常放版本号的地方，放Git库的URL。下面的例子是package.json文件的一个片段，最后一个依赖项是私有库：

14

```
"dependencies" : {
  "optimist" : ">=0.1.3",
  "iniparser" : ">=1.0.1",
  "mingy": ">=0.1.2",
  "elf": "git://github.com/mcantelon/node-elf.git"
},
```

注意，私有模块也应该包含package.json文件。为了确保这些模块不会因为疏忽被发布出去，你可以在package.json文件中将private属性设为true：

```
"private": true,
```

现在你已经掌握了设置、测试和发布模块到npm库上的知识。

14.4   小结

跟大多数成功的开源项目一样，Node有一个活跃的网上社区，也就是说你会找到充足的在线资源，并且能迅速地从在线参考资料、Google群组、IRC或GitHub问题列表中得到答案。

除了帮项目追踪bug，GitHub还提供了Git服务，并且开源用Web浏览器查看Git库中的代码。借助GitHub，其他开发人员如果想贡献bug修订、添加功能，或者把项目引向新的方向，他们很容易分叉你的开源代码。你也可以轻松地将提交到分叉上的修改带回到原始库中。

一旦Node项目进入了可以跟其他人分享的阶段，你就可以把它提交到Node包管理器的库中。把你的项目纳入npm中，其他人更容易找到它，并且如果你的项目是模块的话，纳入npm意味着模块安装起来更容易。

你知道如何得到帮助，在线协作，以及分享你的作品。Node之所以能变成现在这样，要归功于活跃的，大家都积极参与的社区。我们希望你也变得活跃起来，成为Node社区的一份子！

安装Node和社区附加组件

Node在大多数操作系统上安装起来都不难。你既可以用传统的程序安装包安装Node，也可以用命令行安装。命令行安装在OS X和Linux上很简单，但在Windows上最好不要用命令行。

为了帮你起步，接下来的几节内容会详细介绍在OS X、Windows和Linux上的安装过程。本附录的最后一节阐述了如何用Node包管理器（npm）寻找和安装实用的附加组件。

A.1　在 OS X 上的安装

在OS X上安装Node相当简单直接。官方的安装包（http://nodejs.org/#download），如图A-1所示，提供了一种安装预编译版本Node和npm的简便办法。

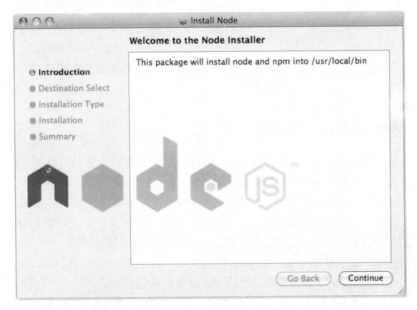

图A-1　OS X的官方Node安装包

如果你愿意用源码安装，既可以使用Homebrew（http://mxcl.github.com/homebrew/），这个工

具会自动从源码安装，也可以自己手动安装。然而在OS X上用源码安装Node，需要系统上装有Xcode开发者工具。

　　Xcode　如果你没装Xcode，可以从苹果的网站上下载Xcode（http://developer.apple.com/downloads/）。你必须注册成为苹果开发者，这个注册是免费的，然后才能访问下载页面。完整的Xcode安装包很大（将近4 GB），所以苹果还提供了一个Xcode的命令行工具作为备选，也在同一个页面上下载，它提供了编译Node和其他开源软件项目所需的最小功能集。

　　要快速检查你的系统上是否有Xcode，可以启动终端程序，运行xcodebuild命令。如果装了，你应该能看到一个错误信息，告诉你当前目录下"没有Xcode项目"。

两种方法都要求运行终端程序进入OS X的命令行接口，终端程序通常放在应用程序文件夹下的实用工具文件夹下。

如果你在对源码进行编译，请到A.4中查看必要的操作步骤。

用 Homebrew 安装

在OS X上用Homebrew安装Node很简单，Homebrew是管理开源软件安装的程序。
在命令行中输入下面的命令安装Homebrew：

```
ruby -e "$(curl -fsSkL raw.github.com/mxcl/homebrew/go)"
```

Homebrew装好之后，可以用下面的命令安装Node：

```
brew install node
```

在Homebrew编译代码时，你会看到很多文本在滚动。这些文本是跟编译过程相关的信息，可以忽略。

A.2　在 Windows 上的安装

在Windows上安装Node最容易的办法是用官方的独立安装包 （http://nodejs.org/#download）。装上之后，你就能在Windows命令行里运行Node和npm了。

在Windows上也可以通过编译源码安装Node。但那要复杂得多，并且需要用一个叫Cygwin的项目，它提供了一个跟Unix兼容的环境。你可能不会喜欢通过Cygwin使用Node，除非有你想用的模块不能用在Windows上，或者需要编译，比如某些数据库驱动模块。

要安装Cygwin，在浏览器中访问Cygwin安装包的下载链接（http://cygwin.com/install.html）下载setup.exe。双击setup.exe开始安装，然后一直保留默认选项点击下一步，直到选择下载站点那一步。从下载站点列表中随便选一个，点击下一步。如果你看到关于Cygwin是主版本的警告，点击OK继续。

现在你应该能见到Cygwin的包选择器，如图A-2所示。

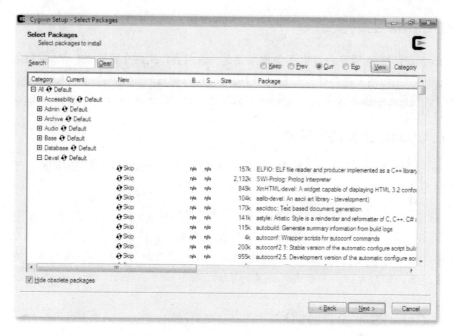

图A-2　Cygwin的包选择器允许你选择安装在系统上的开源软件

　　用这个选择器挑选你要安装在类Unix环境中的软件功能（表A-1给出了与Node开发相关的安装包）。

表A-1　运行Node所需的Cygwin包

Category	Package
devel	gcc4-g++
devel	git
devel	make
devel	openssl-devel
devel	pkg-config
devel	zlib-devel
net	inetutils
python	python
web	wget

　　选好包之后点击下一步。

　　然后你就会看到你所选择的包的依赖项列表。那些也是要装的，所以还是点击下一步接受它们。现在Cygwin会下载你需要的包，一旦下载完成，点击完成。

　　点击桌面上的图标，或者在开始菜单中启动Cygwin。然后你就可以编译Node了（A.4节给出了必须的步骤）。

A.3　在 Linux 上的安装

在Linux上安装Node通常一点也不会觉得痛苦。我们会介绍两个流行的Linux发行版上的安装过程：Ubuntu和CentOS。在有些发行版上，Node也可以通过包管理器获得，GitHub上也有其他的安装指导：https://github.com/joyent/node/wiki/Installing-Node.js-via-package-manager。

A.3.1　在 Ubuntu 上安装的前提

把Node安装到Ubuntu上之前，需要先安装一些包。在Ubuntu 11.04及之后的版本中用一行命令就可以完成：

```
sudo apt-get install build-essential libssl-dev
```

sudo　sudo命令用来以"超级用户"（也被称为"root"）的身份执行另一条命令。在安装软件时经常会用到sudo，因为要把文件放到受保护的区域去，而超级用户可以访问系统上的任何文件，不受文件许可的限制。

A.3.2　在 CentOS 上安装的前提

把Node安装到CentOS上之前，需要先安装一些包。在CentOS 5上要执行下面的命令：

```
sudo yum groupinstall 'Development Tools'
sudo yum install openssl-devel
```

作为前提条件的包都已经安装好了，你可以去编译Node了。

A.4　编译 Node

在所有操作系统上编译Node步骤都是一样的。

先在命令行中输入下面的命令创建一个临时文件夹，用来放下载的Node源码：

```
mkdir tmp
```

接下来进入上一步中创建的目录：

```
cd tmp
```

现在输入下面这条命令：

```
curl -O http://nodejs.org/dist/node-latest.tar.gz
```

接下来你会看到提示下载进度的文本。进度达到100%时就会回到命令提示符。输入下面的命令解压你收到的文件：

```
tar zxvf node-latest.tar.gz
```

然后你应该能看到很多输出在滚动，最后又回到了命令提示符。在提示符中输入下面的命令，列出当前文件夹下的文件，其中应该有你刚解压的目录名：

```
ls
```

接着输入下面的命令进入这个目录：

```
cd node-v*
```

你现在应该在包含Node源码的目录里了。输入下面的命令运行配置脚本，以便针对你的系统准备相应的安装：

```
./configure
```

接下来输入下面的命令编译Node：

```
make
```

Node的编译通常要花点儿时间，所以请耐心地看着一大堆文字在屏幕上滚动。那些文字都是跟编译过程相关的信息，可以忽略。

　　调皮的CYGWIN　如果你在Windows 7或Vista上运行Cygwin，这一步可能会遇到错误。这是Cygwin的问题，跟Node没关系。要解决它们，退出Cygwin环境，运行ash.exe命令行程序（在Cygwin目录下，通常是c:\cygwin\bin\ash.exe）。在ash命令行中，输入/bin/rebaseall -v。完了之后重启你的电脑。这样应该可以解决你的Cygwin问题。

到这儿几乎就算搞定了。等文本停止滚动，你再次见到命令行提示符时，可以输入安装过程的最后一个命令：

```
sudo make install
```

结束之后，输入下面的命令运行Node，让它显示版本号，验证安装是否成功：

```
node -v
```

现在你的机器上应该已经有Node了！

A.5　使用 Node 包管理器

Node装上了，你应该可以使用内置模块来执行网络任务、跟文件系统交互，以及程序中所需的其他常见任务了。Node内置的模块被统称为Node核心。尽管Node的核心涵盖了很多实用的功能，但你很可能还是要用社区创建的功能。图A-3展示了Node核心及附加模块彼此之间在概念上的关系。

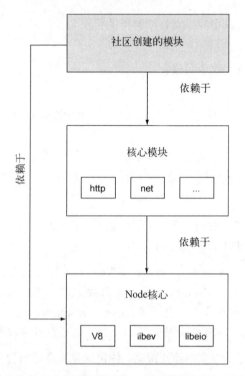

图A-3   Node技术栈是由全局可用的功能，核心模块和社区创建的模块组成的

你可能了解也可能不了解附加功能社区库的概念，这取决于你曾经用过的语言。这些库类似于实用程序构建块的库，它们可以帮你做一些语言本身不太容易实现的功能。这些库一般是模块化的，通常不是一次性地获取整个库，而是只获取你需要的附加组件。

Node社区自己有管理社区附加组件的工具：Node包管理器（Node Package Manager，npm）。在这一节里，你将会学到如何用npm找到社区附加组件，查看附加组件的文档，以及探索附加组件的源码。

我的系统上没有npm

如果你装了Node，那么npm很可能也已经装上了。你可以在命令行中运行npm来试一下，看看命令能否找到。如果没有，你可以像下面这样安装npm：

```
cd /tmp
git clone git://github.com/isaacs/npm.git
cd npm
sudo make install
```

装上npm后，在命令行中输入下面的命令来确认npm是否能用（让它输出版本号）：

```
npm -v
```

如果npm安装正确，应该能看到它输出下面这种数字：

1.0.3

如果你在安装npm时出了问题，最好的办法是去npm在GitHub上的网站（http://github.com/isaacs/npm），可用找到最新的安装指导。

A.5.1　寻找包

用命令行工具npm访问社区附加组件很方便。这些附加模块通常被称为包，并且存放在网上的存储库中。对于PHP、Ruby和Perl的用户而言，npm就像PEAR、Gem和CPAN。

npm特别方便。有了npm，只用一行代码就可以下载和安装包。寻找包也很容易，还可以查看包的文档，探索包的源码，并发布自己的包以便跟Node社区分享它们。

你可以用npm的search命令查找库中的包。比如说，如果你想找一个XML生成器，只需要输入下面这条命令：

npm search xml generator

npm第一次做搜索时，会停顿很长时间来下载库信息。而以后再搜索时就很快了。

除了用命令行搜索，npm项目还提供了库的Web搜索界面：http://search.npmjs.org/。如图A-4所示，这个网站还提供了一些统计数据，有多少包，哪个包被其他包依赖的最多，以及最近有哪些包更新了。

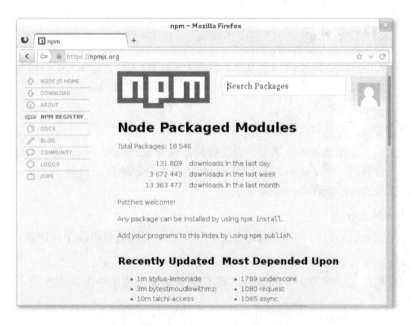

图A-4　npm搜索网站提供了模块受欢迎程度的统计数据

npm的Web搜索界面还可以浏览单个包，显示包的依赖项和项目的版本控制库的在线地址等信息。

A.5.2 安装包

在找到你想安装的包后，npm主要有两种安装方式：局部安装和全局安装。

局部安装把下载的模块放到当前工作目录的node_modules文件夹下。如果这个文件夹不存在，npm会创建它。

这里有个局部安装express包的例子：

```
npm install express
```

在非Windows系统上，全局安装把下载的模块放到/usr/local目录下，Unix类系统一般会把用户安装的程序放在这里。在Windows上，全局安装的 npm模块会放在你用户目录下的Appdata\Roaming\npm子目录中。

这里有个全局安装express包的例子：

```
npm install -g express
```

如果你在做全局安装时没有足够的文件许可权限，可以在命令前加上sudo。比如：

```
sudo npm install -g express
```

包装好之后，接下来就该找出它的工作方式了。幸运的是npm让这个过程变得很容易。

A.5.3 探索文档和包代码

用npm查看包作者的在线文档也很方便，当然前提是有文档。npm的docs命令会打开一个带着指定包文档的Web浏览器。这里有个查看 express包的文档的例子：

```
npm docs express
```

即便包没有安装，你也可以查看包文档。

如果包的文档不完整或讲的不清楚，通常如果能检查包的源码会很方便。npm提供了一种很简便的办法，它会繁衍一个子shell，将工作目录设定为包源码的顶层目录。这里有一个探索局部安装的express源码文件的例子：

```
npm explore express
```

要探索全局安装包的源码，只要在npm命令后面加上-g选项就可以了。比如：

```
npm -g explore express
```

探索包也是极佳的学习方法。阅读Node源码通常能学到你不熟悉的编程技术和代码的组织方式。

调试Node

在开发过程中，特别是在学习新语言或框架时，调试工具和技术很有帮助。本节会介绍一些方法，让你可以准确地判断出你的Node程序代码究竟在做些什么。

B.1　用 JSHint 分析代码

跟语法和作用域相关的错误是常见的开发陷阱。在试图确定程序问题的根源时，第一道防线是查看代码。然而，当你看了源码，却不能马上发现其中的问题时，那你就应该运行一个工具来检查代码中的问题了。

JSHint就是这样的实用工具。它可以揪出代码中特别严重的问题，比如调用的函数没有定义。它还可以找出编码风格方面的问题，比如没有按照JavaScript的编码规范把类构造器的首字母大写。即便你从不运行JSHint，通读它查找的错误也能让你对可能的编码陷阱提高警惕。

JSHint是基于JSLint的项目，JSLint是一个存在了十多年的JavaScript源码分析工具。然而JSLint的可配置性不太强，因此促生了JSHint。

按照很多人的看法，JSLint在强制推荐的编码风格方面过于严格了。JSHint与之相反，你可以告诉它你想检查什么，想忽略什么。比如分号，从技术角度讲JavaScript解释器是有要求的，但碰到没有分号的情况时，大多数解释器都会用自动化分号插入（Automated Semicolon Insertion，ASI）插入它们。因此有些开发人员会在他们的源码中省掉分号，以减少视觉干扰，并且代码跑起来也没问题。而JSLint就会抱怨，说缺少分号是个错误，通过配置，JSHint可以忽略这种"错误"，只检查特别严重的问题。

安装JSHint后，会有一个检查源码的命令行工具jshint。你应该执行下面这条命令用npm全局安装JSHint：

```
npm install -g jshint
```

JSHint装好后，你只需输入下面这个命令就可以检查JavaScript文件了：

```
jshint my_app.js
```

你可以给JSHint创建一个配置文件，以表明你要检查什么。一种办法是从GitHub上复制默认的配置文件（https://github.com/jshint/node-jshint/blob/master/.jshintrc）到你的机器上，然后以此为基础进行修改。

如果你将配置文件命名为.jshintrc，并把它放在你的程序目录下，或者在程序目录的任一父目录下，JSHint能自动找到并使用它。

此外，你也可以用配置选项指定JSHint配置文件的位置。下面这个例子告诉JSHint使用一个非标准文件名的配置文件：

```
jshint my_app.js --config /home/mike/jshint.json
```

要了解每个具体配置项的详细信息，请参考JSHint的网站：http://www.jshint.com/docs/#options。

B.2　输出调试信息

如果你的代码表面上是合理的，但程序的表现依然很怪异，你可以添加一些调试输出，以便对底层所做的事情有更清楚的认识。

B.2.1　用 console 模块调试

console是内置的Node模块，为控制台的输出和调试提供了实用的功能。

1. 输出程序的状态信息

console.log函数可以用来向标准输出中输出程序的状态信息。console.info是同一函数的另一个名称。可以给出printf()风格的参数（http://en.wikipedia.org/wiki/Printf）。

```
console.log('Counter: %d', counter);
```

而输出警告和错误信息的console.warn和console.error函数也差不多。唯一的区别是它们不是显示到标准输出中，而是显示到标准错误中。你也可以把警告和错误信息转到日志文件中，如下例所示。

```
node server.js 2> error.log
```

console.dir函数会输出对象的内容。下面这个例子给出了它的输出是什么样的：

```
{ name: 'Paul Robeson',
  interests: [ 'football', 'politics', 'music', 'acting' ] }
```

2. 输出计时信息

console模块中有两个函数，如果一起用的话，可以计算代码中部分片段的执行时长。计时可以多个同步进行。要开始计时，把下面的代码添加到你要计时的起始点上。

```
console.time('myComponent');
```

结束计时，返回自开始计时后过去的时间，把下面这行代码添加到应该停止计时的地方。

```
console.timeEnd('myComponent');
```

这行代码会显示所用的时间。

3. 输出堆栈跟踪

堆栈跟踪提供了程序逻辑中某点之前执行了哪些函数的信息。比方说，当Node在程序执行过程中遇到错误时，它会输出堆栈跟踪，提供程序逻辑中导致错误的相关信息。

你可以在程序中的任何位置执行console.trace()输出堆栈跟踪，并且不会导致程序停止执行。

输出的堆栈跟踪如下例所示。

```
Trace:
    at lastFunction (/Users/mike/tmp/app.js:12:11)
    at secondFunction (/Users/mike/tmp/app.js:8:3)
    at firstFunction (/Users/mike/tmp/app.js:4:3)
    at Object.<anonymous> (/Users/mike/tmp/app.js:15:3)
    ...
```

注意，堆栈跟踪中的执行顺序是按时间倒序显示的。

B.2.2 用 debug 模块管理调试输出

输出的调试信息很有价值，但如果不是正在解决问题，那些信息最终就显得太乱了。调试信息的输出最好可以开关。

用环境变量可以切换调试信息的输出。T. J. Holowaychuk的debug模块为此提供了一个便利的工具，允许你用环境变量DEBUG管理调试信息的输出。第13章详细介绍了debug模块的用法。

B.3 Node 内置的调试器

对于添加简单的调试输出无法满足需要的情况，Node还自带了一个命令行的调试器。用debug关键字启动程序可以启用这个调试器，比如：

```
node debug server.js
```

当以这种方式运行Node程序时，你会看到程序的头几行，以及一个调试器提示符，如图B-1所示。

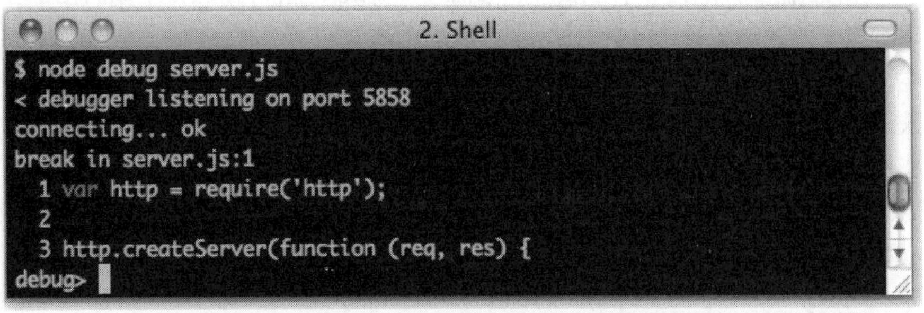

图B-1　启动Node内置的调试器

"break in server.js:1"这一行表明调试器在执行第一行代码前停住了。

B.3.1 调试器导览

你可以在调试器提示符中控制程序的执行。可以输入next（或只输入n）执行下一行代码。此外，还可以输入cont（或只输入c）让它一直执行，直到被中断。

终止程序，或任何被称为断点的东西都可以中断调试器。断点是你想让调试器停止执行的点，以便检查程序的状态。

一种添加断点的办法是在程序中要放置断点的地方添加一行代码。这行代码中应该包含debugger;语句，如代码清单B-1所示。正常运行Node程序时，debugger;什么也不做，所以你可以把它留在那里，也不用担心有什么不良影响。

代码清单B-1 编程添加断点

```
var http = require('http');

function handleRequest(req, res) {
  res.writeHead(200, {'Content-Type': 'text/plain'});
  res.end('Hello World\n');
}

http.createServer(function (req, res) {        往代码中添加断点
  debugger;
  handleRequest(req, res);
}).listen(1337, '127.0.0.1');

console.log('Server running at http://127.0.0.1:1337/');
```

如果你在debug模式中运行B.1中的代码，它会先中断在第一行。在你的调试器中输入cont，它会继续执行创建HTTP服务器，等待连接。如果你用浏览器访问http://127.0.0.1:1337创建连接，会见到它在debugger;那一行中断。

输入next继续执行下一行代码。当前行会变成对函数handleRequest的调用。如果你再次输入next继续执行下一行，调试器不会进入handleRequest中跟踪其中的每一行代码。但如果你输入step，调试器则会进入handleRequest函数中，以便你可以跟踪这个函数中的任何问题。如果你改主意了，不想再调试handleRequest，可以输入out（或o）跳出这个函数。

除了在源码中指定，在调试器中也可以设定断点。要把断点设定在调试器中的当前行，在调试器中输入setBreakpoint()（或sb()）。在特定行设定断点也是可以的（sb(行号)），或者把断点设定在执行特定函数时（sb('fn()')）。

在你想取消断点时，可以用clearBreakpoint()函数（cb()）。这个函数的参数跟setBreakpoint()一样，只是它做的事情是相反的。

B.3.2 调试器中状态的检查及处理

如果你要关注程序中一些特定的值，可以添加观测器。当你浏览代码时，观测器会把变量的值告诉你。

比如说，在调试清单B-1中的代码时，你可以输入watch("req.headers['user-agent']")，并在每一步中查看浏览器发出的请求类型是什么。要查看观测器的列表，可以输入watchers命令。要移除观测器，用unwatch命令。比如unwatch("req .headers['user- agent']")。

在调试过程中的任一点，如果你想要全面地检查或处理程序状态，可以用repl命令进入读取-计算-输出-循环（REPL）。你可以输入任意的 JavaScript表达式计算它。要退出REPL返回到调试器中，请按Ctrl-C。

调试好了后，你可以按两次Ctrl-C退出调试器，也可以按 Ctrl-D，或输入.exit命令。

这些就是调试器的基本用法。要了解调试器还能做什么的详情，请访问Node的官方页面：http://nodejs.org/api/debugger.html。

B.4　Node 检查器

Node检查器是除Node内置的调试器之外的另一种选择。它用基于Webkit的浏览器，比如Chrome或Safari，而不是命令行作为界面。

B.4.1　Node 检查器入门

在你开始调试之前，应该用下面的npm命令全局安装Node检查器。装好之后，就可以在你的系统上使用node-inspector命令了：

```
npm install -g node-inspector
```

要调试Node程序，用命令行选项--debug-brk启动它：

```
node --debug-brk server.js
```

用--debug-brk选项会让调试在程序的第一行代码前插入一个断点。如果你不想这样，可以用--debug。

程序运行起来后，启动Node检查器：

```
node-inspector
```

Node检查器的有趣之处在于它使用了跟WebKit的Web检查器一样的代码，但是插入到了Node的JavaScript引擎中，所以Web开发人员用起它来应该会觉得手到擒来。

Node检查器运行起来后，在你的WebKit浏览器中转到 http://127.0.0.1:8080/debug?port=5858中，你应该可以看到Node检查器了。如果你带着--debug-brk选项运行Node检查器，它会马上显示你程序的第一个脚本，如图B-2所示。如果你用--debug选项，则必须用脚本选择器，图B-2中名为"step.js"的脚本，选择你要调试的脚本。

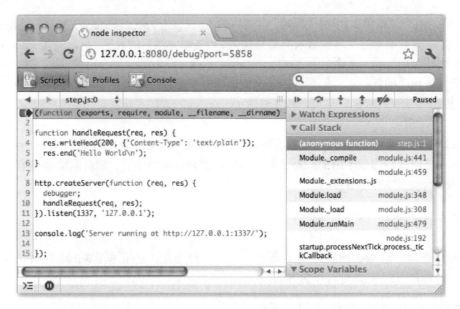

图B-2　Node检查器

左侧有红色箭头指着的那一行是接下来要执行的代码。

B.4.2　Node 检查器导航

要进入程序中的下一个函数调用，点击那个看起来像小圆点上面带个弧形箭头的按钮。Node检查器跟命令行的Node调试器一样，也允许你跟到函数中。当红箭头出现在函数调用左边时，你可以点击那个有箭头向下指向小圆点的按钮跟到函数里面。要跳出这个函数，点击小圆点上有先上箭头的按钮。如果你在用Node核心或社区模块，在你跟踪调试程序时，调试器会切换到这些模块的脚本文件中。不要大惊小怪，它在某一点还会回到你的程序代码中。

要在运行Node检查器时添加断点，点击脚本左侧任一行的行号。如果你想清除所有断点，点击跳出按钮（箭头向上）右侧那个按钮。

Node检查器还有一个有趣的功能，允许你在程序运行时修改代码。如果你想修改某行代码，只要双击它，编辑，然后在这一行之外点击就行了。

B.4.3　在 Node 检查器中浏览状态

在调试程序时，在对调试器进行导航的按钮下面有可折叠面板，你可以用它们检查状态，如图B-3所示。你可以检查调用堆栈和当前执行代码作用域内的变量。在变量上双击可以操作并修改它们的值。你还可以像Node内置的命令行调试器一样，添加观测表达式，在你按步执行程序时显示。

图B-3 用Node检查器浏览程序的状态

要想知道如何充分利用Node检查器，请访问它的GitHub项目主页：https://github.com/dannycoates/node-inspector/ 。

有疑问就刷新 如果你在使用Node检查器时碰到了古怪的行为，刷新浏览器可能会有帮助。如果那样也不起作用，可以试着重启你的Node程序和Node检查器。

Express的扩展及配置

Express提供了很多开箱即用的特性，但扩展Express并微调它的配置可以简化开发，让它做的更多。

C.1 扩展 Express

我们先来看一下如何扩展Express。本节将会介绍：

□ 创建自己的模板引擎；
□ 享用社区创建的模板引擎；
□ 用扩展Express的模块提升你的程序。

C.1.1 注册模板引擎

引擎可能会通过输出一个 __express方法提供开箱即用的Express支持。但并不是每个引擎都有这个，或者你可能想写自己的引擎。Express为此提供了app.engine()方法作为这种功能实现的支持。本节会写一个小型的markdown模板引擎，并且可以用变量替换动态内容。

app.engine()方法将文件扩展名对应到回调函数上，以便Express知道如何使用它。在下面的代码清单中传入的是扩展名.md，这样res.render('myview.md')之类的渲染调用会用这个回调函数渲染文件。这种抽象让任何模板引擎都可以用在框架内。在这个定制的模板引擎中，可以用大括号括起来的局部变量使用动态输入——比如说，不管在模板中的哪个位置出现，{name}会输出name的值。

代码清单C-1 处理扩展名.md

```
var express = require('express');
var http = require('http');
var md = require('github-flavored-markdown').parse;        ◁─── 引入一个markdown实现
var fs = require('fs');


var app = express();
```

```
app.engine('md', function(path, options, fn){          ◁── 将这个回调函数对应到.md 文件上
    fs.readFile(path, 'utf8', function(err, str){       ◁── 读取文件中的内容，作为字符串变量
        if (err) return fn(err);                        ◁── 将错误转给Express
        try {
            var html = md(str);                          ◁── 将markdown字符串转换成HTML
            html = html.replace(/\{([^}]+)\}/g, function(_, name){
                return options[name] || '';                     执行大括号替换
            });
            fn(null, html);                              ◁── 将渲染好的HTML传给Express
        } catch (err) {
            fn(err);                                     ◁── 捕获所有抛出来的错误
        }
    });
});
```

默认值为"
（空字符串）

代码清单C-1中的模板引擎可以用来编写包含动态内容的markdown视图。比如说，如果你想用markdown跟用户问好，代码看起来可能是这样的：

```
# {name}
Greetings {name}! Nice to have you check out our application {appName}.
```

C.1.2　consolidate.js 模板

consolidate.js项目是专为Express 3.x定制的，并且它为很多Node模板引擎提供了一个统一API。也就是说在Express 3.x中可以直接使用的模板引擎超过14种，或者如果你正在重构使用模板的库，可以利用consolidate.js提供的广泛模板选择。

比如受到Django启发的模板引擎Swig。它用嵌在HTML中的标签定义逻辑，比如像这样：

```
<ul>
  {% for pet in pets %}
    <li>{{ pet.name }}</li>
  {% endfor %}
</ul>
```

取决于模板引擎和编辑器的语法高亮支持，你可能想让HTML风格的引擎使用.html作模板的扩展名，而不是使用引擎的名称，比如.swig。你可以用Express app.engine()达成这一目标。一旦被调用，Express渲染.html文件时，就会用Swig：

```
var cons = require('consolidate');
app.engine('html', cons.swig);
```

EJS模板引擎很可能也会被对应到.html上，因为它也是用的嵌入标签：

```
<ul>
  <% pets.forEach(function(pet){ %>
    <li><%= pet.name %></li>
  <% }) %>
</ul>
```

有些模板引擎用的是完全不同的语法，因此让它们跟.html对应也没什么意义。Jade就是这样的典型，它有自己的声明式语言。Jade可能会用下面这些调用做对应：

```
var cons = require('consolidate');
app.engine('jade', cons.jade);
```

要了解细节，以及所支持的模板引擎的清单，请访问consolidate.js项目的GitHub库https://github.com/visionmedia/consolidate.js。

C.1.3 Express 的扩展及框架

你可能想知道，那些所用的框架结构化程度更高（比如RoR）的开发人员有哪些选择。对于那些状况，Express有几个选择。Express社区已经以Express为基础开发出了几个更高层的框架，提供目录结构，以及高层的、有针对性的功能，比如Rails风格的控制器。除了这些框架，Express还做了各种插件来扩展它的功能。

1. EXPRESS-EXPOSE

用express-expose插件可以把服务器端的JavaScript对象导到客户端。比如说，如果你想将已认证用户对象的JSON表示形式导出去，可以调用res.expose()，把express.user对象给你的客户端代码：

```
res.expose(req.user, 'express.user');
```

2. EXPRESS-RESOURCE

express-resource也是一个优秀的插件，用来对路由做结构化处理的、资源丰富的路由插件。

路由有很多种做法，但Express默认提供的归根结底只是请求方法和路径。但可以在其上构建更高层的概念。

在下面这个例子中，用声明式的风格定义了展示、创建和更新用户资源的动作。首先把这个加到app.js中：

```
app.resource('user', require('./controllers/user'));
```

下面是控制器模块./controllers/user.js的样子。

代码清单C-2　user.js资源文件

```
exports.new = function(req, res){
  res.send('new user');
};

exports.create = function(req, res){
  res.send('create user');
};

exports.show = function(req, res){
  res.send('show user ' + req.params.user);
};
```

要查看完整的插件、模板引擎和框架的列表，请访问Express的wiki：https://github.com/visionmedia/express/wiki。

C.2　高级配置

前面有一章介绍了如何用app.configure()配置Express，并讨论了几个配置选项。本节会再介绍一些配置项，告诉你如何改变Express的默认行为，并释放更多功能。

表C-1列出了我们在第8章讨论过的Express配置项。

表C-1　内置的Express设定

default engine	所用的默认模板引擎
views	视图查找路径
json replacer	响应JSON操作函数
json spaces	用来对JSON响应格式化的空格数量
jsonp callback	支持带res.json()和res.send()的JSONP
trust proxy	信任反向代理
view cache	缓存模板引擎函数

配置项views特别简单直接，用来指定视图模板放哪。当你在命令行中用express命令创建程序骨架时，配置项views自动设定为程序的视图子目录。

接下来我们看一个更复杂的配置项：json_replacer。

C.2.1　操作 JSON 响应

假定有个user对象，有一些私有属性，比如说对象的_id。默认情况下，调用res.send(user)方法会给出类似于{"_id":123,"name":"Tobi"}这样的JSON。配置项json replacer会让Express在调用res.send()和res.json()的过程中传给JSON.stringify()一个函数。

下面代码清单中这个独立的Express程序，阐明了如何用这个函数在JSON响应中忽略以"_"开头的属性。这个例子中的响应将变成{"name":"Tobi"}。

代码清单C-3　用json replacer控制及修改JSON数据

```
var express = require('express');
var app = express();

app.set('json replacer', function(key, value){
  if ('_' == key[0]) return;
  return value;
});

var user = { _id: 123, name: 'Tobi' };

app.get('/user', function(req, res){
```

```
    res.send(user);
});
```

```
app.listen(3000);
```

注意，对象及其原型可以实现 `.toJSON()` 方法。`JSON.stringify()` 在将对象转换成 JSON 字符串时使用这个方法。如果你的处理并不是适用于每个对象，可以用这种方式代替 `json replacer` 回调。

现在你已经知道在 JSON 输出过程中如何控制导出的数据了，接下来我们看看如何微调 JSON 数据的格式。

C.2.2　JSON 响应格式

配置项 `json spaces` 会影响 Express 中的 `JSON.stringify()` 调用。这个设定表明在将 JSON 格式化为字符串时用多少空格。

这个方面默认会返回经过压缩的 JSON，比如 `{"name":"Tobi","age":2,"species":"ferret"}`。压缩过的 JSON 非常适合用在生产环境中，因为它可以降低响应的大小。但在开发时，未压缩的输出可读性更强。

配置项 `json spaces` 在生产环境中会自动设为 0。在开发环境中设为 2，会产生下面这种输出：

```
{
    "name": "Tobi",
    "age": 2,
    "species": "ferret"
}
```

C.2.3　信任反向代理头域

默认情况下，Express 内部在任何环境中都不会信任反向代理头域。反向代理超出了本书的讨论范围，但如果你的程序运行在反向代理后面，比如 Nginx、HAProxy 或 Varnish，你就需要启用 `trust proxy`，这样 Express 才知道查询这些域是安全的。

站在巨人的肩上
Standing on Shoulders of Giants

TURING
图灵教育

iTuring.cn

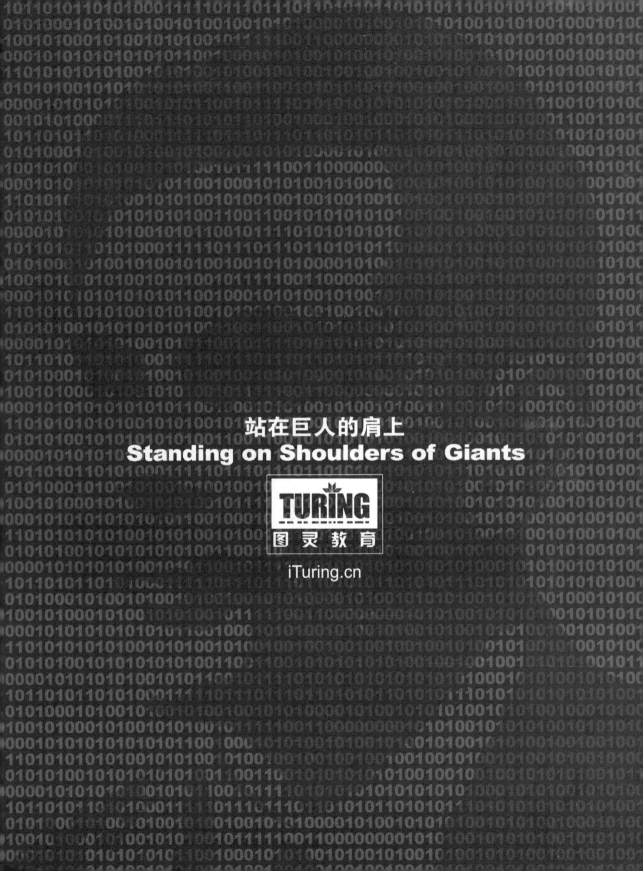

站在巨人的肩上
Standing on Shoulders of Giants

TURING
图灵教育

iTuring.cn